中國茶書

【清】

下

鄭培凱
朱自振
主編

上海大学出版社
·上海·

陽羨名陶録

◇清　吴騫　編[1]

吴騫(1733—1813),字槎客,一字葵里,也寫作揆禮,號愚谷,又號兔床,浙江海寧人。貢生。篤嗜典籍,建拜經樓,藏書有五萬卷之多,另書室名富春軒。晨夕展讀,精校勘之學,與同鄉陳鱣、吴縣黄丕烈好同趣投,常相交游切磋。陳鱣爲其時"浙中經學最深之士",精研文字訓詁,長於校勘輯佚,藏書亦豐。黄丕烈亦精於校刊,喜藏書,尤嗜宋本,曾顔其室爲"百宋一廛",自諭收藏有百部宋版。吴騫聞後,也自題其室爲"千元十駕",指千部元版等於百部宋版。吴騫能書工詩,有《愚谷文存》《拜經樓詩集》《拜經樓叢書》等。

吴騫不但喜歡收藏圖書,也非常愛好廣收古器遺物,《陽羨名陶録》,即是他在收藏、研究宜興陶壺過程中,由所見所聞、心得體會并在明代周高起《陽羨茗壺系》基礎上充實編輯而成的。這裏需指出,吴騫《陽羨名陶録》上卷雖然抄録了明代周高起《陽羨茗壺系》一部分内容,下卷更主要是輯引前人詩文而成,但書中仍有不少屬於他自著的部分,不愧是《陽羨茗壺系》以後有關宜興紫砂壺的另一本重要專著。在這本書撰刊以後,他又編輯了一本《陽羨名陶續録》。這兩本書面世以後,在當時社會上,特别是江南的一批尚茶文人包括朝臣名士中間,得到了好評和重視。如清末力主光緒皇帝維新變法的軍機大臣翁同龢,就不僅閲讀過這兩本書,而且爲便於閲讀,在其所輯的《瓶廬叢稿》中,就收有一本他書寫的《陽羨名陶録》摘抄稿。

據吴騫自序,《陽羨名陶録》撰於乾隆丙午(五十一年,1786)二月左右,不久首刊於其自印的《拜經樓叢書》。之後,在清代,是書除道光十三年(1833)被楊列歐收入其《昭代叢書・廣編》外,在光緒年間,還出過一種重刊本。至民元以後,先後相繼出版的,還有1922年上海博古齋增輯本、《美術叢書》本和中國書店影印本等多種。本書以《拜經樓叢書》本作録,以博古齋本、《美術叢書》本等作校。另須指出,由於本文抄録《陽羡茗壺系》處甚多,本書對《陽羡茗壺系》擬作重點校注,相同處請詳上書。

最後還要補説一點,本篇成稿後,喜見浙江攝影出版社 2001 年出版高英姿女士選注的《紫砂名陶典籍》。高英姿隨著名的紫砂陶藝大師顧景舟攻讀碩士,是一位既深諳陶藝又長於古籍整理的專家。本書在校注本文中,不僅參考甚多,并且蒙英姿惠贈紫砂製圖工具多幅,特附文後以資參考,并專此致謝!

題辭

博物胸儲《七録》[1]豪,閒窗餘事付名陶。開函紙墨生香處,篆入熏爐波律膏[2]。

瓷壺小樣最宜茶,甘欸[3]濃浮碧乳花。三大一時傳舊系,長教管領小心芽。

聞説陶形祀季疵,玉川風腋手煎時。何當唤取松陵客,補賦荆南茶具詩[4]。

陽羡新鐫地志譌,延陵詩老費搜羅。他年採入圖經内,須識桃溪客語多。

松靄周春[5]

自序②

上古器用陶匏,尚其質也。史稱虞舜陶於河濵,器皆不苦窳苦,讀如鹽。苦窳者何?蓋髺墾薜暴[6]之等也③。然則苦窳之陶,宜爲重瞳[7]所弗顧④。厥後,閼父作周陶正[8],武王賴其利器用也。以大姬妻其子,而封之陳。春秋述之。三代以降,官失其職。象犀珠玉,金碧焜耀,而陶之道益微。今窵穴⑤所在皆有,不過以爲瓴甋罌缶之須,其去苦窳者幾何?惟義興之陶,製度精而取法古,迄乎勝國?諸名流出,凡一壺一卣,幾與商彝周鼎並爲賞鑒家所珍,斯尤善於復古者與!予蝎來荆南,雅慕諸人之名,欲訪求數器;破數十年之功⑥,而所得蓋寥寥焉。慮歲月滋久,並作者姓氏且弗章。

擬綴輯所聞，以傳好事，暨陽周伯高氏，嘗著《茗壺系》，述之頗詳，間多漏略，兹復稍加增潤，釐爲二卷，曰《陽羨名陶録》。超覽君子，更有以匡予不逮，實厚願焉。

乾隆丙午春仲月吉，兔床吴騫書於桃溪墨陽樓

卷上

原始

相傳壺土所出，有異僧經行村落日，呼曰："賣富貴土！"人羣嗤之。僧曰："貴不欲買，買富何如？"因引村叟，指山中産土之穴。及去，發之，果備五色，爛若披錦。

陶穴環蜀山。山原名獨，東坡先生乞居陽羨時，以似蜀中風景，改名此山也。祠祀先生於山椒，陶煙飛染、祠宇盡墨。按《爾雅・釋山》云："獨者蜀。"則先生之鋭改厥名，不徒桑梓殷懷，抑亦考古自喜云爾。

吴騫曰：明王升《宜興縣志》引陸希聲《頤山録》云："頤山東連洞靈諸峰，屬於蜀山。蜀山之麓，有東坡書院。"然則蜀山，蓋頤山之支脈也[⑦]。今東坡書院前有石坊，宋牧仲中丞題曰："東坡先生買田處。"

選材

嫩黄泥，出趙莊山，以和一切色土，乃黏埴可築，蓋陶壺之丞弼也。

石黄泥，出趙莊山，即未觸風日之石骨也，陶之乃變硃砂色。

天青泥，出蠡墅，陶之變黯肝色。又其夾支，有梨皮泥，陶現凍梨色；淡紅泥，陶現松花色；淺黄泥，陶現豆碧色；密口泥，陶現輕赭色；梨皮和白砂，陶現淡墨色。山靈腠絡，陶冶變化，尚露種種光怪云。

老泥，出團山，陶則白砂星星，宛若珠琲。以天青、石黄和之，成淺深古色。

白泥，出大潮山，陶瓶、盎、缸、缶用之。此山未經發用，載自江陰白石山。即江陰秦望山東北支峯。

吴騫曰,按:大潮山,一名南山,在宜興縣南[⑧],距丁蜀二山甚近,故陶家取土便之。山有洞,可容數十人。又張公、善權二洞,石乳下垂,五色陸離,陶家作釉,悉於是採之。

出土諸山,其穴往往善徙。有素産於此,忽又他穴得之者,實山靈有以司之;然皆深入數十丈乃得。

本藝

造壺之家,各穴門外一方地,取色土篩擣;部署訖,弇窖其中,名曰養土。取用配合,各有心法,秘不相授。壺成幽之,以候極燥,乃以陶甕俗謂之缸掇 庋五六器,封閉不隙,始鮮欠裂、射油之患。過火則老,老不美觀;欠火則稚,稚沙土氣。若窯有變相,匪夷所思,傾湯貯茶,雲霞綺閃,直是神之所爲,億千或一見耳。

規仿名壺曰臨,比於書畫家入門時。

壺供真茶,正在新泉活火,旋瀹旋啜,以盡色、聲、香、味之蘊。故壺宜小不宜大,宜淺不宜深;壺蓋宜盎不宜砥。湯力茗香,俾得團結氤氳,宜傾竭即滌去渟滓。乃俗夫強作解事,謂時壺質地堅結,注茶越宿,暑月不餿。不知越數刻而茶敗矣,安俟越宿哉。況真茶如蓴脂,採即宜羹;如筍味,觸風隨劣。悠悠之論,俗不可醫。

壺宿雜氣,滿貯沸湯,傾即没冷水中,亦急出冷水寫之,元氣復矣。

品茶用甌,白瓷爲良。所謂"素瓷傳静夜,芳氣滿閒軒"也。製宜弇口邃腹,色澤浮浮而香味不散。

茶洗,式如扁壺,中加一項鬲,而細竅其底,便過水漉沙。茶藏以閉洗過茶者。仲美君用各有奇製,皆壺使之從事也。水杓、湯銚,亦有製之盡美者。要以椰匏、錫器爲用之恒。

壺之土色,自供春而下及時大初年,皆細土淡墨色。上有銀沙閃點,迨硇砂和製穀縐,周身珠粒隱隱,更自奪目。

壺經[⑨]用久,滌拭日加,自發闇然之光,入手可鑒,此爲文房雅供。若膩滓爛斑,油光爍爍,是曰和尚光,最爲賤相。每見好事家藏,列頗多名製,而愛護垢染，舒袖摩挲，惟恐拭去，曰："吾以寶其舊色。"爾不知西子蒙不潔，堪充下陳否耶？以注真茶，是藐姑射山之神人，安置煙瘴地面矣。豈不舛哉。

周高起曰："或問以聲論茶，是有説乎？"答曰："竹爐幽討，松火怒飛，蟹眼徐窺，鯨波乍起，耳根圓通爲不遠矣。然爐頭風雨聲，銅缾易作，不免湯腥。砂銚[10]能益水德，沸亦聲清。白金尤妙，第非山林所辦爾。"

家溯

金沙寺僧，久而逸其名矣。聞之陶家云，僧閒静有致，習與陶缸甕者處，摶[11]其細土，加以澄練；捏築爲胎，規而圓之，刳使中空，踵傅[12]口、柄、蓋、的，附陶穴燒成，人遂傳用。

吴騫曰：金沙寺，在宜興縣東南四十里；唐相陸希聲之山房也。宋孫覿詩云："説是鴻磐讀書處，試尋幽伴拄孤藤。"建炎間，岳武穆曾提兵過此留題。

供春，學憲吴頤山家僮也。頤山讀書金沙寺中，春給使之暇[13]，竊仿老僧心匠，亦淘細土摶坯。茶匙穴中，指掠内外，指螺文隱起可按，胎必累按，故腹半尚現節腠，視以辨真。今傳世者，栗色闇闇如古金鐵敦。龐周正，允稱神明垂則矣。世以其係龔姓，亦書爲龔春。

周高起曰：供春，人皆證爲龔春。予於吴冏卿家見大彬所仿，則刻供春二字，足折聚訟云。

吴騫曰：頤山名仕，字克學，宜興人，正德甲戌進士，以提學副使擢四川參政。供春實頤山家僮，而周《系》曰青衣，或以爲婢，並誤。今不從之。

董翰，號後谿。始造菱花式，已殫工巧。

趙梁,多提梁式。梁亦作良。

元暢《茗壺系》作元錫,《秋圓雜佩》作袁錫,《名壺譜》作元暢。

時朋,一作鵬,亦作朋,時[14]大彬之父。與董、趙、元是爲四名家,並萬曆間人,乃供春之後勁也。董文巧,而三家多古拙。

李茂林,行四,名養心。製小圓式,妍在樸緻中,允屬名玩。案:春至茂林,《茗壺系》作正始。

> 周高起曰:自此以往,壺乃另作瓦缶,囊閉入陶穴。故前此名壺,不免沾缸罈油淚。

時大彬,號少山。或陶土,或雜砂硇土,諸款具足,諸土色亦具足,不務妍媚而樸雅堅栗,妙不可思。初自仿供春得手,喜作大壺,後遊婁東,聞陳眉公與瑯琊、太原諸公品茶、試茶之論,乃作小壺。几案有一具,生人閒遠之思,前後諸名家並不能及,遂於陶人標大雅之遺,擅空羣之目矣。案:大彬,《茗壺系》作大家。

> 周高起曰:陶肆謠云"壺家妙手稱三大",蓋謂時大彬及李大仲芳、徐大友泉也。予爲轉一語曰:"明代良陶讓一時;獨尊少山,故自匪佞。"

李仲芳,茂林子,及大彬之門,爲高足第一。制漸趨文巧,其父督以敦古。芳嘗手一壺[15],視其父曰:"老兄,者個何如?"俗因呼其所作爲"老兄壺"。後[16]入金壇,卒以文巧相競。今世所傳大彬壺,亦有仲芳作之,大彬見賞而自署款識者。時人語曰:"李大瓶,時大名。"

徐友泉,名士衡,故非陶人也。其父好時大彬壺,延致家塾。一日,強大彬作泥牛爲戲。不即從,友泉奪其壺土出門而去,適見樹下眠牛將起,尚屈一足,注視捏塑,曲盡厥形狀,攜以視,大彬一見驚歎曰:"如子智能,異日必出吾上。"因學爲壺,變化式土,仿古尊罍諸器,配合土色所宜,畢智窮工,移人心目。厥製有漢方、扁觶、小雲雷、提梁卣、蕉葉、蓮芳、菱花、鵝蛋,分襠索耳、美人垂蓮、大頂蓮、一回角、六子諸款。泥色有海棠紅、硃砂紫、定窯白、冷金黄、淡墨、沉香、水碧、榴皮、葵黄、閃色梨皮諸名。種種變異,妙出心裁。然晚年恆自歎曰:“吾之精,終不及時之粗。”友泉有子,亦工是技,人至今有大徐、小徐之目,未詳其名。按:仲芳、友泉二人,《茗壺系》作名家。

歐正春,多規花卉、果物,式度精妍。

邵文金,仿時大漢方獨絶。

邵文銀

蔣伯荂,名時英。

此四人並大彬弟子。蔣後客於吴,陳眉公爲改其字之“敷”爲“荂”。因附高流,諱言本業,然其所作,堅緻不俗也。

陳用卿,與時英同工[9],而年技俱後,負力尚氣,嘗以事在縲絏中,俗名陳三騃子。式尚工緻,如蓮子、湯婆、缽盂、圓珠諸製,不規而圓已極。妍飾款仿鍾太傅筆意,落墨拙,用刀工。

陳信卿,仿時、李諸傳器,具有優孟叔敖處,故非用卿族。品其所作[17],雖豐美遜之,而堅瘦工整,雅自不羣。貌寢意率,自誇洪飲,逐貴遊間,不復壹志盡技。間多伺弟子造成,修削署款而已。所謂心計轉粗,不復唱“渭城”時也。

閔魯生,名賢。規仿諸家,漸入佳境。人頗醇謹,見傳器則虚心企擬,不憚改爲,技也進乎道矣。

陳光甫,仿供春、時大爲入室。天奪其能,早眚一目,相視口、的,不極端緻,然經其手摹,亦具體而微矣。案:正春至光甫,《茗壺系》作雅流。

陳仲美,婺源人。初造瓷於景德鎮,以業之者多,不足成其名,棄之而來。好配壺土,意造諸玩,如香盒、花盃、狻猊爐、辟邪鎮紙。重鎪疊刻,細極鬼工。壺象花果,綴以草蟲,或龍戲海濤,伸爪出目。至塑大士象,莊嚴慈憫,神采欲生,瓔珞花鬘,不可思議。智兼龍眠、道子,心思殫竭,以夭天年。

沈君用,名士良,踵仲美之智而妍巧悉敵。壺式上接歐正春一派,至尚象諸物,製爲器用,不尚正方圓,而筍[18]縫不苟絲髮。配土之妙,色象天錯,金石同堅,自幼知名,人呼之曰沈多梳。宜興垂髫之稱。巧殫厥心,亦以甲申四月夭。按:仲美、君用,《茗壺系》作神品。

邵蓋
周後谿
邵二孫,並萬曆間人。

吴騫曰,按:周嘉胄《陽羨茗壺譜》,以董翰、趙梁、元暢、時朋、時大彬、李茂林、李仲芳、徐友泉、歐正春、邵文金[19]、蔣伯荂,皆萬曆時人。

陳俊卿,亦時大彬弟子。
周季山
陳和之
陳挺生
承雲從
沈君盛,善仿友泉、君用。以上並天啟、崇禎[20]間人。
陳辰,字共之。工鐫壺款,近人多假手焉,亦陶之中書君也。

周高起曰:自邵蓋[21]至陳辰,俱見汪大心《葉語附記》中。大心,字體兹,號古靈,休寧人。鐫壺款識,即時大彬初倩能書者落墨,用竹刀畫之,或以印記,後竟運刀成字。書法閒雅,在黄庭、樂毅帖間,人不能仿,賞鑒家用以爲别。次則李仲芳,亦合書法。若李茂林,硃書號記而已。仲芳亦時代大彬刻款,手法自遜。按:邵蓋至陳辰,《茗壺系》入别派。

徐令音,未詳其字。見《宜興縣志》,豈即世所稱小徐者耶?
項不損,名真,檇李人,襄毅公之裔也。以諸生貢入國子監。

吴騫曰,不損,故非陶人也。嘗見吾友陳君仲魚藏茗壺一,底有“硯北齋”三字,旁署項不損款,此殆文人偶爾寄興所在。然壺製樸而雅,字法晉唐,雖時、李諸家,何多讓焉。不損詩文深爲李檀園、聞子將所賞,頗以門才自豪,人目爲狂。後入修門,坐事死於獄。《静志居詩話》載其題，閨人梳奩銘云："人之有髮，旦旦思理；有身有心，奚不如是。"此銘雖出於前人，然不損亦非一于狂者。銘㉒云："人之有髮"云云，乃唐盧仝鏡奩銘㉓。

沈子澈，崇禎朝人。

吴騫曰：仁和魏叔子禹新爲余購得菱花壺一，底有銘云云㉔。後署"子澈爲密先兄製"。又桐鄉金雲莊比部舊藏一壺，摹其式寄余，底有銘云："崇禎癸未沈子澈製"。二壺款制，極古雅渾樸，蓋子澈實明季一名手也。

陳子畦，仿徐最佳，爲時所珍，或云即鳴遠父。
陳鳴遠，名遠，號鶴峰，亦號壺隱。詳見《宜興縣志》。

吴騫曰：鳴遠一技之能，間世特出。自百餘年來，諸家傳器日少，故其名尤噪。足跡所至，文人學士，争相延攬。常至海鹽，館張氏之涉園[10]，桐鄉則汪柯庭[11]家，海寧則陳氏、曹氏、馬氏[12]多有其手作，而與楊中允晚研[13]交尤厚。予嘗得鳴遠天雞壺一，細砂作紫棠色，上鋟庾子山詩，爲曹廉讓先生手書。製作精雅，真可與三代古器並列。竊謂就使與大彬諸子周旋，恐未甘退就邾莒之列耳。

徐次京
孟臣㉕
葭軒
鄭寧侯，皆不詳何時人，並善摹仿古器，書法亦工。
張燕昌曰：王汋山長子翼之燕書齋一壺，底有八分書"雪庵珍賞"四字；又楷書"徐氏次京"四字。在蓋之外口[14]，啟蓋方見。筆法古雅，惟蓋之合口處，總不若大彬之元妙也。余不及見供春手製，見大彬壺歎觀止矣；宜周伯高㉖有"明代良陶讓一時"之論耳。又余少年得一壺,底有真書"文杏館孟臣製"六字。筆法亦不俗,而製作遠不逮大彬,等之自檜[15]以下可也。

吴騫曰:海寧安國寺,每歲六月廿九日,香市最盛,俗稱"齊豐宿山";於時百貨駢集。余得一壺,底有唐詩:"雲入西津一片明"句,旁署"孟臣製",十字皆行書。制渾樸,而筆法絶類褚河南。知孟臣亦大彬後一名手也。葭軒工作瓷章,詳《談叢》。又聞湖汶[16]質庫中有一壺,款署"鄭寧侯製",式極精雅,惜未寓目。

卷下

叢談

蜀山黄黑二土皆可陶。陶者穴火,負山而居,纍纍如兔窟。以黄土爲坯,黑土傅之,作沽瓴、藥爐、釜鬲、盤盂、敦缶之屬,粥[17]於四方,利最博。近復出一種似均州者[18],獲值稍高,故土價踴貴,畝踰三十千;高原峻坂,半鑿爲坡,可種魚,山木皆童然矣。陶者甬東人,非土著也[19]。王穉登《荆溪疏》

往時龔春茶壺,近日時〔大〕彬所製,大爲時人寶惜。蓋皆以粗砂製之,正取砂無土氣耳。許次紓《茶疏》

茶壺,陶器爲上,錫次之。馮可賓《〔岕〕茶箋》

茶壺以小爲貴,每一客壺一把,任其自斟自飲,方爲得趣。何也?壺小則香不涣散,味不耽閣。同上

茶壺以砂者爲上,蓋既不奪香,又無熟湯氣。供春最貴,第形不雅,亦無差小者。時大彬所製,又太小。若得受水半升而形製古潔者,取以注茶,更爲適用。其提梁、㼖瓜、雙桃、扇面、八稜、細花夾錫茶替、青花白地諸俗式者,俱不可用。文震亨《長物志》。

宜興罐以龔春爲上,時大彬次之,陳用卿又次之。錫注以黄元吉爲上,歸懋德次之。夫砂罐,砂也;錫注,錫也。器方脱手,而一罐、一注,價五六金,則是砂與錫之價,其輕重正相等焉,豈非怪事。然一砂罐、一錫注,直躋之商彝、周鼎之列,而毫無慚色,則是其品地也。張岱《夢憶》

茗注莫妙於砂，壺之精者，又莫過於陽羡，是人而知之矣。然寶之過情，使與金玉比值，毋乃仲尼不爲已甚乎。置物但取其適，何必幽渺其説，必至殫精竭慮而後止哉！凡製砂壺，其嘴務直，購者亦然。一曲便可憂，再曲則稱棄物矣。蓋貯茶之物，與貯酒不同。酒無渣滓，一斟即出，其嘴之曲直，可以不論。茶則有體之物也，星星之葉，入水即成大片，斟瀉時，纖毫入嘴，則塞而不流。啜茗快事，斟之不出，大覺悶人，直則保無是患矣。李漁《雜説》

時壺名遠甚，即遐陬絶域猶知之。其製，始於供春，壺式古樸風雅，茗具中得幽野之趣者。後則如陳壺、徐壺，皆不能髣髴大彬萬一矣。一云供春之後四家，董翰、趙良、袁錫疑即元暢，其一即大彬父時鵬也。彬弟子李仲芳、芳父小圓壺李四老官，號養心，在大彬之上，爲供春勁敵，今罕有見者。或淪鼠菌，或重雞彝，壺亦有幸、不幸哉。陳貞慧《秋園雜佩》

宜興時大彬，製砂壺名手也。嘗挾其術，以遊公卿之門。其子後補諸生，或爲四書文以獻嘲，破題云："時子之入學，以一貫得之[27]。"蓋俗稱壺爲罐也。《先進録》

均州窯器，凡豬肝色，火裏紅、青、緑錯雜若垂涎，皆上三色之燒不足者，非别有此樣。此窯，惟種菖蒲盆底佳[28]。其他坐墩、墩爐、合方缾、罐子，俱黄砂泥坯，故器質不足。近年新燒，皆宜興砂土爲骨，釉水微似，製有佳者，但不耐用。《博物要覽》

宜興砂壺，創於吴氏之僕曰供春。及久而有名，人稱龔春。其弟子所製更工，聲聞益廣；京口談長益爲之作傳。《五石瓠》

近日一技之長，如雕竹則濮仲謙，螺甸則姜千里，嘉興銅器則張鳴岐，宜興茶壺則時大彬，浮梁流霞盞則昊十九，皆知名海内。王士禛[29]《池北偶談》

供春製茶壺，款式不一。雖屬瓷器，海内珍之，用以盛茶，不失元味，故名公巨卿、高人墨士，恆不惜重價購之。繼如時大彬，益加精巧，價愈騰。若徐友泉、陳用卿、沈君用、徐令音，皆製壺之名手也。徐喈鳳[30]《宜興縣志》

陳遠工製壺、杯、瓶、盒，手法在徐、沈之間，而所製款識，書法雅健，勝於徐、沈；故其年雖未老，而特爲表之。同上

毘陵器用之屬，如筆、箋、扇、箸、梳、枕及竹木器皿之類，皆與他郡無異，惟燈則武進有料絲燈[20]，壺則宜興有茶壺，澄泥爲之。始於供春，而時

大彬、陳仲美、陳用卿、徐友泉輩,踵事增華,並製爲花罇、菊合、香盤、十錦杯子㉛等物,精美絶倫,四方皆争購之。于琨《重修常州府志》

明時宜興有歐姓者,造瓷器曰歐窯[21];有仿哥窯紋片者,有仿官均窯色者。采色甚多,皆花盆、奩架諸器者㉜,頗佳。朱炎《陶説》

供春壺式,茗具中逸品。其後復有四家:董翰、趙良、袁錫,其一則時鵬,大彬父也。大彬益擅長,其後有彭君實、龔〔供〕春、陳用卿、徐氏,壺皆不及大彬。彬弟子李仲芳,小圓壺製精絶,又在大彬之右,今不可得。近時宜興沙壺,復加饒州之鎏[22],光彩射人,卻失本來面目。陳其年詩云:"宜興作者稱供春,同時高手時大彬。碧山銀槎濮謙竹,世間一藝皆通神。"高江村詩云:"規製古樸復細膩,輕便可入�籠攜。山家雅供稱第一,清泉好瀹三春荑。"昔杜茶村稱澄江周伯高著茶、茗二系,表淵源支派甚悉。阮葵生《茶餘客話》

臺灣郡人,茗皆自煮,必先以手嗅其香,最重供春小壺。供春者,吴頤山婢名,製宜興茶壺者;或作龔春者,誤。一具用之數十年,則值金一笏[23]。周澍《臺陽百詠・註》

昔在松陵王汋山楠話雨樓,出示宜興蔣伯荂手製壺,相傳項墨林所定式,呼爲"天籟閣壺"。墨林以貴介公子,不樂仕進,肆其力於法書名畫及一切文房雅玩,所見流傳器具,無不精美。如張鳴岐之交梅手爐,閻望雲㉝之香几及小盒等制,皆有墨林字。則一名物之賴天籟以傳,莫非子京精意所萃也。張燕昌《陽羨陶説》

先府君性嗜茶,所購茶具皆極精,嘗得時大彬小壺,如菱花八角,側有款字。府君云:"壺製之妙,即一蓋可驗試。隨手合上,舉之能吸起全壺。所見黄元吉、沈鷺雝錫壺,亦如是;陳鳴遠便不能到此。"既以贈一方外,事在小子未生以前,迄今五十餘年,猶珍藏無恙也。余以先人手澤所存,每欲繪圖勒石紀其事,未果也。同上

往梧桐鄉汪次遷安曾贈余陳鳴遠所製研屏一,高六寸弱,闊四寸一分强。一面臨米元章《垂虹亭》詩,一面柯庭雙鈎蘭,惜乎久作碎玉聲矣。柯庭,名文柏,次遷之曾大父,鳴遠曾主其家。同上

汪小海淮㉞藏宜興瓷花尊一,若蓮子而平,底上作數孔,周束以銅,如提梁卣。質樸渾,氣尤静雅。余每見必詢及。無款,不知爲誰氏作,然非

供春、少山後作者所能措手也。同上

余於禾中骨董肆得一瓷印，盤螭鈕，文曰："太平之世多長壽人。"白文，切玉法。側有款曰"葭軒製"。葭軒，不知何許人，此必百年來精於刻印。昔時少山陳共之工鐫款，字特真書耳。若刻印，則有篆法刀法。摹印之學，非有十數年功者，不能到也。吴兔床著《陽羡名陶録》，鑒别精審，遂以爲贈。時丙午夏日。同上

陳鳴遠手製茶具雅玩，余所見不下數十種，如梅根筆架之類，亦不免纖巧。然余獨賞其款字，有晉唐風格。蓋鳴遠遊蹤所至，多主名公巨族，在吾鄉與楊晚研太史最契。嘗於吾師樊桐山房見一壺，款題"丁卯上元爲耑木先生製"，書法似晚研，殆太史爲之捉刀耳。又於王芍山[35]家見一壺，底有銘曰："汲甘泉，瀹芳茗，孔顔之樂在瓢飲。"閲此，則鳴遠吐屬亦不俗，豈隱於壺者與。同上

吾友沙上九人龍，藏時大彬一壺，款題"甲辰秋八月時大彬手製"。近於王芍山季子齋頭見一壺，冷金紫[24]，製樸而小；所謂遊婁東見弇州諸公後作也。底有楷書款云："時大彬製"。内有一紋線[36]，殆未曾陶鑄以前所裂，然不足爲此壺病。同上

余少年得一壺，失其蓋。色紫而形扁，底有真書"友泉"二字，殆徐友泉也。筆法類大彬。雖小道，洵有師承矣。同上

客耕武原，見茗壺一於倪氏六十四研齋。底有銘曰："一杯清茗，可沁詩脾；大彬。"凡十字。其製樸而雅，砂質温潤，色如豬肝。其蓋雖不能吸起全壺，然以手撥之，則不能動，始知名下無虚士也。既手摹其圖，復系以詩云。陳鱣《松研齋隨筆》

文翰

記

宜興瓷壺記　周容

今吴中較茶者，壺必言宜興瓷，云始萬曆間，大朝山寺僧當作金沙寺僧傳供春；供春者，吴氏小史也。至時大彬，以寺僧始，止削竹如刃[25]，刳山土爲

之;供春更斲木爲模,時悟其法,則又棄模而所謂削竹如刃者[26]。器類增至今日,不啻數十事。用木重首作椎[27],椎唯煉土;作掌[28]厚一薄一,分聽土力。土稚不耐指,用木作月阜[29],其背虛緣易運代土,左右是意與終始。用鑐[30],長視筆,闊視薤,次減者二,廉首齊尾。廉用割、用薙、用剔,齊用抑、用趁、用撫、用推。凡接文深淺,位置高下,齊廉並用。壺事此獨勤,用角[31],闊寸,長倍五,或圭或笏,俱前薄後勁,可以服我屈伸爲輕重。用竹木如貝[32],竅其中,納柄,凡轉而藏暗者藉是。至於中豐兩殺者,則有木如腎,補規萬所困[33]。外用竹若釵之股,用石如碓,爲荔核形,用金作蝎尾[34],意至器生,因窮得變,不能爲名。土色五,膩密不招客土,招則火知之。時乃故入以砂,煉土克諧。審其燥濕展之,名曰土氈[35]。割而登諸月,有序,先腹,兩端相見。廉用媒土,土濕曰媒[36],次面與足;足面先後,以制之豐約定[37]。足約則先面,足豐則先足。初渾然虛含,爲壺先天[38];次開頸,次冒、次耳、次嘴。嘴後著戒也。體成,於是侵者薙之,驕者抑之,順者撫之,限者趁之,避者剔之,闇者推之,肥者割之,内外等。時後起數家,有徐友泉、李茂林,有沈君用。甲午春,余寓陽羡,主人致工於園,見且悉。工曰:僧草創,供春得華於土,發聲光尚已。時爲人敦雅古穆,壺如之,波瀾安閒,令人喜敬,其下俱因瑕就瑜矣。今器用日煩,巧不自恥,嗟乎!似亦感運升降焉。二旬成壺凡十,聚就窯火,予搆文祝窯。文略曰:"器爲水而成火,先明德功,繇土以立,木亦見材。"又曰:"氣必足夫陰陽,候乃持夫晝夜,欲全體以致用,庶含光以守時"云云。是日,主人出時壺二,一提梁卣,一漢觶,俱不失工所言。衛懶仙云:"良工雖巧,不能徒手而就,必先器具修而後制度精。瓷壺以大彬傳,幾旅人攏指。"此則詳言本末,曲盡物情,文更峭健,可補《考工》之逸篇。

銘

茗壺銘　沈子澈

石根泉,蒙頂葉,漱齒鮮,滌塵熱。

陶硯銘　朱彝尊

陶之始,渾渾爾。

茶壺銘　汪森

茶山之英，含土之精。飲其德者，心恬神寧。

酌中泠，汲蒙頂。誰其貯之，古彝鼎；資之汲古得修綆。

贊

陳遠天雞酒壺銘　吴騫

媧兮煉色，春也審旼[39]。宛爾和風，弄是天雞[40]。月明花開，左挈右提。浮生杯酒，函谷丸泥。

賦

陽羡茗壺賦並序　吴梅鼎

六尊[41]有壺，或方或圓，或大或小。方者腹圓，圓者腹方。莛[42]金琢玉，彌甚其侈。獨陽羡以陶爲之，有虞之遺意也。然粗而不精、與窳等。余從祖拳石公[43]，讀書南山，攜一童子，名供春。見土人以泥爲缶，即澄其泥以爲壺，極古秀可愛，世所稱供春壺是也。嗣是時子大彬，師之，曲盡厥妙，數十年中，仲美、仲芳之倫，用卿、君用之屬，接踵騁伎；而友泉徐子集大成焉。一瓷罌耳，價埒金玉，不幾異乎？顧其壺，爲四方好事者收藏殆盡。先子以蓄公嗜之，所藏頗夥，乃以甲乙兵燹，盡歸瓦礫；精者不堅，良足歎也。有客過陽羡，詢壺之所自來。因溯其源流，狀其體制，臚其名目，並使後之爲之者考而師之。是爲賦。

惟宏陶之肇造，實運巧於姚虞。爰前民以利用，能製器而無窳。在漢秦而爲甀，寶厥美曰康瓠。類瓦缶之太樸，肖鼎鬲以成區。雜瓷瓵與瓿甊[44]，同鍛鍊以無殊。然而藝匪匠心，制不師古，聊抱瓮以團砂，欲挈缾而莛土。形每儕乎敧器，用豈侔夫周簠[45]。名山未鑿，陶甄無五采之文；巧匠不生，鏤畫昧百工之譜。爰有供春，侍我從祖，在髫齡而穎異，寓目成能；借小伎以娱閒，因心挈矩。過土人之陶穴，變瓦甂[46]以爲壺；信異僧而琢山，斸陰凝以求土。時有異僧，繞白碭、青龍、黄龍諸山，指示土人曰：“賣富貴土。”人異之，鑿山得五色土，因以爲壺。於是砠白碭，鑿黄龍。宛掘井兮千尋，攻巖有骨；若入淵兮百仞，採玉成峰。春風花浪之濱地有畫溪、花浪之勝，分畦茹瀘[47]；秋月玉潭之上地近玉女潭，並杵椎春[48]。合以丹青之色，圖尊規矩之宗。停椅梓之槌，酌剪裁於成片；握文犀之刮，施刓掠以爲容[49]。稽三代以博古，考秦漢以程功。圓者如丸，體稍縱爲龍蛋壺名龍蛋。方兮若印壺名印方，皆供春式，角偶刻以秦琮又有刻角印方。脱手則光能照面，出冶則資比凝銅。彼新奇兮萬變，師造化兮元功。信陶壺之鼻祖，亦天下之良工。過此，則有大彬之典重時大彬，價擬璆琳；仲美之琱瑰陳仲美，巧窮毫髮。仲芳骨勝而秀出刀鐫李仲芳，正春肉好而工凝刻畫歐正春。求其美麗，争稱君用離奇沈君用；尚彼渾成，僉曰用卿醇飭陳用卿。若夫綜古今而合度，極變化以從心，技而進乎道者，其友泉徐子乎。緬稽先子，與彼同時。爰開尊而設館，令儔技以呈奇；每窮年而累月，期竭智以殫思。潤果符乎球璧，巧實媲乎班倕[50]。盈什百以韞櫝，時閲玩以遐思。若夫燃彼竹爐，汲夫春潮，挹[37]此茗碗，爛於瓊瑶。對煒煌而意駴，瞻詭麗以魂銷。方匪一名，圓[38]不一相，文豈傳形，賦難爲狀爾。其爲制也，象雲罍兮作鼎壺名雲罍，陳螭觶兮揚杯螭觶名。仿漢室之瓶漢瓶，則丹砂沁采；刻桑門之帽僧帽，則蓮葉擎臺。卣號提梁，膩於雕漆提梁卣；君名苦節苦節君，蓋已霞堆。裁扇面之形扇面方，觚稜峭厲；卷蘆方之角蘆蓆方，宛轉瀠洄。誥寶臨函，誥寶恍紫庭之寶現；圓珠在掌圓珠，如合浦之珠回。至於摹形象體，殫精畢異。韻敵美人美人肩，格高西子西施乳。腰洵約素，照青鏡之菱花束腰菱花；肩果削成，採金塘之蓮蒂平肩蓮子。菊入手而凝芳合菊，荷無心而出水荷花。芝蘭之秀芝蘭，秀色可餐；竹節之清竹節，清貞莫比。鋭欖核兮幽芳橄欖六方，實瓜瓠兮渾麗冬瓜麗。或盈尺兮豐隆，或徑寸而平砥，或分蕉而蟬翼，或柄雲而索耳，或番象與鯊皮，或天雞與篆珥。分蕉、蟬翼、柄雲、索耳、番象鼻、鯊魚皮、天雞、篆珥，皆壺款式。匪先朝之法物，皆刀尺所不擬。若夫泥色之變，乍陰乍陽。忽葡萄而紺紫，倏橘柚而蒼黄。摇嫩緑於新桐，曉滴琅玕之翠；積流黄於葵露，暗飄金粟之香。或黄白堆沙，結哀梨兮可啖；或青堅在骨，塗髹汁兮生光。彼瑰琦之窯變，匪一色之可名。如鐵如石，胡玉胡金。備五文於一器，具百美於三停。遠而望之，黝若鐘鼎陳明廷；迫而察之，燦若琬琰[39]浮精英。豈隨珠之與趙璧，可比異而稱珍者哉！乃有廣厥器類，出乎新裁。花蕊婀娜，雕作海棠之盒沈君用海棠香盒；翎毛璀璨，鏤爲鸜鵒之杯陳仲美製鸜鵒杯。捧香奩而刻鳳沈君用香奩，翻茶洗以傾葵徐友泉葵花茶洗。瓶織回文之錦陳六如仿古花尊,爐横古幹之梅沈君用梅花爐。巵分十錦陳六如十錦杯,菊合三臺沈君用菊合。凡皆用寫生之筆墨,工切琢於刀圭。倘季倫[51]見之,必且珊瑚粉碎;使棠谿[52]觀此,定教白玉塵灰。用濡毫而染翰,誌所見而徘徊。

詩

坐懷蘇亭焚北鑄爐以陳壺徐壺烹洞山岕片歌　熊飛

顯皇垂拱昇平季,文盛兵銷遍恬喜。是時朝士多韻人,競仿吴儂作清事。書齋蘊藉快沈燎,湯社精微重茶器。景陵銅鼎[53]半百沽,荆溪瓦注[54]十千餘。宣工衣鉢有施叟[55],時大後勁橅陳徐。凝神昵古得古意,寧與秦漢官哥殊。余生有癖嘗涎覬,竊恐尤物難兼圖。昔年挾策上公車,長安米價貴如珠。輟食典衣酬夙好,鑄得大小兩施爐。今年陽羨理蓿架,懷蘇亭畔樂名壺。蘇公避王予梓里,此地買田貽手書。焉知我癖非公癖,臭味豈必分賢愚。閒煮惠泉燒柏子,梧風習習引輕裾。吁嗟洞山岕片不多得,任教茗戰難相克。亭中長日三摩挲,猶如瓣香茶話隨公側。顧智跋:偶檢殘編,得熊公“懷蘇亭”歌詞,想見往時風流暇逸,今亭既湮没,故附梓於誌,以志學宫。昔有此亭,亦見陽羨茗壺固甲天下也。檄按:“飛”又作“溵”。四川人,崇禎中官宜興教諭。

陶寶肖像歌爲馮本卿金吾作　林古度茂之　(昔賢製器巧含樸)

贈馮本卿都護陶寶肖像歌　俞彦仲茅　(何人霾向陶家側)

過吴迪美朱萼堂看壺歌兼呈貳公　周高起伯高　(新夏新晴新緑焕)

供春大彬諸名壺價高不易辨予但别其真而旁蒐殘缺於好事家用自怡悦詩以解嘲　(陽羨名壺集)吴迪美曰:用涓人買駿骨、孫臏刖足事,以喻殘壺之好。伯高乃真賞鑒家,風雅又不必言矣。

贈高侍讀澹人以宜壺二器並系以詩　陳維崧其年

宜壺作者推龔春,同時高手時大彬。碧山銀槎濮謙竹,世間一藝俱通神。彬也沉鬱並老健,沙粗質古肌理匀。有如香盦乍脱蘚,其上刻畫蜼鼎蹲。又如北宋没骨畫,幅幅硬作麻皮皴。百餘年來迭兵燹,萬寶告竭珠犀貧。皇天劫運有波及,此物亦復遭荆榛。清狂録事偶弄得,一具尚值三千緡。後來佳㊵者或間出,巉削怪巧徒紛綸。臘茶褐色好規製,軟媚詎入山齋珍。我家舊住國山[56]下,穀雨已過芽茶新。一壺滿貯碧山岭,摩挲便覺勝飲醇。邇來都下鮮好事,碗嵌瑪瑙車渠銀。時壺市縱有人賣,往往贋物非其真。高家供奉最淡宕,羊腔詎屑膏吾唇。每年官焙打急遞,第一分賜書堂臣。頭綱八餅那足道,葵花玉銙寧等倫。定煩雅器瀹精茗,忍使茅屋埋佳人。家山此種不難致,卓犖只怕車轔轔。未經處仲口已缺,豈亦龍性愁難馴。昨搜敗篋賸[57]二器,函走長鬣踰城闉。是其姿首僅中駟,敢冀拂拭充綦巾。家書已發定續致,會見荔子衝埃塵。

宜壺歌答陳其年檢討　高士奇人龍

荆南山下罨畫溪[58],溪光瀲勐澄沙泥。土人取沙作茶器,大彬名與龔春齊。規製古樸復細膩,輕便堪入筠籠[59]攜。山家雅供第一稱[41],清泉好瀹三春荑。未經穀雨焙嫩緑[42],養花天氣黄鶯啼。旗鎗初試瀉蟹眼,年年韻事宜幽棲。柴瓷[60]漢玉價高貴,商彝周鼎難考稽。長安人家尚奢靡,鏤鋑工巧矜象犀。詞曹官冷性淡泊,叨恩賜住蓬池西。朝朝儤直趨殿陛,夜衝街鼓晨聽雞。日間幼子面不見,糟妻守分甘鹹虀。從有小軒列圖史,那能退食閒品題。近向漁陽歷邊徼,春夏時扈八駿啼[61]。秋來獨坐北窗下,玉川興發思山谿。致札元龍乞佳器,遂煩持贈走小奚。兩壺圓方各異狀,隔城鄭重裹[43]錦綈。長篇更題數百字,敍述歷落同遠齎。拂拭經時不釋手,童心愛玩仍孩提。湘簾夜捲銀漢直,竹床醉臥寒蟾低。紙窗木几本精粲,翻憎瑪瑙兼玻璃。瓦瓶插花香爇缶,小物自可同琰圭。龍井新茶虎跑水,惠泉廟岭争鼓鼙。他年揚帆得恩請,我將攜之歸故畦。

以陳鳴遠舊製蓮蕊水盛梅根筆格爲借山和尚七十壽口占二絶句

查慎行悔餘

梅根已老發孤芳,蓮蕊中含滴水香。合作案頭清供具,不歸田舍歸禪房。偶然小技亦成名,何物非從假合成。道是摶沙沙不散,與翻新句祝長生。

希文以時少山砂壺易吾方氏核桃墨　馬思贊仲韓

漢武袖中核,去今三千年。其半爲酒池,半化爲墨船。磨休斮骨髓,流出成元鉛。曾落盆池中,數歲膏愈堅。質勝大還丹,舐者能昇天。贈我良友生,如與我周旋。豈敢計施報,報亦非戔戔。譬彼十五城,難易趙璧然。有明時山人,搦砂成方圓。彼視祖李輩,意欲相後先。我謂韓齊王,羞與噲等肩。青娥易羸馬，文杭换玉鞭。投贈古有之，何必論媸妍。以多量取寡，差覺勝前賢。

陶器行贈陳鳴遠　汪文柏季青

荆溪陶器古所無，問誰作者時與徐時大彬、徐友泉。泥沙入手經摶埴，光色便與尋常殊。後來多衆工，摹倣皆雷同。陳生一出發巧思，遠與二子相争雄。茶具方圓新製作，石泉槐火爨松風。我初不識生，阿髯尺素來相通謂陳君其年也。贈我雙卮頗殊狀，宛似紅梅嶺頭放。平生嗜酒兼好奇，以此飲之神益王。傾銀注玉徒紛紛，斲木豈意青黄文。廠盒宣爐留款識，香奩藥碗生氤氲數物悉見工巧。吁嗟乎，人間珠玉安足取，豈如陽羨溪頭一丸土。君不見，輪扁當年老斲輪；又不見，梓慶削鐻[62]如有神。古來技巧能幾人，陳生陳生今絶倫。

蜀岡瓦暖硯歌　胡天游雅威

蒼青截鐵堅不阿，琭珞敲玉鏗而瑳[63]。太一之船卻斤斧，帝鴻之紐掀穴窠。貝堂伏卵抱沂鄂，瓠肉削澤無瘢瘥[64]。露清紺淺葉幽漉，日冷赭淡岡兜岮。琅琅一片抗[65]歷落，仡仡四面平傾頗。瑩陳天智比珍縠，巧斲山骨殊砮䃩[66]。祝融相土刑德合，方軫員蓋經營多。炎烹爐化出摶造，域分宇立開婆娑。東有日山西有月，包之郛郭環之涯。水輪無風自然舉，氣母襲地歸於和。乾坤大腹吞樂浪，荆吴懸胃藏蠡鄱。陂謡鴻隙兩黄鵠，敵樹角國雙元蝸。静如辰樞執魁柄，動如牡鑰張機牙。線連羅浮走復折，氣通艮兑無壅訛。嚴冬牛目畏積雪，終旬狸骨僵偃波。封翰菀毳失皴[44]鹿，凍瑃[45]作噩銜刀戈。一丸未脱手旋磨，寸裂快逐紋生鞾。似同天池敗蚩霧，比困秦法遭斯苛。分明落紙困倚馬，絆拘行步偕孱騾[46]。爾看利器喜入用，初如得寶良可歌。火山有軍寵圍燎，熱坂近我勝嘘呵。湑湯初顧五熟釜，灌壘等拔千囊沙。劍門一道塞井絡，春候三月暄江沱。共工雖怒霸無所，温洛自潤揚其華。東宫香膠銘絳客，湘妾紫鯉浮晴渦。沉沉鴉色暈餘渲，靄靄雨族披圓羅。咸池勃張浴黑帝，神黿斫掣隨皇媧。山馳岳走事俄頃，霆翻電薄酣滂沱。虹窗焰流玉抱肚，月蛕[47]水轉金蝦蟆。時時正見黝鏡底，北斗熛耀垂天河。蜀岡工良近莫過，搗泥濾水相挔挼。爲罌爲皿爲飲榼，壺如嬰武杯如贏。千窯萬埴列門户，堆器不盡十馬馱。智搜技徹更復爾,誰與作者黠則那。温姿勁骨奪端歙,輕膚細理欺杪欏。馬肝或謗瓜削面,鳳味兼狀鷺食荷。燔燒顔色出美好,端正不待切與磋。華元皤然抱坦拓,周顗空洞非嫥婴。早從仲將試點漆,峽檣懸溜駿注坡。我初見此貪不覺,衆中奇畜擬橐駝[67]。詩篇送似因賺得,若彼取烏致以囮[68]。温泉火井佐沐邑,華陽黑水環梁嶓。豹囊乾煤吐柏麝,古玉笏笏徐研摩。青霜倒開漾海色,烏婧尾掉重雲拖。端州太守輕萬石,宫凌秦羽璣差鼉。比於中國豈無士,今者祇悦哀臺佗。時煩拭濯安且固,捧盈恆恐遭跌蹉。裝書未取押玳瑁,格筆遲斫珊瑚柯。畫螭蟠鳳圍一尺,錦官爲汝城初蓑。啟之刀劍快出匣,止爲熊虎嚴蟄窩。蕭行孔草雖懶擅,須記甲乙親吟哦。國風好色陳姣嫽,離騷荒忽追沅灑。凝鋪潭影滑幽璞,秋生龍尾涼侵霞。夜遥燈語風撼碧,縈者爲蚓簇者蛾。行斜次雜共綣蜿,手無停度劇弄梭。宏農客卿座上客,雄鳴藉掃幺與麽。欲銘功德向四壁,顧此堅凜誰能劘。硯乎與汝好相結,分等石友亦已加。闌干垂手鮮琢玉,捧侍未許宫釵娥。他年塗竄堯典字,伴我作籀書歸禾。

臺陽百詠　周澍靜瀾

寒榕垂蔭日初晴,自瀉供春蟹眼生。疑是閉門風雨候,竹梢露重瓦溝鳴。

論瓷絶句　吴省欽沖之

宜興妙手數龔春,後輩還推時大彬。一種粗砂無土氣,竹爐饞煞鬥茶人。

周梅圃送宜壺

春彬好手嗟難見,質古砂粗法尚傳。攜個竹爐蕭寺底,紅囊須瀹惠山泉。

觀六十四研齋所藏時壺率成一絶　陳鱣仲魚

陶家雖欲數供春,能事終推時大彬。安得攜來偕硯北,注將勺水活波臣。予嘗自號東海波臣。

無錫買宜興茶具二首　**馮念祖**爾修

陶出瑠瓏碗,供春舊擅長。團圓雙日月,刻劃五文章。直並摶砂妙,還誇肖物良。清閒供茗事,珍重比流黄[69]。

敢云一器小,利用仰前賢。陶正由三古,茶經第二泉。卻聽魚眼沸,移就竹爐邊。妙製思良手,官哥應並傳。

陶山明府仿古製茗壺以詒好事五首　**吴騫**槎客

洞靈巖口庀精材,百遍臨橅倚釣臺[70]。傳出河濱千古意,大家低首莫驚猜。

金沙泉畔金沙寺,白足禪僧[71]去不還。此日蜀岡千萬穴,别傳薪火祀眉山[72]。

百和丹砂百鍊陶,印床深鎖篆煙消。奇觚不數宣和譜,石鼎聯吟任尉繚。明府嘗夢見“尉繚了事”四字,因以自號茗壺並署之。

翛翛琴鶴志清虚,金注何能瓦注如。玉鑒亭前人吏散,一甌春露一床書。

陶泓[73]已拜竹鴻臚,玉女釵頭日未晡。多謝東坡老居士,如今調水要新符。東坡調水符事,在鳳翔玉女洞。舊《宜興縣志》移於王女潭。辨詳《桃溪客語》。

芑堂明經以尊甫瓜圃翁舊藏時少山茗壺見視製作醇雅形類僧帽爲賦詩而返之

蜀岡陶寖蘇祠鄰,天生時大神通神。千奇萬狀信手出,巧奪坡詩百態新。清河視我千金寶,云有當年手澤好。想見硐砂百鍊精,傳衣夜半金沙老。一行銘字昆吾刻,歲紀丙申明萬曆。彈指流光二百秋,真人久化蓮臺錫。吴梅鼎《茗壺賦》云:刻桑門之帽,則蓮葉擎臺。昨暫留之三歸亭[74],篋中常作笙磬聲。趿然起視了無覩,惟見竹爐湯沸海。月松風清乃知神物多,靈閃不獨君家雙寶劍。願今且作合浦歸,免使龍光斗牛占[75]。噫嘻公子慎勿嗟,世間萬事猶搏沙。他日來尋丙舍帖[76],春風還啜趙州茶。

詩餘

滿庭芳吾邑茶具俱出蜀山,暮春泊舟山下,漫賦此詞　**陳維崧**

白甄生涯,紅泥作活,亂煙細裊孤村。春山脚下,流水浴柴門。紫筍碧爐時候,溪橋上,市販争喧。推篷望,高吟杜句,旭日散鷄豚。　田園淳樸處,牽車粥畚,壘石支垣。看鴟彝撲滿,磊磊邱樊。而我偏憐茗器,温而栗、濕翠難捫。掀髯笑,盈崖緑雪,茶事正堪論。

附：紫砂壺加工用具圖録

圖1　木椎：即今紫砂工藝中最常用的工具，行内稱"搭子"，用來敲泥片、泥條

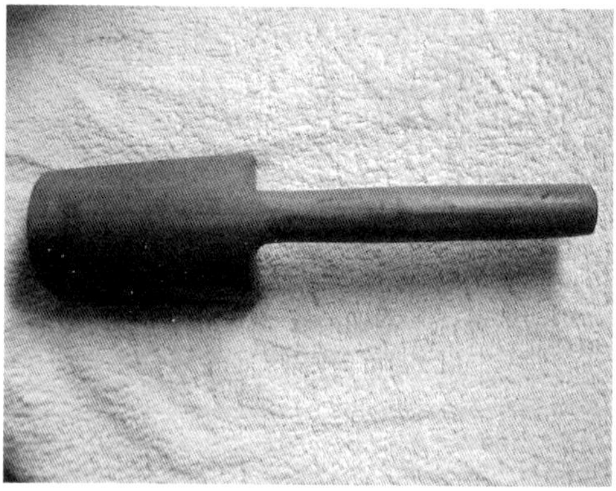

圖2　掌：用來拍打成型的拍子，今已增至多種型款，并非僅有兩把

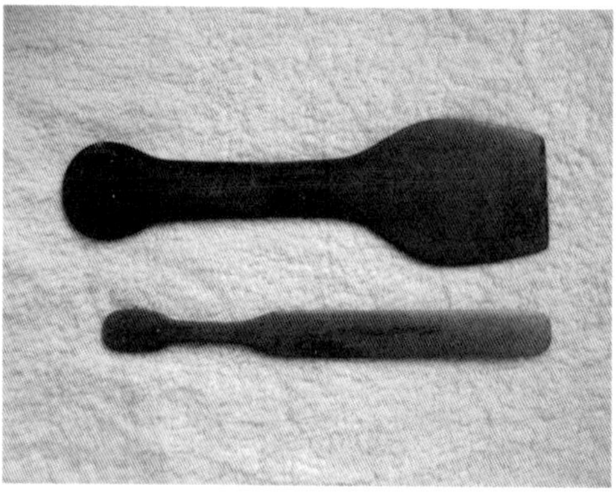

圖3　月阜：即半月形木轉盤。今大多以鐵轆轤代替

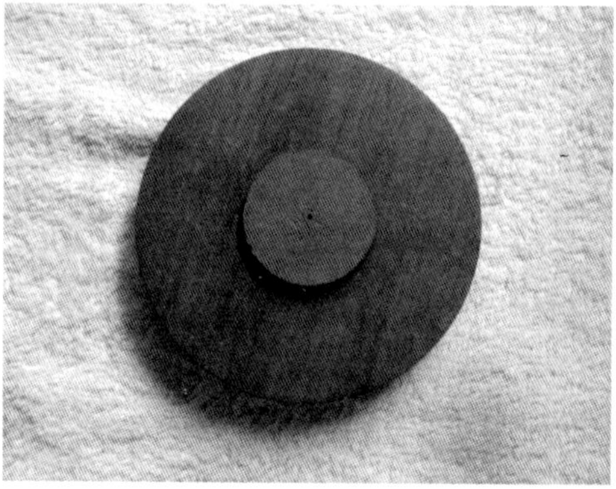

图 4　鐳：用以“廉首齊尾”：這種金屬刀具，行内稱“鰟鮍刀”“尖刀”，型款也是因需設置，不局限於兩三件

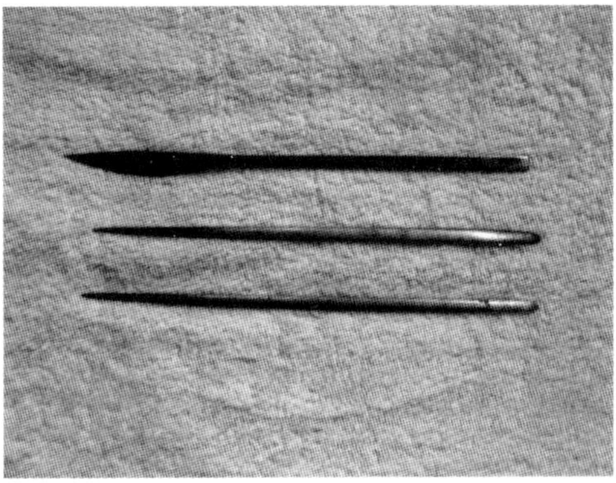

圖 5　用角（或圭或笏）：研光坯體表面的牛角製工具，行内稱爲“明針”

圖 6　貝狀竹木：紫砂工藝中用於修整弧形的工具，用竹木製成，俗稱“篦子”等

圖7　“中豐兩殺”的如腎木規：中間豐滿，兩頭瘦削，形狀如鷄蛋，用於規整壺口、壺蓋等圓形器形的工具，俗稱“木鷄子”

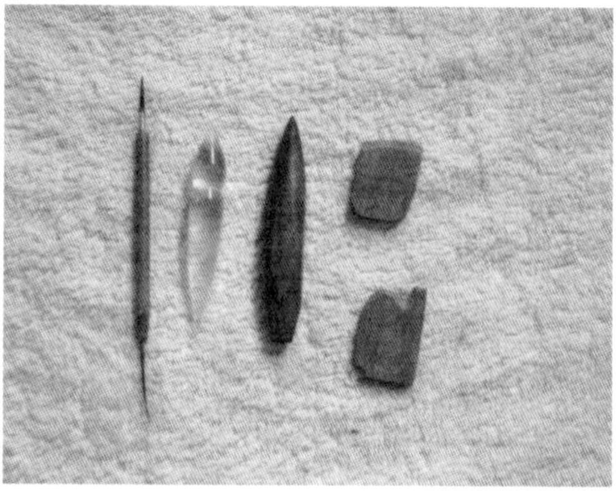

圖8　竹釵股，荔核形石碓，金蝎尾：圖中自左往右分别爲：“蝎尾”式的剜嘴刀，用於修理壺嘴内部；“釵之股”的“獨果”，用於使圓孔規整；“荔核形”的小工具，稱“完底石”“完蓋石”，用於修理底部、蓋内部

圖9　土氈：用於圍成壺體的泥條

圖 10　“割而登諸月……兩端相見”：用工具劃好的泥條豎立在木轉盤上，圍成圓柱狀

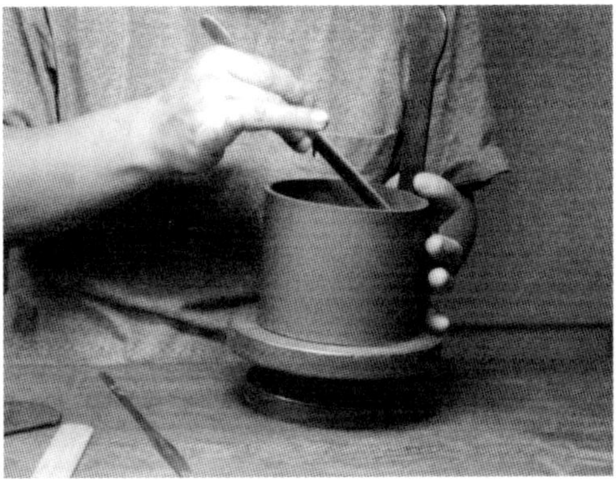

圖 11　媒土：泥片之間的銜接要用“媒土”，即濕泥漿，行内稱“脂泥”

圖 12　製壺有序，“以制之豐約定”：圍成柱狀後，先拍打擊底足的弧底還是肩腹的弧底，以壺的造型差异而定。一般先拍打底，即壺身的底腹弧形

圖 13　面：即壺身筒的肩腹口部。拍打好底部後將身筒翻轉，拍打肩腹，上一塊泥片，稱爲“滿片”，因此拍打肩腹又稱“打滿”

圖 14　“初渾然虛含，爲壺先天”：拍打好的身筒即壺體的雛形，然後再加頸，開出口部，製作壺嘴、壺把

注　釋

1　《七録》：書目。南朝梁阮孝緒編，原書佚，現存《七録序目》一卷。清王仁俊輯有《七録》一卷，收入《玉函山房輯佚書續編》。

2　波律膏：香料名，即舊所説的“龍腦香”。一種雙環萜醇，其右旋體在中藥中俗稱“冰片”。存於龍腦樹樹幹中。

3　欸(shì)：香美貌。

4　松陵客：指晚唐詩人陸龜蒙。松陵，鎮名，在今江蘇蘇州，舊時亦作吴江代稱。陸龜蒙曾寓吴江，并和皮日休兩人唱和各作《茶鼎》《茶甌》等《茶中雜詠》十首。“荆南茶具詩”，荆，指清析宜興所置的荆溪縣。宜興陶窯鼎山、蜀山，其時屬荆溪。

5 松靄周春(1729—1815)：松靄，周春的號。周春，字屯兮，晚號黍谷居士，浙江海寧人。乾隆十九年(1754)進士，官廣西岑溪知縣。家有“禮陶齋”“寶陶齋”“夢陶齋”三處藏書室，皆以“陶”爲名，其爲吴騫《名陶録》賦詩題辭，也在情理之中。

6 髻(yué)墾薜暴：髻，魚厥切。髻墾，指器物受損折足，形體歪斜。《周禮·考工記》：“凡陶瓬之事，髻墾薜暴不入市。”

7 重瞳：瞳，瞳仁、瞳孔。重瞳，指一目中有兩瞳仁。《史記·項羽紀贊》：“舜目蓋重瞳子，又項羽亦重瞳子。”此指舜。

8 閼(yān)父作周陶正：閼父，人名。陶正，周代掌管製陶的官名。

9 與時英同工：周高起《陽羡茗壺系》原文無“英”字，近出高英姿《紫砂名陶典籍》認爲此處“時”字是指時大彬，加“英”作“時英”，疑是吴騫的誤認。

10 海鹽張氏“涉園”，故址位浙江海鹽城南烏夜村，清乾隆時海鹽望族藏書家張柯家族别業。

11 汪柯庭：即汪文柏(1660—1730)，柯庭是其字，康熙時浙江著名詩人、畫家和藏書家。建有屐硯齋、古香樓等多處藏書樓，嗜茶愛壺。

12 海寧陳氏、曹氏、馬氏，當是康熙時海寧名士、收藏家、藏書家陳亦禧、曹廉讓和馬思贊三人。

13 楊中允晚研：即指清海寧楊中訥，字耑本，號晚研。康熙辛未進士，官至右中允。

14 蓋之外口，即壺蓋子口(一稱蓋唇)朝外的一面。

15 檜：古中土小國名，也作“鄶”，約位今河南新密東北。《詩經》中“檜風”即指此。

16 湖㳇：江蘇宜興南部舊時山貨聚散集鎮。當地方言“湖”讀作 luó；“㳇”讀作 bù。

17 粥：同“鬻”。

18 近復出一種似均州者:即當時新出的一種仿宋代均州窯色澤、形制的上釉陶器。後來"宜均"亦成爲紫砂之外的另一名陶。

19 陶者甬東人,非土著也:甬,浙江寧波。宜興做缸瓮等普通日用陶器的工人,有一部分來自浙東,但《紫砂名陶典籍》指出,就是這部分生產,"大部分仍是當地人"。

20 料絲燈:用瑪瑙、紫石英等原料抽絲製成的高檔彩燈。

21 宜興歐窯:《紫砂名陶典籍》注稱係明代歐子明所創,"形式大多仿宋鈞器,是一種上釉陶器"。

22 鎏(liú):此指陶、瓷所上的釉。

23 笏:銀兩重量或價值單位,銀五十兩爲一笏。

24 冷金紫:《紫砂名陶典籍》稱:"團泥製成,呈現淡黄色。"

25 止削竹如刃:意指紫砂初創時期,金沙寺僧僅用也只知用竹片、竹刀修削壺形的原始加工工具情况。

26 又棄模而所謂削竹如刃者:意指在"削竹如刃"的早期製壺階段後,供春借鑒缸瓮製法,在製壺工藝中,也引進了在壺内使用木模的成型法。内模加工法較早期無疑是一個發展,但缺點是腹中往往會留下痕迹。時大彬悟出了成型新法,於是"弃模"又回復到"削竹如刃"的全手工成型法。這裏所説的回復,不是回復原始,而是製砂史上的一次飛躍。如《紫砂名陶典籍》所講,即弃模後"全憑雙手拍打時的協調以及對於轉盤轉動慣性的駕馭,來塑造預想中的圓球體";工具也不只用竹刀、竹片,而如下面所説,器類增至"數十事";也奠定了我國傳統紫砂工藝的全部基礎。

27 用木重首作椎:木椎,即俗所謂"木鄉頭"之類;專業俗語"搭子"。見附圖1。

28 作掌:"掌",指掌形工具,即拍子;有大小、厚薄和不同工藝用不同形制之别。見附圖2。

29 用木作月阜:指木製轉盤,將泥坯放置其上,可以自由隨意轉動。見附圖3。

30 鐳:以文中描述形狀,當指紫砂工藝中所用的鐵製刀具,如鎊鮍刀、尖刀等。見附圖 4。

31 用角：即用牛角所製的“明針”，形似圭笏，用來研光壺體表面。見附圖 5。

32 用竹木如貝：即用竹、木所製的用於規整器形的貝形有柄工具，如篦子、勒子。見附圖 6。

33 有木如腎，補規萬所困：一種規整圓形的工具，俗稱“木鷄子”。見附圖 7。

34 外用竹若釵之股，用石如錐，爲荔核形，用金作蝎尾：紫砂製作中藝人根據需要自製的各種工具。此據所指，應是獨果、完底石、剜嘴刀等工具。見附圖 8。

35 土氈：泥料經練乾濕適於打泥條、泥片製壺時，這些泥條稱“土氈”。見附圖 9。

36 廉用媒土，土濕曰媒：將泥條按序在轉盤上製成壺腹（壺體）後，“泥條兩端相向圍成圓柱狀，用刀蘸取濕泥粘接”。濕泥即“媒”，俗稱“脂泥”。見附圖 10、11。

37 足面先後，以制之豐約定：拍打好壺體，“繼而製作口面與底足”，即“上滿片（口）、底片”。《紫砂名陶典籍》指出，周容所説的製作順序，其實無定制，“是因人而異”。見附圖 12、13。

38 爲壺先天：即“身筒”（壺體）。見附圖 14。

39 春也審攺：春，指供春。攺（pī），《廣韻》：匹支切，指器物出現裂紋、破損。《方言》：器破而未離，“南楚之間謂之攺”。

40 天雞：古代神話中的鳥名。《玄中記》東南有桃都山，上有大樹，“枝相去三千里，上有一天雞，日初出……天雞則鳴，羣雞即隨之鳴”。

41 六尊：古代酒器名，即獻尊、象尊、壺尊、著尊、大尊、山尊。每種都有不同造型。

42 埿：《遠東漢語大辭典》：“音義未詳。”清《南疆逸史》中有一貪官名“史埿”。編者按：“埿”疑《説文》“范”的籀文“笵”字，在清部分人中，一度傳爲“范”的俗寫。也即《禮記》中鑄器所説“范金合土”的“范”字。

43 拳石公：即吴頤山。

44 瓷瓯(yí)與瓿甊：瓯，陶瓷容器。瓿甊，瓦罌。《爾雅·釋器》：甌瓿謂之瓵。郭璞注："瓿甊，長沙謂之瓵。"長沙方言"瓿"，即"瓿甊"。

45 周簠(fǔ)：簠，古代祭祀用以置放粱粟的盛器。

46 瓦甒(wǔ)：甒，同上面已見的"甒"，古代盛酒用器。《玉篇·瓦部》："甒，盛五升(一釋五斗)小甖也。"

47 分畦茹瀘：《紫砂名陶典籍》釋爲"攤泥場"。因礦土加工爲可用黏土時，泥池相鄰如畦，故有此形容。

48 並杵椎舂：《紫砂名陶典籍》稱，上述諸器并用，指將澄洗好的泥料進行捶練，也即所謂"做泥場"。

49 施刓掠以爲容：刓，削。即用牛角明針作表面修飾、研光。

50 班倕：古代著名工匠名。班，即公輸班。倕，据《玉篇·人部》記載爲黄帝時巧匠名。

51 季倫：西晉石崇(249—300)的字。崇初爲修武令，累遷至侍中。永熙元年(290)出爲荆州刺史，以劫掠客商致巨富，與貴戚王愷、羊琇奢靡相尚。愷與崇鬥富，武帝每每支持愷；以珊瑚賜之，高三尺許，世所罕見。愷以示崇，崇便以鐵如意擊之，應手而碎。愷以爲嫉己之寶，大聲吵駡。崇曰："不足多恨，今還卿！"乃命左右悉取珊瑚樹，有高三四尺者六七株，條幹絶俗，光彩奪目，如愷比者甚衆。愷怳然自失意。此喻上述名陶，倘石崇見之，必將其所藏珊瑚全部粉碎。

52 棠谿：此疑指吴王闔閭弟夫概。闔閭王吴國時，其弟夫概自立爲王，敗奔於楚。楚王封夫概於棠谿，是謂棠谿氏。楚以楚玉即和氏璧爲國寶。"棠谿觀此，定教白玉塵灰"，喻夫概王倘若看了上述名陶，也一定會把"和氏璧"擊毁。

53 景陵銅鼎：景陵，五代時由竟陵改名，即今湖北天門。鼎，指古代鼎鑊一類的烹飪器。

54 荆溪瓦注：荆溪，即清代析宜興所置新縣，入民國廢歸宜興。瓦注，指陶壺。

55 宣工衣鉢有施叟：宣工，指宣德年間鑄造銅爐的工藝。宣，即所謂“宣德爐”或“宣爐”；形仿秦漢，製極精美。施叟，指明末清初宜興仿製宣爐的名師，據《紫砂名陶典籍》稱，其時宜興“施家北”所鑄之爐，“一度非常有名”。

56 國山：位今江蘇宜興西南，原名九里山，山有九峰，一名九斗山，又名升山，孫吴時封禪於此，因名。

57 簏(lù)賸：簏，指用竹編的圓形盛器。賸，係“剩”的异體字。

58 罨畫溪：源於宜興南部與浙江長興界山的溪水。宜興境内鼎蜀鎮湯渡的罨畫溪，曾爲陽羨十景之一。長興境内的罨畫溪，上游爲合溪，下流即箬溪，溪畔有罨畫亭。唐鄭谷詩：“顧渚山邊亭，溪將罨畫通。”自唐代起，每年“花時，游人競集”。

59 筠籠：用竹篾編製存放茶具的用器。

60 柴瓷：五代後周世宗柴榮詔建官窑燒製的瓷器。其瓷有“青如天、明如鏡、薄如紙、聲如磬”之譽。

61 春夏時扈八駿啼：扈，舊所謂報春鳥。古有九扈，報春曰“春扈”，夏有“夏扈”。八駿，即傳説周穆王的八匹良馬。

62 梓慶削鐻：事見《莊子》：“梓慶削木爲鐻，鐻成，見者驚猶鬼神。”鐻，古樂器名。鬼神，形容鬼斧神工。

63 琭珞(lù luò)敲玉鏗而瑳(cuō)：琭珞，堅硬的玉石。鏗，鏗鏘，形容聲音響亮和諧。瑳，玉色鮮明潔白。

64 瘢瘥(bān cuó)：指瘢痕、病疵。

65 抁(yǎn)：摇動。《玉篇·手部》：“抁：動也，摇也。”

66 砮碆(nǔ bō)：石箭鏃。

67 橐(tuó)駝：槖同“橐”；槖駝，即駱駝。古籍中“橐駝”，有的也寫成“橐他”或“橐它”。

68 囮：《廣韻》：“五禾切，音訛。”《説文》“譯也，率鳥者繫生鳥以來之，名曰囮”，即今所説的鳥媒。

69 流黄：玉名。《淮南子·本經訓》：“流黄出而朱草生。”高綉注：“流黄，玉也。”

70　釣臺：位於宜興西氿邊，相傳係南朝梁任昉(460—508)釣魚處。

71　白足禪僧：南朝梁惠皎《高僧傳十·釋曇始》："義熙初，復往關中，開導三輔。始足白於面，雖跣涉泥水，未嘗沾濕，天下皆稱白足和尚。"《紫砂名陶典籍》稱指首學"製陶的金沙寺僧"。

72　眉山：指蘇軾，因其係眉州眉山(今四川眉山)人，以籍代名。

73　陶泓：指硯臺。

74　三歸亭：歸，當爲"癸"之音誤。唐代宗時，顔真卿刺湖州，常與陸羽、皎然等名士、高僧交游，一日相議在杼山妙喜寺建一亭，由陸羽領其事。亭建繕於癸年、癸月、癸日，因名"三癸亭"。

75　龍光斗牛占：《紫砂名陶典籍》注稱：意指劍光直衝雲漢。唐王勃《滕王閣詩序》"物華天寶，龍光射牛斗之墟"即此意。

76　丙舍帖：三國魏鍾繇有《墓田丙舍帖》。《紫砂名陶典籍》注認爲此處"借代時大彬僧帽壺"。

校　記

① 原書卷首署作"海寧吴騫槎客編"。

② 博古齋本，"自序"無"自"字，置於周春題辭之前。中國書店本、《美術叢書》本(簡稱美術本)無周春題辭。美術本"自序"前還加書名"陽羨名陶録"五字。

③ 苦窳者何？蓋髻墾薜暴之等也：美術本作"苦者何？薄劣粗厲之謂也；窳者何？污窬㾑敗之等也"。

④ 所弗顧："顧"之下，博古齋本多一"已"字，美術本"已"作"者"字。

⑤ 窫穴：美術本"窫"作"陶"字，即陶窑。

⑥ 功：美術本"功"作"勞"字。

⑦ 頤山之支脈也："也"之下，至今東坡書院"今"之前，美術本多"又徐一夔《蜀山草堂記》：東坡築書堂其址，入於金陵保寧之官寺久矣，遂爲寺之别墅"32字。

⑧ 縣南：美術本、中國書店本在"南"之前，增一"東"字，作"縣東南"。

⑨ 壺經：經,《拜經樓叢書》本(簡稱拜經樓本)據檀几叢書本周高起《陽羨茗壺系》抄録時作“入”,美術本作“經”,據義改。

⑩ “砂銚”之下,至“能益水德”的“能”之前,美術本還有“亦嫌土氣,惟純錫爲五金之母,以製茶銚”16字。

⑪ 摶：拜經樓本、中國書店本作“搏”,博古齋本、美術本校作“摶”,據改。下同,不出校。

⑫ 傅：拜經樓本、中國書店本作“傳”,博古齋本、美術本作“傅”。“傅”通“附”,據改。

⑬ 暇：拜經樓本、中國書店本作“睱”,博古齋本、美術本改作“暇”,據改。

⑭ 時：中國書店本等同拜經樓本作“朋”,美術本作“時”。

⑮ 芳嘗手一壺：美術本“芳”字前多一“仲”字。

⑯ 後：拜經樓本、中國書店本等均作“亦”,美術本據周高起《陽羨茗壺系》作“後”,據改。

⑰ 所作：在“所”字和“作”字間,拜經樓本、中國書店本衍一“難”字,美術本衍一“手”字,此據周高起《陽羨茗壺系》原文改。

⑱ 筍：拜經樓本、中國書店本由榫形誤作“準”,美術本同《陽羨茗壺系》作“筍”,據改。

⑲ 歐正春、邵文金：拜經樓本、中國書店本作“歐正邵春文金”,誤,據博古齋本、美術本改。

⑳ 崇禎：禎,拜經樓本、中國書店本等避清諱均作“正”,徑改。下不出校。

㉑ 邵蓋：邵,此處和本段小字“按”,拜經樓本、博古齋本等均作“趙”,徑改。

㉒ 銘：拜經樓本、中國書店本作“或”,美術本校作“銘”,據改。

㉓ 鏡奩銘：美術本作“所作櫛銘”。

㉔ 云云：美術本作“曰”,此下至“後署子澈”間,美術本又增“石根泉,蒙頂葉,漱齒鮮,滌塵熱”12字。

㉕ 孟臣：博古齋本、中國書店本等“孟”字前還有一“惠”字。

㉖ 周伯高：高，拜經樓本、中國書店本均作“起”，美術本校改。周高起，字“伯高”。

㉗ 之：博古齋本、中國書店本等同拜經樓本作“之”，美術本作“也”。

㉘ 盆底佳：美術本“佳”字下多一“甚”字。

㉙ 禎：中國書店本同拜經樓本“禎”字作“正”。原名王士禛(1634—1711)，身後避清世宗諱，改“禛”爲“正”；乾隆時，弘曆命改爲“禎”，據博古齋本、美術本改。

㉚ “徐喈鳳”下，美術本多“重修”兩字。

㉛ 子：拜經樓本、博古齋本等作“之”，此據美術本、中國書店本改。

㉜ 者：美術本作“具”。

㉝ 閻望雲：《昭代叢書》本、美術本同拜經樓本作“閻望英”，博古齋本“閻”作“閎”字。

㉞ 汪小海淮：博古齋本等同拜經樓本，書如前。美術本作“汪小淮海”：汪淮，清乾嘉時詩人書法家，字小海。

㉟ 王芍山：芍，拜經樓本、博古齋本作“芍”，美術本作“汋”。查博古齋等版本，在同一書中，往往前後出現“芍”“勺”“汋”并用的混亂情況。

㊱ 一紋線：美術本、中國書店本等作“紋一線”。

㊲ 挹：拜經樓本、中國書店本作“浥”，美術本作“挹”，據改。

㊳ 圓：拜經樓本、博古齋本等作“圜”。圜，通“圓”，美術本校改作“圓”。

㊴ 琰：拜經樓本、中國書店本作“琖”，博古齋本等作“琰”。

㊵ 佳：拜經樓本、中國書店本作“往”，美術本作“佳”，據改。

㊶ 第一稱：中國書店本同拜經樓本，美術本作“稱第一”。

㊷ 嫩緑：嫩，拜經樓和各本均作“嫨”。嫨(ruān)，柔弱，俗作“輭”，即今“軟”字；另又讀作nēn，俗作“嫩”，與緑聯用，此當作今“嫩”字。徑改。

㊸ 裹：拜經樓本作“褁”，博古齋本、中國書店本等均作“裹”，據改。

㊹ 皴(cūn)：拜經樓本、美術本作“皵”，博古齋本作“皴”。

㊺ 琫(běng)：拜經樓本、美術本等作“吡”，同“蚌”。博古齋本作“琫”，

刀鞘近口處的裝飾;按文義據博古齋本改。

㊻ 騾:拜經樓本、美術本作“嬴”,胡天遊原“歌”作“騾”,據改。

㊼ 蛸:美術本等作“䯊”,訛。“䯊”(kū),《集韻》當没切,端。骨䯊,指樹瘤。䯊,音窟,指穴或洞。顔師古引服虔曰:“月蛸,月初生也。”

陽羡名陶録摘抄

◇清　翁同龢[1]

翁同龢(1830—1904),字聲甫,號叔平,又號松禪,晚號瓶庵居士,江蘇常熟人。咸豐、同治時大學士翁心存第三子。咸豐六年(1856)狀元,同治四年(1865)爲同治帝師傅,光緒二年(1876)爲光緒帝師傅。光緒五年(1879)任工部尚書,光緒八年(1882)擢軍機大臣。在中法戰爭、中日甲午戰爭中,是主張抗敵、反對李鴻章求和的核心人物。光緒二十一年(1895),由户部尚書兼任總理衙門大臣,力主維新變法,將康有爲密薦给光緒載湉,是當時所謂的"帝黨領袖"。但是,光緒二十四年(1898)四月,光緒宣布變法的第四天,慈禧太后即勒令載湉將他開缺回籍,"交地方官嚴加管束"。回籍後,翁同龢在抑鬱悲愴中以覽書撰文自遣。《陽羡名陶録摘抄》,當抄於這段時間。光緒三十年(1904)病逝故里,宣統元年(1909)詔復原官。有《翁文恭公日記》(今整理出版爲《翁同龢日記》)、《瓶廬詩鈔》、《瓶廬叢稿》(二十六種)等。

本文《陽羡名陶録摘抄》,由中國國家圖書館所藏翁同龢《瓶廬叢稿》中輯出。《瓶廬叢稿》係翁同龢手稿,本書收附於此,除上面《陽羡名陶録》題記所説的作爲"簡本"這層意義外,更主要的還在於它是翁同龢親自摘抄而還未有多少人看過的手稿。由於未經刊印,這裏也只能據《陽羡名陶録》等資料略作注釋。

原始

陶穴環蜀山,山有東坡祠。東坡乞居陽羡,以此山似蜀中風景,故改名之。

選材

軟黄泥,出趙莊山,以和一切色土,乃黏(埴)。

石黄泥,亦出趙莊山,即未觸風日之石骨。

天青泥,出蠡墅。

老泥,出團山。

白泥,出大潮山。又張公、善權二洞石乳,陶家用以作釉。

本藝

壺宜小不宜大,宜淺不宜深。壺蓋宜盎不宜砥,宜傾竭即滌去停滓。

壺宿雜氣,滿貯沸湯,傾即没冷水中,亦急出於水寫之,元氣及之。

品茶之甌,白瓷爲良。製宜弇口邃腹,色澤浮浮而香氣不散。

茶洗,式如扁壺,中加一項鬲,而細竅其底,便過水漉沙。

壺用久滌拭,自發闇然之光,入手可鑒。若膩滓爛斑,是曰和尚光,最爲賤相。

家溯

金沙寺僧,佚其名。金沙寺,在宜興縣東南四十里。

供春,學憲吴頤山家僮也,仿金沙僧所製,有指螺文。隱起,可按胎,必累按,故腹半尚現節膆,視以辨真。今傳世者,栗色闇闇如古鐵敦。龐周正,亦作龔春。

周高起曰:予於吴冏卿家,見大彬所仿,則刻"供春"二字。

董翰,號後谿,始造菱花式。

趙梁,多提梁式。梁亦作良

元暢。亦作元錫

時鵬。亦作朋大彬之父,萬曆間人。

李茂林,行四,名養心製小圓式。

周高起曰,自此以後,壺乃另作瓦缶,囊閉入陶穴,前此名壺不免沾缸罎油淚。

時大彬,號少山。或土或砂,諸款具足,諸土色亦具足,樸雅堅栗。初仿作供春大壺,後聞陳眉公與瑯琊、太原諸公品茶法(謂弇州諸公),乃出小壺。

李仲芳,茂林子,大彬之高足。制漸趨文巧。今世所傳大彬壺,亦有仲芳作而大彬署款者。

徐友泉,名士衡,亦與大彬遊。所製有漢方、扁觶,小雲雷、提梁卣,蕉葉、蓮房(芳),蔆花、鵝蛋(蛋),分襠索耳,美人垂蓮,大頂蓮,一回角,六子諸款,泥色各種素甌。晚年自歎曰:"吾之精,終不及時之粗。"友泉有子,亦工是技,至今有大徐、小徐之目。

歐正春,多規花卉、果物。

邵文金,仿時漢方獨絶。

邵文銀。

蔣伯荂,名時英。此四人並大彬弟子。

陳用卿,與時英同工,而年技俱後,如蓮子、湯婁(婆)、缽盂、圓珠諸制,不規而圓,款仿鍾太傅筆意。

陳信卿,仿時、李諸器,堅瘦工整,雅自不羣。

閔魯生,名賢,規仿諸家。

陳光甫,仿供春、時大爲入室,然所製口、的,不極端緻。

陳仲美,好配壺土,意造諸玩。

沈君用,名士良,所製不尚方圓,而準縫絲毫不苟,配土之妙,色象天然。

邵蓋

周後谿

邵二孫,並萬曆間人。

周嘉胄,《陽羨名壺譜》以董翰、趙梁、元暢、時朋、時大彬、李茂林、李仲芳、徐友泉、歐正春、邵文金、蔣伯荂,皆萬曆時人。

陳俊卿,時大彬弟子。

周季山

陳和之

陳挺生

承雲從

沈君盛,(善仿)君用。以上並天啟、崇禎間人。
陳辰,字共之,工鐫壺款。

周高起曰:自邵蓋至陳辰,俱見汪太心《葉語附記》中。太心,休寧人。鐫壺款識,時大彬初倩能書者落墨,用竹刀畫之,或以印記,後竟運刀成字,在黄庭、樂毅間,人不能仿。次則李仲芳,亦合書法,若李茂林,硃書號記而已。

徐令音
項不損,名真,檇李襄毅公之裔。

吴騫曰:嘗見陳仲魚一壺,有"研北齋"三字,旁署項不損款,字法晉唐。不損詩文,深爲李檀園所賞。

沈子澈,崇禎時人。

吴騫曰:余得菱花壺一,底有銘及署"子澈爲密先兄製"。又一壺,曰"崇禎癸未沈子澈製";實明季一名手也。

陳子畦,仿徐最佳,或云即鳴遠父。
陳鳴遠,號鶴峰,亦號壺隱。

鳴遠與文人學士遊,名重一時,嘗得所製天雞壺一,細砂作紫棠色,鋟庾子詩[①]爲曹廉讓先生手書,極精雅。

徐次京
孟臣
葭軒
鄭寧侯,皆不詳何時人,並善摹古器,書法亦工。

張燕昌曰：一壺，底八分書“雪庵珍賞”四字，又楷書“徐氏次京”四字。在蓋之外口，啟蓋方見。又一底有“文杏館孟臣製”六字。吴騫曰：余得一壺，底有唐詩“雲入西津一片明”，旁署“孟臣製”；字用褚法。葭軒工作瓷章。又一壺，款署“鄭寧侯製”，式極精雅。

卷下

談叢

往時龔春，近日時大彬壺，皆以粗砂爲之，正取砂無土氣兮。許次紓《茶疏》

茶壺，陶器爲上，錫次之。馮可賓《茶箋》

茶壺以小爲貴，小則香不逸散[②]，味不耽閣。同上

供春形不雅，大彬製太小，若受水半升而形又古潔乃適用。文震亨《長物志》

宜興壺[③]，龔春爲上，時大彬次之，陳用卿又次之。錫注，黄元吉爲上，歸懋德次之。張岱《夢憶》

凡砂壺，其嘴務直，一曲便可憂，再曲則稱棄物矣。星星之葉，入水即成大片，斟瀉時，纖毫入嘴則塞而不流。啜茗快事，斟之不出，大覺悶人。李漁《雜説》

李仲芳之父李四老官，號養心，所製小圓壺，在大彬之上，爲供春勁敵。陳貞慧《秋園雜佩》

均州窯器，凡豬肝色，紅、青、緑錯雜若垂涎，皆上三色之燒不足者，俱黄沙泥坯。近年新燒，皆宜興砂土爲骨，釉水微似，但不耐用。《博物要覽》

陳遠手法，在徐、沈之間，而款識書法雅健。《宜興志》

明時宜興有歐姓，造瓷器曰歐窯。朱炎《陶説》

供春壺式，逸品也。其後四家：董翰，趙良，袁錫，時鵬。鵬，大彬父也。大彬後有彭君實、龔春、陳用卿、徐氏，壺皆不及大彬。近時宜興壺加以饒州之鎏，光彩射人，卻失本來面目。阮葵生《茶餘客話》

臺灣人最重供春小壺。供春者，吴頤山婢名。或稱龔春者誤。周澍《臺

陽百詠》注

蔣伯荂手製壺,相傳項墨林所定式,呼爲“天籟閣壺”。墨林文房雅玩,如張鳴岐之交梅手爐,閻望雲之香几及小盒,皆有墨林字。張燕昌《陽羨陶説》

時大彬小壺,如菱花八角,側有款字。其妙即一蓋可驗試,隨手合上,舉之能吸起全壺。所見黄元吉、沈鷺雝錫壺,亦如是;陳鳴遠便不能。同上

汪小海淮,藏宜興瓷花尊,若蓮子而平,底上作數孔,周束以銅,如提梁卣,質樸静雅,無款。同上

陳鳴遠所製茶具,款字仿晉唐風格。嘗見一壺,款題“丁卯上元爲耑木先生”,書法似楊晚研,殆其捉刀者。又一壺,底銘曰:“汲甘泉,瀹芳茗,孔顔之樂在瓢飲。”

沙上九人龍,藏時壺一,款題“甲辰秋八月時大彬手製”。又王汋山一壺,冷金紫,制樸而小,所謂遊婁東見弇州諸公後作也。底楷書款云:“時大彬製”。同上

余得一壺,失其蓋,色紫而形扁,底真書“友泉”二字;考徐友泉也。

倪氏六十四研齋一壺,底有銘云:“一杯清茗,可沁詩脾,大彬”。其制樸而雅,色如豬肝,其蓋雖不能吸起全壺,然以手撥之,則不能動。陳鱣《松研齋隨筆》

文翰④

〔記〕

周容《宜興瓷壺記》,謂始自萬曆間,大朝山僧傳供春。春,吴氏小妾也。

〔賦〕

吴梅鼎《陽羨茗壺賦》,謂從祖拳石公讀書南山。按:乃一童子名供春,見土人以泥爲缶,即沉其泥爲壺,極古秀可愛。

龍蛋、印方、刻角印方,皆供春式;雲壘、螭觶、漢瓶、僧帽、提梁卣、苦節君、扇面方、蘆蓆方、誥寶、圓珠、美人肩、西施乳、束腰菱花、平肩蓮子、合菊、荷花、芝蘭、竹節、橄欖六方、冬瓜麗、分蕉、蟬翼、柄雲、索耳、番象鼻、鯊魚皮、天雞、篆珥,皆徐友泉壺。

又一切器玩:沈君用海棠香盒,陳仲美鸚鵡杯,沈君用香奩,徐友泉葵

花茶洗,陳六如仿古花轉[5],沈君用梅花罏,陳六如十錦杯,沈君用菊盒。

〔詩〕[6]

吴騫《陶山明府製茗壺詒好事》,詩註:話明府茗壺有“尉繚了事”四字署款。

注　釋

1　此翁同龢署名,是編者改。《瓶廬叢稿》,翁同龢原署作“吴騫”。《陽羨名陶録》爲吴騫撰,但《陽羨名陶録摘抄》不是吴騫而是翁自己摘抄,故改。

校　記

① 庚子詩:在“子”字與“詩”字間,吴騫《陽羨名陶録》原文還有一個“山”字。

② 香不逸散:逸,吴騫《陽羨名陶録》作“涣”。

③ 宜興壺:壺,吴騫《陽羨名陶録》作“罐”。

④ 文翰:《陽羨名陶録》在文翰之下,共分“記”“銘”“贊”“賦”“詩餘”“詩”等目,分録各有關吟贊陽羨名陶的内容。但這一部分,翁同龢可能嫌内容一般,開始略不摘抄,僅對標題和有些内容稍作介紹,如“銘”“贊”等目,根本就省未作提。

⑤ 仿古花轉:轉,《陽羨名陶録》作“尊”。

⑥ 此下《陶山明府製茗壺詒好事》,不屬“記”,也不屬“賦”,而是詩的内容,編補標題“詩”。

陽羡名陶續録

◇清　吴騫　撰

《陽羡名陶續録》,是吴騫繼《陽羡名陶録》之後,編寫的有關宜興紫砂壺的另一篇續編或補遺。吴騫簡介,見《陽羡名陶録》題記。

《陽羡名陶續録》,由於現在一般所見的版本,都是20世紀30年代前後中國書店影印的《陽羡名陶録》的附録本;前無序,後無記,不但没留下撰寫時間的痕迹,甚至有人對《續録》是否吴騫所撰,亦有疑義。其實,對《陽羡名陶續録》是否吴騫所寫的懷疑,大可不必。因爲中國書店既然是影印本,説明在此之前,《陽羡名陶録》當即有正本和續本的合刊本。不但如此,在上海圖書館的善本書目中,現在還收藏有《陽羡名陶録》兩卷、續録一卷的清陳慶鏞抄本;撰者清楚署明即吴騫,所以《續録》也爲吴騫所撰是可靠的。至於《續録》的撰寫時間,從吴騫所編《拜經樓叢書》不收這點來看,大致乾隆年間編刻這部叢書時,吴騫還没有編好。再從本文收録有《揚州畫舫録》内容這點來看,也顯示當是其嘉慶年間的作品。《揚州畫舫録》是李斗從乾隆二十九年(1764)至六十年(1795)的生活筆記,其卒於嘉慶中期,因此我們推定《續録》當編撰於1803年前後。

本文據陳慶鏞抄本作收,以中國書店本和所輯原文作校。

家溯

明時,江南常州府宜興縣歐姓者,造瓷器曰歐窯。有仿哥窯紋片者,有仿官、均窯色者,采色甚多,皆花盤奩架諸器,舊者頗佳。朱炎《陶説》

吴騫曰:歐窯疑即歐正春[1],今丁、蜀二山,尚多規之者。器作淡緑色,如蘋婆果[2],然精巧遠不逮矣。

檇李文後山鼎,工詩善畫,收藏名蹟古器甚多①,有宜瓷茗壺三具,皆極精確。其署款曰:"壬戌秋日陳正明製";曰"龍文";曰"山中一杯水,可清天地心。亮彩。"三人名皆未見於前載,亦未詳何地人。陳敬璋《餐霞軒雜録》

本藝

香雪居,在十三房[3]。所粥②皆宜興土産砂壺。茶壺始於碧山冶金,吕愛冶銀③。泉駛茗膩,非扃以金銀,必破器染味。砂壺創於金砂寺僧,團紫砂泥作壺具,以指羅紋爲標識。有吴學使者,讀書寺中,侍童供春見之,遂習其技成名工,以無指羅紋爲標識。宋尚書時彦裔孫名大彬,得供春之傳,毁甓[4]以杵舂之,使還爲土,範爲壺。燀以熠火,審候以出,雅自矜重。遇不愜意,碎之,至碎十留一。皆不愜意,即一弗留。彬枝指④,以柄上拇痕爲標識。大彬之後,則陳仲美、李仲芳、徐友泉、沈君用、陳用卿、蔣志雯諸人。友泉有雲罍、蟬觶、漢瓶、僧帽、提梁卣、苦節君、扇面、美人肩、西施乳、束腰菱花⑤、平肩蓮子、合菊、荷花、竹節、橄欖六方、冬瓜麗⑥、分蕉、蟬翼、柄雲、索耳、番象鼻、沙魚皮、天雞、篆珥諸式。仲美另製鸚鵡杯。吴天篆《瓷壺賦》云翎毛璀璨,鏤爲嬰武⑦之杯謂此。後吴人趙璧,變彬之所爲而易以錫。近時則歸復所製錫壺爲貴。李斗[5]《揚州畫舫録》

吴騫曰:長洲陸貫夫紹曾,博古士也。嘗爲予言,大彬壺有分四旁、底、蓋爲一壺者,合之注茶,滲屑無漏,名"六合一家壺",離之,仍爲六。其藝之神妙如是。然此壺子實未見,姑識於此,以廣異聞。

談叢

前卷言,一藝之工,足以成名,而歎士人有不能及。偶觀《袁中郎集・時尚》一篇,與子説略同,並録之。云:古來薄技小器皆可成名,鑄銅如王吉、姜娘子,琢琴如雷文、張越,磁器如哥窯、董窯,漆器如張成、楊茂、彭君寶。士大夫寶玩欣賞,與詩疑作書畫並重。當時文人墨士、名公巨卿,不知湮没多少，而諸匠之名，顧得不朽，所謂五穀不熟，不如稊稗者也。近日小技著名者尤多，皆吴人。瓦壺如龔春、時大彬，價至二三千錢。銅爐稱胡四，扇面稱何得之，錫器稱趙良璧，好事家争購之。然其器實精良，非他工所及，其得名不虚也云云。予又曾見《顧東江集》，宏正間⑧舊京製扇骨最貴。李昭《七修類稿》[6]稱：天順間，有楊塤妙於倭漆，其漂霞山水人物，神氣飛動圖畫不如。嘗上疏明李賢、袁彬者也。王士正[7]《居易録》

韓奕，字仙李，揚州人。買園湖上，名曰韓園。工詩，善鼓板，蓄砂壺，爲徐氏客。《揚州畫舫録》[8]

間得板橋道人小幀梅花一枝，傍列時壺一器，題云："峒山秋片茶，烹以惠泉，貯沙壺中，色香乃勝。光福梅花盛開，折得一枝，歸啜數杯，便覺眼、耳、鼻、舌、身、意，直入清涼世界，非煙火人所能夢見也。"繫一絶云："因尋陸羽幽棲處，傾倒山中煙雨春。幸有梅花同點綴，一枝和露帶清芬。"此幀詩畫，皆有清致，要不在元章、文長之亞。魏鉽蜩《寄生隨筆》

藝文

銘　吴騫

張季勤藏石林中人茗壺，屬銘以鋟之匣。

渾渾者，陶之始；舍則藏，吾與爾。石林人傳季勤得，子孫寶之永無忒。

樂府

少山壺　任安上李唐

洞山茶，少山壺，玉骨冰膚。雖欲不傳，其可得乎？壺一把，千金價，我筆我墨空有神，誰來投我以一緡。袁枚曰：可慨亦復可恨，然自古如斯，何見之晚也。

詩

荆溪雜曲　王叔承[9]承父

蜀山山下火開窯，青竹生煙翠石銷。笑問山娃燒酒杓，沙坏可得似椰

瓢。詩見《明詩綜》

雙溪竹枝詞　陳維崧[10]

蜀山舊有東坡院，一帶居民淺瀨邊。白甄家家哀玉響，青窯處處畫溪煙。

葦村以時大彬所製梅花沙壺見贈，漫賦兹篇誌謝雅貺　汪士慎[11]近人

陽羨茶壺紫雲色，渾然製作梅花式。寒沙出冶百年餘，妙手時郎誰得如。感君持贈白頭客，知我平生清苦癖。清愛梅花苦愛茶，好逢花候貯靈芽。他年倘得南帆便，隨我名山佐茶宴。

味諫壺　程夢星[12]⑨伍喬

天門唐南軒館丈齋中，多砂壺，有形如橄欖者，或憎其拙，予獨謂拙乃近古，遂枉贈焉。名曰味諫

義興誇名手，巧製妙圓整。兹壺獨臃腫，贅若木之癭。吕甫公有《木癭壺》詩一瓫回餘甘，清味託山茗。

得時少山方壺於隱泉王氏，乃國初進士幼扶先生舊物，率賦四律　張廷濟[13]汝霖

添得蕭齋一茗壺，少山佳製果精殊。從來器樸原團土，且喜形方未破觚。生面別開宜入畫，兒子又超爲繪圖詩腸借潤漫愁枯。金沙僧寂供春杳，此是荆南舊範模。

削竹鐫留廿字銘，居然楷法本黄庭。周高起曰，大彬款用竹刀，書法逼真換鵝經。雲痕斷處筆三折，雪點披來砂幾星。便道千金輸瓦注，從教七碗補《茶經》。延陵著録徵君説，好寄郵筒問大寧。海寧吴丈兔床著《陽羨名陶録》，海鹽家文漁兄撰《陽羨陶説》，二君皆博稽，此壺大寧堂款，必有考也。

瑯琊世族[14]溯蟬聯，老物傳來二百年。過眼風燈增舊感，丁巳歲，孟中觀塾是壺留余齋旬日，未久孟化去。知心膠桼話新緣。王心耕爲予作緣得此壺。未妨會飲過詩屋，西鄰葛見嵒闢溪陽詩屋，藏有陳用卿壺。大好重攜品隱泉。隱泉在北市劉家媲、

李元龍先生御舊居於此。聞説休文曾有句,可能載筆賦新篇。姊婿沈竹岑廣文嘗賦此壺貽王君安期。

活火新泉逸興賒,年年愛鬥雨前茶。從欽法物齊三代,張岱謂:龔、時瓦罐,直躋商彝、周鼎之列而無愧。予家藏三代彝鼎十數種,殿以此壺,彌增古澤。便載都籃總一家。吾弟季勤,藏石林中人壺;兄子又超,藏陳寉峰壺。竹里水清雲起液,衹園軒古雪飛花。居東太平禪院,舊有沸雪軒。詳舊《嘉興縣志》。與君到處堪煎啜,珍重寒窗伴歲華。

時大彬方壺,瀓一家王氏藏之百數十年矣。辛酉秋日,過隱泉訪安期表弟,出此瀹茗並示沈竹岑詩即席次韻　葛瀓見碞

隱泉故事話高人,況有名陶舊絶倫。酒渴肯辭甘草癖,詩清底買玉壺春。賓朋聚散空多感,書卷飄零此重珍。王氏舊富藏書記取年年來一呷,未妨桑苧目茶神。

叔未解元得時大彬方壺於隱泉王氏,賦四詩見示,即疊辛酉舊作韻

移向牆東舊主人,竹田位置更超倫。瓦全果勝千金注,時好平分滿座春。石乳石林真繼美,石乳、石林,叔未弟季勤所藏二壺銘。寶尊寶敦合同珍。叔未藏商尊、周敦,皆精品。從今聲價應逾重,試誦新詩句有神。

觀叔未時大彬壺　徐熊飛[15]渭揚

少山方茗壺,其口強半升。名陶出天秀,止水涵春冰。良工舉手見圭角,那能便學蘇摸稜。凜然若對端正士,性情温克神堅凝。風塵淪落復見此,真書廿字銘厥底。削竹契刻妙入神,不信蘆刀能刻髓。王濛故物藤篋封,歲久竟歸張長公。八磚精舍水雲静,我來正值梅花風。攜壺對客不釋手,形模大似提梁卣。春雷行空蜀岡破,亂點磵砂燦星斗。幾經兵火完不缺,臨危應有神靈守。薄技真堪一代師,姓名獨冠陶人首。吾聞美壺如美人,氣韻幽潔肌理匀。珍珠結網得西子,便應掃卻蛾眉羣。又聞相壺如相馬,風骨權奇勢矜雅。孫揚一顧獲龍媒[16],十萬驪黄皆在下[17]。多君好古鑒别精,搜羅彝器陳縱横。紙窗啜茗志金石,煙篁繞舍泉清泠。東南風急片

帆直,我今遥指防風國。他日重攜顧渚茶,提壺相對同煎喫。

叔未叔出示時壺命作圖並賦　張上林又超

曾閲滄桑二百年,一時千載姓名鐫。從今位置清儀閣,活火新泉話夙緣。吴兔床作《隸題圖册》,首曰"千載一時"。

時壺歌爲叔未解元賦　沈銘彝竹岑

少山作器器不窳,罨畫溪邊劚輕土。後來作者十數輩,遜此形模更奇古。此壺本自瑯琊藏,鬱林之石青浦裝。情親童稚摩挲慣,賦詩共酌春茗香。藝林勝事洵非偶,一朝恰落茂先手。清儀閣下檇李亭,羃䍥[18]茶煙浮竹牖。廬陵妙句清通神,壺底鋟"黄金碾畔緑塵飛,碧玉甌中素濤起"二句,歐公詩也。細書深刻藏顔筋。我今對之感舊雨,君方得以張新軍。商周吉金案頭列,殿以瓦注光璘彬。壺兮壺兮爲君賀,曲終正要雅樂佐。

和叔未時壺原韻　周汝珍東杠

入室芝蘭臭味聯,松風竹火自年年。尋盟研北虚前諾,得寶牆東憶昔賢。鬥處元知茗是玉,傾來不數酒如泉。徐陵雪廬孝廉沈約竹岑學博俱名士,寫遍張爲主客篇。

叔未解元得時大彬漢方壺詩來屬和　吴騫

春雷蜀山尖,飛棟煤煙緑。燭龍繞蜂穴,日夜鏖百谷。開荒藉瞿曇[19],煉石補天角。中流抱千金,孰若一壺逐。繼美邦美孫,李斗謂大彬乃宋尚書時彦之裔。智燈遞相續。兩儀始胚胎,萬象供搏掬。視以火齊良,寧棄薜與暴。名貴走公卿,價重埒金玉。商周寶尊彝,秦漢古卮盉。丹碧固焜燿,好尚殊華朴。迄今二百祀⑩,瞥若鳥過目。遺器君有之,喜甚獲郢璞。折柬招朋儕,剖符規玉局。松風一以瀉,素濤翻雪瀑。恍疑大寧堂,移置八磚屋。摹形更流詠,箋册裝金粟。顧謂牛馬走,名陶蓋補録。嗟君負奇嗜,探索窮崖隩。求壺不求官,干水甚干禄。三時我未饜,一夔君已足。予藏大彬壺三,皆不刻銘。君雖一壺,底有歐公詩二句,爲光勝。譬如壺九華,氣可吞五嶽。何嘗載烏篷,共泛罨溪渌。廟前之廟後,遍聽茶娘曲。勇唤邵文金,渠師在吾握。大彬漢方,惟邵文金能仿之。見《茗壺系》。

注　釋

1　歐窯疑即歐正春:據近人許之衡《飲流齋説瓷》所説,歐窯乃明時歐子明所創。此"歐窯"究屬歐正春還是歐子明,待考。

2　器作淡緑色,如蘋婆果:據高英姿《紫砂名陶典籍》注稱,舊時凡釉色淡緑如蘋果的陶器,均爲宜興土釉陶器(鉛灰緑釉陶),産品多爲瓮、盆等日用器皿。

3　十三房:舊時謂某一家族分支的聚居地。房,即按宗法制度規定在家族中按血統進行房分確立的關係和序號。如親房、本房、遠房、大房、二房等。

4　毀甓(pì):甓,原義指磚。如《詩·陳風·防有鵲巢》"中唐有甓"的"甓"字,即釋作磚。但此非指磚或磚坯,而是指用陶土所製的器皿。

5　李斗:字艾塘,又字北有,揚州儀徵人。《揚州畫舫録》是其從乾隆二十九年(1764)至六十年(1795)在揚州生活的筆記。

6　《七修類稿》應爲郎瑛撰,僅見王士禛《居易録》云爲李昭撰。

7　王士正:即王士禛,字子真,一字貽上,號阮亭,别號漁洋山人,象晉孫,清山東新城人。順治乙未(十二年,1655)進士,歷官刑部尚書,以文學詩歌著稱。卒謚文簡。

8　此段内容載於《揚州畫舫録》卷14。徐氏指徐贊侯,歙縣人,揚州大鹽商,與程澤弓、汪令聞齊名。有"晴莊",墨耕學圃。

9　王叔承:初名光胤,以字行。後更字承父,晚又更字子幻,復名靈岳,自號崑崙山人。明蘇州吴江人。少孤,家貧,入都作客於大學士李春芳家,後縱游吴、越、閩、楚及塞上各地,萬曆中卒。其詩爲王世貞兄弟所稱,有《吴越遊編》《楚遊編》《岳遊編》等。

10　陳維崧(1631—1688):字其年,號迦陵,清常州宜興人。十七歲爲諸生,至四十仍爲諸生。康熙間舉鴻博一等,授檢討,與修《明史》。工於詩,駢文及詞尤負盛名。有《湖海樓詩集》《迦陵文集》《迦陵詞》。

11　汪士慎(1680—1759):字近人,號巢林,又號溪東外史,江南歙縣人。流寓揚州,工隸善畫梅。爲"揚州八怪"之一。

12　程夢星:字伍喬,一字午橋,號香溪,一號汧江,清揚州江都人。康熙五十一年(1712)進士,官編修,丁艱後即不出,主揚州詩壇數十年。有《平山堂志》《今有堂集》《茗柯集》等。

13　張廷濟(1768—1848):字叔未,又字汝霖。嘉慶三年(1798)鄉試第一。因會試屢躓,遂絶仕途,以圖書金石自娱。建"清儀閣",自商周至近代金石書畫無不收藏,各繫以詩,草隸號爲當世之冠。有《桂馨堂集》等。

14　瑯琊世族:指西晉末年流移江南的瑯琊大族,如王氏、諸葛氏、嚴氏等等。此指收藏時大彬方壺的王氏後裔。

15　徐熊飛(1762—1835):字渭揚,號雪廬,清浙江武康人。嘉慶九年(1804)舉人,少孤貧,勵志於學,工詩及駢文,晚年爲阮元所知,授翰林院典籍。有《白鵠山房詩文集》《六花詞》等。

16　龍媒:指天馬或駿馬。《漢書・禮樂志》:"天馬徠(來),龍之媒。"應劭釋龍媒即天馬。後引申爲泛指駿馬,例李賀《瑶華樂》詩:"穆天子,走龍媒。"

17　十萬驪黄皆在下:驪,指純黑色的馬,《詩・魯頌・駉》:"有驪有黄。"黄,指毛色黄色的馬。十萬驪黄皆在下,指衆多純種的黑馬、黄馬,亦降爲普通的馬了。

18　羃曆(mì lì):羃,指瀰漫。豆盧回《登樂游原懷古》詩:"羃曆野煙起。"

19　瞿曇(qú tán):一譯"喬答摩",古代天竺(今印度)人的姓氏。釋迦牟尼也姓瞿曇,故舊時每每也見以"瞿曇"作釋迦牟尼的代稱。

校　記

①　古器甚多:多,中國書店本糊作墨丁,底本可辨認作"多"字。

② 粥:《揚州畫舫録》作"鬻",但"粥"字也可通"鬻"。

③ 吕愛冶銀:吕愛,冶金銀名匠。冶,底本作"治",誤。《揚州畫舫録》此字亦作"冶"。

④ 彬枝指:枝,底本作"技",傳説時大彬爲"六指頭"(今無見柄痕可證),"技"當爲"枝"之形誤。

⑤ 束腰菱花:菱,底本作"淩",本書編時改。

⑥ 冬瓜麗:麗,底本和《揚州畫舫録》均作"段"。但《陽羡名陶録》引吴梅鼎《陽羡名壺賦》作"麗",據改。

⑦ 嬰武:此當爲吴天篆"鸚䳇"兩字的簡書。䳇,《揚州畫舫録》作"鴡"。鴡同"雎",爲"䳇"的异體字。

⑧ 宏正間:宏,避"弘"之諱。宏正間,即指弘治(1488—1505)和正德(1506—1521)年間。

⑨ 程夢星:程,底本和中國書店本均作"陳",據《揚州畫舫録》《國朝詩人徵略》改。

⑩ 迄今二百祀:祀,底本和中國書店本等均作"禩",禩同"祀",徑改。

茶譜

◇清　朱濂　撰

朱濂(1763—1838),字理堂,號藹莊,清徽州府歙縣人。廩生。原居歙之義成,後徙巖鎮。幼失恃,事父及繼母、庶母,并以孝聞。敦尚友愛,爲文閎達淵雅,熟詩史,尤精詩禮之學,著有《毛詩補禮》六卷。對鄉土史志文獻亦頗有研究。知徽州府事馬步蟾纂修府志,濂獨纂《沿革》一門,博采增益,俱有依據。道光十八年(1838)卒,終年七十六歲。對本文作者,陽海清先生在《中國叢書廣録》還另有一説,其稱朱濂"字敦夫,乾隆辛未(十六年,1751)進士,先後任太平、常州教諭,甲午(三十九年,1774)六月病故"。經查,《中國叢書廣録》,疑將乾隆辛未科進士"朱家濂"誤作"朱濂"。本文大海撈針,從《歙縣志·士林》找出的材料,當是正確的。

本《茶譜》兩卷,從浙江省圖書館所藏的《藤溪叢書》中輯出。《藤溪叢書》爲稿本,説明確是一部有殘缺的手稿。如其《百籟考略》共有幾卷不清楚;現在只存《酒》一卷。全書現存《時令考略》《四令花考》《器用紀略》《菜譜廣編》《年號官制紀略》《禽經補録》《茶譜》《獸經補録》《百籟考略》《候蟲誌略》十種二十五卷。

本文無題署,綜合《藤溪叢書》各本的不多綫索,我們推定《藤溪叢書》和本文的成稿時間,大抵在嘉慶和道光之交。本文以稿本影印本爲底本,參照本文引録原文或可靠引文作校。

卷一

《爾雅》:早採者爲茶,晚取者爲茗,一名荈,蜀人名之苦荼[①]。

《天中記》:凡種茶樹,必下子,移植則不復生。故俗聘婦必以茶爲禮。義固有所取也。

《文獻通考》：凡茶有二類……總十一名。[1]

《北苑貢茶録》：御用茗目凡十八品[2]　上林第一　乙夜清供　承平雅玩　宜年寶玉　萬春銀葉　延平石乳　瓊林毓瑞　浴雪呈祥　清白可鑒　風韻甚高　暘谷先春　價倍南金　雲英、雪葉②　金錢、玉華　玉葉長春　蜀葵、寸金並宣和時③。

政和曰太平嘉瑞　紹聖曰南山應瑞[3]

《國史補》：劍南有蒙頂石花……而浮梁商貨不在焉。

《茶論》《臆乘》[4]：建州之北苑先春龍焙……岳陽之含膏冷。[5]

《天中記》：湖州茶生長城縣顧渚山中，與峽州、光州同，生白茅懸腳嶺，與襄州荆南義陽郡同。生鳳亭山伏翼澗飛雲、曲水二寺，啄木嶺，與壽州、常州同。安吉④、武康二縣山谷，與金州、梁州同。

《天中記》：杭州寶雲山產者，名寶雲茶；下天竺香林洞者，名香林茶；上天竺白雲峰者，名白雲茶。

《方輿勝覽》：會稽有日鑄嶺，産茶。歐陽修云："兩浙産茶，日鑄第一。"

《雲麓漫鈔》[6]：浙西湖州爲上，常州次之。湖州出長城顧渚山中，常州出義興君山懸腳嶺北崖下。唐《重修茶舍記》：貢茶、御史大夫李栖筠典郡日，陸羽以爲冠於他境，栖筠始進。故事，湖州紫筍，以清明日到，先薦宗廟，後分賜近臣。紫筍生顧渚，在湖、常間。當茶時，兩郡太守畢至爲盛集。又玉川子《謝孟諫議寄新茶》詩有云："天子須嘗陽羨茶"，則孟所寄乃陽羨者。

李時珍《本草》：茶有野生、種生，種者用子，其子大如指頭，正圓黑色。二月下種，一坎須百顆乃生一株，蓋空殼者多也。畏日與水，最宜坡地陰處。茶之稅始於唐德宗，盛於宋元；及於我朝，乃與西番互市易馬。夫茶一木爾，下爲生民日用之資，上爲朝廷賦稅之助，其利博哉⑤。昔賢所稱，大約爲唐人尚茶，茶品益衆，有雅州之蒙頂石花、露芽、穀芽爲第一。建寧之北苑、龍鳳團爲上供。蜀之茶，則有東川之神泉獸目，硤州之碧澗明月，夔州之真香，邛州之大井思安，黔陽之都濡，嘉定之蛾眉，瀘州之納溪，玉壘⑥之沙坪。楚之茶，則有荆州之仙人掌，湖南之白露，長沙之鐵色，蘄州蘄門之團黄[⑦]。壽州霍山之黄芽,廬州之六安英山,武昌之衡山,岳州之巴陵,辰州之溆浦,湖南之寶慶、茶陵。吴越之茶,則有湖州顧渚之紫筍,福州方山之生芽,洪州之白露,雙井之白毛,廬山之雲霧,常州之陽羡,池州之九華,丫山之陽坡,袁州之界橋,睦州之鳩坑,宣州之陽坑,金華之舉岩,會稽之日鑄,皆産茶之有名者。今又有蘇州之虎丘茶,清香風韻,自得天然妙趣,啜之骨爽神怡,真堪盧仝七碗之鑒;其名已冠天下,其價幾與銀等,向爲山僧獲利,果屬吴中佳産也。其次曰天池茶,味雖稍差,雨前採摘,亦甚珍貴。其他猶多,而猥雜更甚。

《武夷志略》:武夷山四曲有御茶園,製茶爲貢,自宋蔡襄始。先是建州貢茶,首稱北苑龍團,而武夷之茶名猶未著。元設場官二員。茶園南北五里,各建一門,總名曰御茶園。大德己亥,高平章之子久住創焙局於此,中有仁風門、碧雲橋、清神堂、焙芳亭、燕嘉亭、宜寂亭、浮光亭、思敬亭,後俱廢。惟喊山臺,乃元暗都喇建,臺高五尺,方一丈六尺。臺上有亭,名喊泉亭。旁有通仙井,歲修貢事。國朝著令,貢有定額,九百九十斤。有先春、探春、次春三品;視北苑爲粗,而氣味過之。每歲驚蟄,有司率所屬於臺上致祭畢,令衆役鳴金擊鼓,揚聲同喊曰:"茶發芽!"而井泉旋即漸滿,甘洌,以此製茶,異於常品。造茶畢,泉亦漸縮。張邋遢飲其泉曰:"不獨其茶之美,此亦水之力也。"故名通仙,又名呼來泉。自後茶貢蠲逸悉皆荒廢。趙潤邊《御茶園》詩曰:"和氣滿六合,靈芽生武夷。人間渾未覺,天上已先知。"劉説道詩曰:"靈芽得春先,龍焙放奇芬。進入蓬萊宫,翠甌生白雲。坡詩詠粟粒,猶記少年聞。"陳君徒《喊山臺》詩:"武夷溪曲喊山茶,盡是黄金粟粒芽。堪笑開元天子俗,卻將羯鼓去催花。"

《茶録》:湖州長州縣啄木嶺金沙泉……或見鷙獸、毒蛇、木魅之類。商旅即以顧渚造之,無治金沙者。[7]

《天中記》:龍焙泉,即御泉也。北苑造貢茶,社前茶細如針,用御水研造,每片計工直錢四萬文,試其色如乳,乃最精也。

《負暄雜録》[8]:唐時製茶……號爲綱頭玉芽。

《華夷草木考》:灉湖諸灘舊出茶,謂之灉湖。李肇所謂"岳州灉湖之含膏也"。唐人極重之,見於篇什,今人不甚種植,惟白鶴僧園有千本。土地頗類北苑，所出茶，一歲不過一二十兩，土人謂之“白鶴茶”。味極甘香，非他處草茶可比，並園地色亦相類，但土人不甚植爾。

《茶譜》：蒙山有五頂，頂有茶園，其中頂曰上清峰。昔有僧人病冷且久，遇一老父謂曰：蒙之中頂茶，當以春分之先後，多聚人力，俟雷之發聲，併手採摘，三日而止。若獲一兩，以本處水煎服，即能祛宿疾；二兩，當眼前無疾；三兩，可以換骨；四兩，即爲地仙矣。其僧如説[⑧]，獲一兩餘，服未盡而疾瘥。今四頂茶園[⑨]，採摘不廢，惟中峰草木繁密，雲霧蔽障，鷙獸時出，故人跡不到。近歲稍貴，此品製作亦異於他處。《圖經》載：“蒙頂茶受陽氣全，故芳香。”

黄儒《品茶要録》云[⑩]：陸羽《茶經》，不第建安之品，蓋前此茶事未興，山川尚閟，露芽真筍，委翳消腐而人不知耳。宣和中，復有白茶、勝雪。熊蕃曰：使黄君閲今日，則前乎此者，未足詫也。

丁晉公言[⑪]：嘗謂石乳出壑嶺斷崖缺石之間，蓋草木之仙骨。又謂，鳳山高不百丈，無危峰絶崦，而岡阜環抱，氣勢柔秀，宜乎嘉植靈卉之所發也。

《茶董》：茶家碾茶，須碾着眉山白乃爲佳。曾茶山詩云：“碾處曾看眉上白，分時爲見眼中青。”

羅廩《茶解》：唐時所産，僅如季疵所稱[⑫]，而今之虎丘、羅岕、天池、顧渚、松羅、龍井、雁宕、武夷、靈山、大盤、日鑄、朱溪諸名茶，無一與焉。乃知靈草在在有之，但培植不嘉，或疏採製耳[⑬]。

葉清臣《煮茶泉品》[9]：吴楚山谷間，氣清地靈，草木穎挺，多孕茶荈，大率右於武夷者，爲白乳；甲於吴興者，爲紫筍；産禹穴者，以天章顯；茂錢塘者，以徑山稀。至於續廬之巖、雲衡之麓，雅山著於無錫，蒙頂傳於岷蜀，〔角立〕差勝[⑭]，毛舉實繁。

孔平仲《雜説》[10]：盧仝詩“天子初嘗陽羨茶”，是時，嘗未知七閩之奇[⑮]。

《茶解》：茶地南向爲佳，向陰者遂劣，故一山之中美惡相懸。

張源《茶録》[11]：火烈香清，鐺寒神倦，火烈生焦，紫疎失翠，久延則過熟，速起卻還生。熟則犯黄，生則着黑。帶白點者無妨，絶焦點者最勝。

《茶録》[12]：茶之妙，在乎始造之精，藏之得法，點之得宜。優劣定乎始鐺，清濁係乎末火。

《茶録》：切勿臨風近火，臨風易冷，近火先黄。

《茶解》[13]：凡貯茶之器，始終貯茶，不得移爲他用。

《茶疏》⑯：置頓之所，須在時時坐臥之處，逼近人氣，則常温不寒。必在板房，不宜土室。又要透風，勿置幽隱之地，尤易蒸濕。

《茶疏》[14]：茶注宜小不宜甚大，小則香氣氤氲，大則易於散漫。若自斟酌，愈小愈佳。容水半升者，量投茶五分，其餘以是增減。

《茶疏》[15]：一壺之茶，只堪再巡。初巡鮮美，再巡甘醇，三巡意欲盡矣。余嘗與客戲論，初巡爲婷婷嫋嫋十三餘，再巡爲碧玉破瓜年，三巡以來，緑葉成陰矣。所以茶注宜小，小則再巡已終，寧使餘芳剩馥尚留葉中，猶堪飯後供啜嗽之用。

《茶疏》[16]：茶壺，往時尚龔春，近日時大彬所製，大爲時人所重。蓋是粗砂，正取砂無土氣耳。

茶注、茶銚⑰、茶甌，最宜蕩滌燥潔。修事甫畢，餘瀝殘葉必盡去之，如或少存，奪香敗味。

《茶説》[17]：茶中着料、碗中着菓，譬如玉貌加脂，蛾眉染黛，翻累本色。

《茶解》[18]：山堂夜坐，汲泉煮茗⑱，至水火相戰，如聽松濤，傾瀉入杯；雲光灩瀲，此時幽趣，故難與俗人言矣。

《茶解》：茶色白，味甘鮮，香氣撲鼻，乃爲精品。茶之精者，淡亦白，濃亦白，初潑白，久貯亦白，味甘色白，其香自溢，三者得則俱得也。雖然，尤貴擇水。香以蘭花上，蠶豆花次。

《小品》[19]：茶如佳人，此論甚妙，但恐不宜山林間耳。蘇子瞻詩云"從來佳茗似佳人"是也。若欲稱之山林，當如毛女麻姑，自然仙風道骨，不涴煙霞。若夫桃臉柳腰，亟宜屏諸銷金帳中，毋令污我泉石。

《嶺南雜記》[20]：化州有琉璃茶，出琉璃菴。其産不多，香味與峒岕相似。僧人奉客，不及一兩。

陸次雲《湖壖雜記》[21]　龍井：泉從龍口中瀉出，水在池内，其氣恬然。若遊人注視久之，忽爾波瀾涌起。其地産茶，作荳花香，與香林、寶雲、石人塢、乘雲亭者絶異。採於穀雨前者尤佳,啜之淡然,似乎無味,飲過後,覺有一種太和之氣,瀰淪乎齒頰之間。此無味之味,乃至味也,爲益於人不淺,故能療疾,其貴至珍,不可多得。

《西湖志》:龍井本名龍泓。吴赤烏中,葛稚川[22]煉丹於此。林樾幽古,石鑑平開,寒翠甘澄,深不可測。疏澗流淙,泠泠然不舍晝夜。孫太初[23]飲龍井詩曰:"眼底閒雲亂不開,偶隨麋鹿入雲來。平生於物元無取,消受山中水一杯。"龍井之上爲老龍井,有水一泓,寒碧異常,泯泯林薄間,幽僻清奥,杳出塵寰,岫壑縈迴,西湖已不可復覩矣。其地産茶,爲兩山絶品。《郡志》稱:寶雲、香林、白雲諸茶,乃在靈竺、葛嶺之間,未若龍井之清馥雋永也。

周亮工《閩小記》:武夷、岁崱、紫帽、龍山皆産茶。僧拙於焙。既採則先蒸而後焙,故色多紫赤,只堪供宫中浣濯用耳。近有以松蘿法製之者,即試之,色香亦具足。經旬月,則紫赤如故。蓋製茶者,不過土著數僧耳。語三吴之法,轉轉相效,舊態畢露,此須如昔人論琵琶法,使數年不近,盡忘其故〔調〕[⑲];而後以三吴之法行之,或有當也。

北苑亦在郡城東,先是建州貢茶,首稱北苑龍團,而武彝石乳之名未著,至元設場於武彝,遂與北苑併稱,今則但知有武彝,不知有北苑矣。吴越間人頗不足閩茶,而甚艷北苑之名,不知北苑實在閩也。

武彝産茶甚多,黄冠既獲茶利,遂遍種之;一時松栝樵蘇殆盡。及其後,崇安令例致諸貴人,所取不貲,黄冠苦於追呼,盡砍所種,武彝真茶,九曲遂濯濯矣。

前朝不貴閩茶,即貢者亦只供備宫中浣濯甌盞之需。貢使類以價貨京師所有者納之,間有採辦,皆劍津廖地産,非武彝也。黄冠每市山下茶,登山貿之。

閩人以粗瓷膽瓶貯茶,近鼓山支提新茗出,一時學新安,製爲方圓錫具,遂覺神采奕奕。

太姥山茶,名緑雪芽。[⑳]

崇安殷令,招黄山僧以松蘿法製建茶,堪並駕。今年余分得數兩,甚珍重之,時有武彝松蘿之目。

鼓山半巖茶,色香風味當爲閩中第一,不讓虎丘、龍井也。雨前者,每兩僅十錢,其價廉甚。一云前朝每歲進貢,至楊文敏當國,始奏罷之。然近來官取,其擾甚於進貢矣。

蔡忠惠《茶録》石刻,在甌寧邑[24]庠壁間。予五年前搨數紙寄所知,今漫漶不如前矣。

延、邵呼製茶人爲碧豎。㉑

《甌江逸志》[25]:浙東多茶品,雁山者稱第一。每歲穀雨前三日,採摘茶芽進貢。一鎗二旗而白毛者,名曰明茶;穀雨日採者,名雨茶。一種紫茶,其色紅紫,其味尤佳,香氣尤清,難種薄收。土人厭人求索,園圃中少種,間有之,亦爲識者取去。按:盧仝《茶經》云㉒:温州無好茶,天台瀑布水、甌水味薄,唯雁山水爲佳。此山茶亦爲第一,曰去腥膩,除煩惱,卻昏散,清積食。但以錫瓶貯者,得清香味。不以錫瓶貯者,其色雖不堪觀,而滋味且佳,同陽羡山岕茶無二無别。採摘近夏,不宜早;炒做宜熟,不宜生。如法可貯二三年。愈佳愈能消宿食、醒酒,此爲最者。

陳繼儒筆記[26]:靈桑茶,瑯琊山出。茶類桑葉而小,山僧焙而藏之,其味甚清。

毛文錫《茶譜》云:蜀州晉源……即此茶也。[27]

《遊梁雜記》云:玉壘關寶唐山,有茶樹懸崖而生。芽茁長三寸或五寸,始得一葉或兩葉而肥厚。名曰沙坪,乃蜀茶之極品者。

《文選》註:峨山多藥草,茶尤好,異於天下[28]。《華陽國志》:犍爲郡"南安、武陽,皆出名茶"。《大邑志》:霧中山出茶,"縣號霧邑,茶號霧中茶"。

《雅安志》云[29]:"蒙頂茶在名山縣"至"惟中頂草木繁重,人跡希到云"。

《茶譜》云㉓:瀘州夷獠採茶,常攜瓢穴其側。每登樹採摘茶芽,含於口中,待葉展放,然後置瓢中,旋塞其竅,還置暖處,其味極佳。又有粗者,味辛性熱,飲之療風,通呼爲瀘茶。

馮時行[30]云:銅梁山有茶,色白甘腴,俗謂之水茶。甲於巴蜀。山之北趾,即巴子故城也。在石照縣南五里。《茶譜》云:南平縣[31]狼猱山茶,黄黑色,渝人重之,十月採貢。

《開縣志》[32]: 茶嶺在縣北三十里,不生雜卉,純是茶樹。味甚佳。《劍州志》: 劍門山顛有梁山寺,產茶,爲蜀中奇品。《南江志》: 縣北百五十里味坡山,產茶。《方輿勝覽》詩"鎗旗爭勝味坡春"即此。

《唐書》: 吴蜀供新茶,皆於冬中作法爲之。太和中,上務茶儉,不欲逆物性,詔所貢新茶,宜於立春後造。

《岳陽風土記》[33]: 灉湖諸山舊出茶,謂之灉湖茶,李肇所謂"岳州灉湖之含膏也"。唐人極重之,見於篇什;今人不甚種植,惟白鶴僧園有千餘本。土地頗類北苑,所出茶一歲不過一二十兩,土人謂之白鶴茶。味極甘香,非他處草茶可比並。茶園地色亦相類,但土人不甚植爾。

《雨航雜録》[34]: 雁山五珍,謂龍湫茶、觀音竹、金星草、山樂官、香魚也。茶一鎗一旗而白毛者,名明茶;紫色而香者,名玄茶。其味皆似天池而稍白。

《太平清話》: 宋南渡以前,蘇州買茶定額六千五百斤,元則無額,國朝茶課驗科徵納,計錢三百一十九萬三千有奇,惟吴縣、長洲有之。

《杜鴻漸與楊祭酒書》云: 顧渚山中紫筍茶兩片,但恨帝未及賞[㉔],實所歎息。一片上太夫人,一片充昆弟同啜[㉕]。吾鄉佘山茶,實與虎丘伯仲。深山名品,合獻至尊,惜放置不能多少斤也[㉖]。

張文規詩,以吴興〔白〕苧[㉗]、白蘋洲、明月峽中茶爲三絶。《太平清話》

《太□□□》[35]: 洞庭小青山塢出茶,唐宋入貢,下有水月寺,即貢茶院也。

《丹鉛續録》[36]: 陸龜蒙自云嗜茶,作《品茶》一書,繼《茶經》《茶訣》之後。自註云:《茶經》陸季疵撰,《茶訣》釋皎然撰。疵即陸羽也。羽字鴻漸,季疵其别字也。《茶訣》今不傳。予又見《事類賦注》,多引《茶譜》,今不見其書。

沈括《夢溪筆談》: 茶芽,謂雀舌、麥顆,言至嫩也。茶之美者,其質素良,而所植之土又美,新芽一發[㉘]便長寸餘,其細如鍼。如雀舌、麥顆者,極下材耳。乃北人不識,〔誤〕爲品題[㉙]。予山居有《茶論》,復口占一絶曰:"誰把嫩香名雀舌,定來北客未曾嘗。不知靈草天然異,一夜風吹一寸長。”

周淮南《清波雜志》云[37]：先人嘗從張晉彦覓茶，張口占詩二首云：“内家新賜密雲龍，只到調元六七公。賴有家山供小草，猶堪詩老薦春風。”“仇池詩裏識焦坑，風味官焙可抗衡。鑽餘權倖亦及我，十輩遣前公試烹。”焦坑庾嶺下，味苦硬，久方回甘。包裹鑽權倖，亦豈能望建溪之勝耶。

《湧幢小品》：太和山騫林茶，葉初泡極苦，既至三四泡，清香特異，人以爲茶寶也。

《東溪試茶録》[30]：土肥而芽澤乳，則甘香而粥面……此皆茶病也。[38]

夏樹芳《茶董》：瀹茶當以聲爲辨……此南金之所未講者也。[39]

《鶴林玉露》[40]：《茶經》以魚目湧泉連珠爲煮水之節，然近世瀹茶，鮮以鼎鑊，用瓶煮水，難以候視，則當以聲辨，一沸、二沸、三沸之説。又陸氏之法，以末就茶鑊，故以第二沸爲合量，而下末若以今湯就茶甌瀹之，當用背二涉三之際爲合量。

晉侍中元乂，爲蕭正德設茗，先問：卿於水厄多少？正德不曉乂意，答：下官雖生水鄉，立身以來，未遭陽侯之難。舉坐大笑。按：晉王濛好飲茶，人至輒命飲之，士大夫皆患之，每欲往候，必云今日有水厄。

瑯琊王肅喜茗，一飲一斗，人號漏卮。

傅大士自往蒙頂結庵種茶凡三年，得絶佳者號聖楊花、吉祥蕊各五斤，持歸供獻。

李白遊金陵，見宗僧中孚，示以茶數十片，狀如手掌，號仙人掌茶。

陸龜蒙性嗜茶，置園顧渚山下，歲收粗茶，自判品第。李約性嗜茶，客至不限甌數，竟日爇火執器不倦。

唐僧劉彦範，精戒律，所交皆知名士。所居有小圃。嘗云：茶爲鹿所損，衆勸以短垣隔之，諸名士悉爲運石。

常伯熊善茶，李季卿宣慰江南……旁若無人。按：鴻漸茶術最著，好事者陶爲茶神，沽茗不利，輒灌注之。[41]

逸人王休，居太白山下，日與僧道異人往還。每至冬時，取溪冰敲其精瑩者煮建茗，共賓客飲之。

白樂天方入關，劉禹錫正病酒，禹錫乃饋菊苗虀、蘆菔鮓，換取樂天六斑茶二囊,炙以醒酒。

唐常魯使西蕃,烹茶帳中,謂蕃人曰:“滌煩療渴,所謂茶也。”蕃人曰:“我此亦有。”命取以出,指曰:此壽州者,此顧渚者,此蘄門者。

顯德初,大理徐恪,嘗以鄉信鋌子茶貽陶穀。茶面印文曰“玉蟬膏”;又一種曰“清風使”。

和凝在朝,率同列遞日以茶相飲,味劣者有罰,號爲湯社。

僞唐徐履,掌建陽茶局;弟復,治海鹽陵鹽政鹽檢,烹煉之亭,榜曰金鹵。履聞之潔敞焙舍,命曰“玉茸”。

僞閩甘露堂前兩株茶,鬱茂婆娑,宫人呼爲清人樹。每春初嬪嬙戲摘新芽,堂中設傾筐會。

吴僧文了善烹茶,遊荆南,高季興延置紫雲菴,日試其藝,奏授華亭水大師,目曰乳妖。

黄魯直一日以小龍團半鋌題詩贈晁無咎:曲兀蒲團聽煮湯,煎成車聲繞羊腸。雞蘇胡麻留渴羌,不應亂我官焙香。東坡見之曰:黄九恁地怎得不窮?

蘇才翁與蔡君謨鬥茶,蔡用惠山泉,蘇茶小劣,用竹瀝水煎,遂能取勝。按:竹瀝水,天台泉名。

杭妓周韶有詩名,好畜奇茶,嘗與蔡君謨鬥勝,題品風味,君謨屈焉。

江南一驛吏[42],以幹事自任。典部者初至,吏曰:驛中已理,請一閲之。刺史往視,初見一室,署曰“酒庫”。諸醞畢熟,其外畫一神。刺史問是誰?言是杜康;刺史曰:公有餘也。又一室,署曰“茶庫”,諸茗畢貯,復有一神,問是誰?云是陸鴻漸。刺史益善之。又一室,署云“葅庫”,諸葅畢備,亦有一神,問是誰?吏曰蔡伯喈,刺史大笑。

劉曄嘗與劉筠飲茶,問左右云:“湯滚也未?”衆曰已滚。筠曰:“僉曰鯀哉。”曄應聲曰:“吾與點也。”

倪元鎮,性好潔,閣前置梧石,日令人洗拭。又好飲茶,在惠山中用核桃、松子肉和真粉成小塊如石狀置茶中,名曰清泉白石茶。

盧廷璧,嗜茶成癖,號茶庵。嘗蓄元僧詎可庭茶具十事,時具衣冠拜之。

《珍珠船》：蔡君謨謂范文正曰，公《採茶歌》云："金黄碾畔緑塵飛，碧玉甌中翠濤起。"今茶絶品，其色甚白，翠緑乃下者耳，欲改爲玉塵飛、素濤起如何？希文曰善。

《彙苑》宣城縣有丫山，山方屏横鋪茗芽裝面。其東爲朝日所燭，號曰陽坡，其茶最勝。太守嘗薦於京洛，士人題曰"丫山陽坡横紋茶"。龍安有騎火茶，最上；言不在火前，不在火後作也。清明改火，故曰火。

《伽藍記》[43]：齊王肅歸魏，初不食羊酪肉及酪漿，常食鲫魚羹，渴飲茗汁。高帝曰：羊肉何如魚羹，茗汁何如酪漿？肅曰：羊陸産之最，魚水族之長，羊比齊魯大邦，魚比邾莒小國，惟酪不中，與茗爲奴。王勰[31]戲問曰：卿不重齊魯大邦而好邾莒小國，明日爲君設邾莒之飧，亦有酪奴。因呼茗爲酪奴。

宣城何子華邀客，酒半，出嘉陽嚴峻畫鴻漸像。子華因言，前世惑駿逸者，爲馬癖；泥貫索者，爲錢癖；耽子息者，爲譽兒癖；耽褒貶者，爲左傳癖。若此，客者溺於茗事，將何以名其癖？楊粹仲曰：茶至珍，蓋未離乎草也，草中之甘無出其上者，宜追目鴻漸爲甘草癖。《夷門廣牘》

覺林院志崇，收茶三等，待客以驚雷莢，自奉以萱草帶，供佛以紫茸香。客赴茶者，皆以油囊盛餘瀝以歸。

江參，字貫道，江南人，形貌清癯，嗜香茶以爲生。

胡嵩《飛龍澗飲茶》詩："沾牙舊姓餘甘氏，破睡當封不夜侯。"陶穀愛其新奇，令猶子彝和之。應聲曰："生涼好唤雞蘇佛，回味宜稱橄欖仙。"彝時年十二。

桓宣武步將，喜飲茶，至一斛二斗。一日過量，吐如牛肺一物，以茗澆之，容一斛二斗。客云此名斛二瘕。

唐奉節王好詩，嘗煎茶就李鄴侯題詩。鄴侯戲題詩云："旋沫翻成碧玉池，添酥散出琉璃眼。"

開寶初，竇儀以新茶餉客，奩面標曰龍陂山子茶。

皮光業字文通，最耽茗飲。中表請嘗新柑，筵具甚豐，簪紱藂集，纔至，未顧樽罍而呼茶甚急。徑進一巨觥，題詩曰："未見甘心氏，先迎苦口師。"衆噱曰："此師固清高，難以療飢也。"

蔡君謨善别茶……乃服。

新安王子鸞、豫章王子尚，詣曇濟道人於八公山。道人設茶茗，子尚味之曰："此甘露也，何言茶茗？"

饌茶而幻出物象於湯面者……煎茶贏得好名聲。

唐大中三年……令居保壽寺。

有人授舒州牧……衆服其廣識。

御史大夫李栖筠按義興，山僧有獻佳茗者，會客嘗之，芬香甘辣，冠於他境，以爲可薦於上，始進茶萬兩。韓晉公滉，聞奉天之難，以夾鍊囊緘茶末，遣使健步以進。

陶穀學士……陶愧其言。

王休居太白山下，每至冬時，取溪水敲其晶瑩者，煮建茗待客。

司馬温公偕范蜀公遊嵩山，各攜茶往。温公以紙帖，蜀公盛以小黑合。温公見之，驚曰："景仁乃有茶器！"蜀公聞其言，遂留合與寺僧。

陸宣公贄，張鎰餉錢百萬，止受茶一串。曰：敢不承公之賜。

熙寧中……此語頗傳播縉紳間。[44]

《紀異録》："有積師者……於是出羽見之。"[45]

陸鴻漸採越江茶，使小奴子看焙。奴失睡，茶燋爍，鴻漸怒，以鐵繩縛奴投火中。《蠻甌志》

《金鑾密記》：金鑾故例，翰林當直學士春晚困，則日賜成象殿茶菓。

《鳳翔退耕傳》：元和時，館閣湯飲侍學士者，煎麒麟草。

《杜陽編》：同昌公主，上每賜饌，其茶有緑華、紫莖之號。

《伽藍記》：晉時給事中劉縞慕王肅之風，專習茗飲。彭城王謂縞曰：卿不慕王侯八珍，好蒼頭水厄。海上有逐臭之夫，里中有學顰之婦，卿即是也。

《義興志》：義興南嶽寺有真珠泉，稠錫禪師嘗飲之曰："此泉烹桐廬茶，不亦可乎！"未幾，有白蛇銜子墜寺前，由此滋蔓，茶味倍佳，土人重之，争先餉遺，官司需索不絶，寺僧苦之。

《國史補》：藩鎮潘仁恭，禁南方茶，自擷山爲茶，號山曰大恩以邀利。

《苕溪詩話》：宋大小龍團，始於丁晉公，成於蔡君謨。歐陽公聞而歎曰：君謨士人也，何至作此事？

《唐語林》[46]：李贊皇作相日，有親知奉使京口，贊皇曰：金山泉、揚子江中泠水各置一壺。其人舉棹醉而忘之，至石頭城方憶，乃汲一瓶歸獻。李飲之曰：江南水味大異頃歲，此頗似建業石頭城下水。其人謝過，不敢隱。

《芝田録》[47]：唐李德裕任中書，愛飲無錫惠山泉。自錫至京，置遞鋪，號水遞。有一僧謁見曰：所謁相公者，爲相公通無錫水脈耳。京師一眼泉，與惠山寺泉脈相通。德裕大笑其荒唐。僧曰：相公欲飲惠山泉，當在昊天觀常住庫後取。德裕乃以惠山一罌，昊天一罌，雜以他水入罌，暗記之，遣僧辨析。僧因啜嘗，止取惠山、昊天二罌。德裕大奇之，即停水遞，得免遞者之勞，浮議遂息。

《山堂肆考》[48]：張又新：唐季卿刺湖州㉜，至維揚，遇陸鴻漸。謂曰："陸君善茶，天下所聞，揚子南泠水㉝又奇絶，今者二絶千載一遇，何可輕失？"乃命軍士謹信者，挈瓶操舟深詣南泠。陸潔器以待。俄水至，陸以杓揚水曰："江則江矣，非南泠者，似臨岸水。"使者稱不敢。既而傾諸盆，至半遽止，又以杓揚之曰："此南泠者矣。"使者蹶然駭曰：某自南泠齎水至岸，舟蕩去其半，懼其少，取岸水增之，處士之鑒也。李大驚。

《筆談》：王荆公當國，蘇東坡出知杭州，餞别。荆公囑其大計入京，過揚子江乞攜江心水一瓶見惠。東坡諾之。至期，經金山，令人汲水一瓶攜送荆公。荆公云："此必空瓶也。"啟視之，果然。蓋揚子江心水，非銀瓶不注，古有是言也。

《丹鉛總録》：密雲龍茶，極爲甘馨。宋廖正，一字明略，晚登蘇門，子瞻大奇之。時黄、秦、晁、張號蘇門四學士，子瞻待之厚，每來必令侍妾朝雲取密雲龍，家人以此知之。一日，又命取密雲龍，家人謂是四學士，窺之，乃明略也。

《衍義補》[49]：唐德宗時，趙贊議税茶以爲常平本錢，然軍用廣，所税亦隨盡，亦莫能充本儲。及出奉天，乃悼悔，下詔行罷之。貞元九年，從張滂請，初税茶。凡出茶州縣及商人要路，每十税一，以所得税錢别貯，若諸州水旱，以此錢代其賦税。然税無虚歲，遭水旱處亦未嘗以税茶錢拯贍。

按：茶之有税始此。宋開寶七年，有司以河南異於常歲，請高其價以鬻之。太祖曰：茶則善矣，無乃重困吾民乎。詔第循舊制，勿增價直。陳恕爲三司使，將立茶法，召茶商數十人俾條利害，第爲三等。副使宋太初曰：吾視上等之説，利取太深，此可行於商賈，不可行於朝廷。下等固滅裂無取，唯中等之説，公私皆濟，吾裁損之，可以經久，行之數年，公用足而民富實。仁宗初建務，歲造大小龍鳳茶，始於丁謂，而成於蔡襄。歐陽修曰：君謨士人也，何至作此事。　濬按：宋人造茶有二類：曰片、曰散。片茶蒸造成片者，散茶則既蒸而研，合以諸香以爲餅，所謂大小龍團是也。龍團之造，始於丁謂，而成於蔡襄，士人而亦爲此，歐陽修所以爲之歎耶。蘇軾曰："武夷溪邊粟粒芽，今年鬥品充官茶。吾君所乏豈此物，致養口體何陋耶。"讀之令人深省。　元世祖至元十七年，置榷茶都轉運司於江州，總江淮、荆南、福廣之税。其茶有末茶、有葉茶。按茶之名，始見於王褒《僮約》，而盛著於陸羽《茶經》。唐宋以來，遂爲人家日用，一日不可無之物。然唐宋用茶，皆爲細末，製爲餅片，臨用而碾之，唐盧仝詩所謂"首閲月團"，宋范仲淹詩所謂"碾畔塵飛"者是也。《元志》猶有末茶之説，今世唯閩廣間用末茶，而葉茶之用遍於中國，而外夷亦然。世不復知有末茶矣。

《事物紀原》：榷茶起於唐德宗時，趙贊、張滂税其什一。《唐會要》曰：貞元九年正月初税茶。先是張滂奏請於有茶州、縣及茶山要路，定三等税，每十税一。茶之有税自此始。一云穆宗時王涯始榷茶。

《乾淳歲時記》[50]：仲春上旬，福建漕司進一綱臘茶，名北苑試新。皆方寸小夸，進御止百夸，護以黄羅軟盝，藉以青蒻，裹以黄羅夾複，臣封朱印。外用朱漆小匣、鍍金鎖，又以細竹篾絲織笈貯之，凡數重。此乃雀舌水芽所造，一夸直四十萬，僅可供數甌之啜耳。或以一二賜外邸，則以生線分解，轉遺好事，以爲奇玩。茶之初進御也，翰林司例有品嘗之費，皆漕司邸吏賂之。間不滿欲，則入鹽少許，茗花爲之散漫，而味亦漓矣。禁中大慶賀，則用大鍍金甏，以五色韻菓簇飣龍鳳，謂之繡茶。不過悦目，亦有專工者，外人罕知。《明紀》：洪武二十四年，詔令建寧貢茶額例，按天下産茶去處，歲貢皆有定例，惟建寧茶品爲上。其所進者，必碾而揉之爲大小龍團。上以重勞民力，罷造龍團，惟採茶芽以進。

《明史》：宣德四年三月，四川江安縣茶户，訴本户舊有茶八萬餘株，年深枯朽，户丁亦多死亡，今存者皆給役於官，無力培植，乞賜減免積欠茶課，並除雜役，得專辦茶課。上諭尚書郭敦曰：茶之利，蜀人資之，不但爲公家之用，令有司加以他役者悉免之。

《茶賦》　顧況(稽天地之不平兮)

歐陽修　《通商茶法詔》[51]

古者山澤之利，與民共之，故民足於下，而君裕於上；國家無事，刑罰以清。自唐末流，始有茶禁，上下規利，垂二百年。如聞比來，爲患益甚：民被誅求之困，日惟咨嗟；官受濫惡之入，歲以陳積。私藏盜販，犯者實繁。嚴刑峻誅，情所不忍，使田閭不安其業，商賈不通於行。嗚呼！若兹，是於江湖間，幅員數千里，爲陷穽以害我民也，朕心惻然，念此久矣。間遣使者往就問之，而皆歡然，願弛榷法；歲入之課，以時上官。一二近臣，件條其狀，朕嘉覽於再，猶若慊然。又於歲輸，裁減其數，使得饒阜，以相爲生，剗去禁條，俾通商賈。歷世之弊，一旦以除，著爲經常，弗復更制，損上益下，以休吾民。尚慮喜於立異之人，緣而爲奸之黨，妄陳奏議，以惑官司，必置明刑，用戒狂謬。布告遐邇，體朕意㉞焉。

唐庚《鬥茶記》

魏鶴山[52]《邛州先茶記》

昔先王敬共明神……國雖賴是濟。民亦因是而窮，是安得不思所以變通之乎？李君字叔立，文簡公之孫。文簡嘗爲茗賦者。[53]

宋　陳師道　《茶經序》

陸羽《茶經》

夏樹芳　《茶董篇序》

唐　裴汶㉟　茶述

茶起於東晉……最下有鄱陽、浮梁人嗜之如此者，西晉以前無聞焉。至精之味或遺也，作《茶述》[54]

宋　丁謂　《進新茶表》

右件物産，異金沙，名非紫筍。江邊地煖，方呈彼拙之形，闕下春寒，已發其甘之味。有以少爲貴者,焉敢韞而藏諸,見謂新茶,蓋遵舊例。

陳少陽《跋蔡君謨〈茶録〉後》[55]㊱

皮日休《茶中十詠・序》[56]

皮日休《茶中十詠》[57]

陸龜蒙《奉和襲美茶中十詠》[58]

柳宗元《巽上人以竹間自採新茶見贈酬之以詩》曰:(芳叢翳湘竹)

秦韜玉《採茶歌》曰:(天柱香芽露香發)

僧皎然《飲茶歌送鄭容》曰:丹丘羽人輕玉食,採茶飲之生羽翼。《天台記》云:丹丘山大茗,服之羽化。名藏丹府世空知,骨化雲宫人不識。雪山童子調金鐺,楚人《茶經》虚得名。霜天夜半芳草折,熳爛緗華啜又生。賞君茶能祛我疾,使人胸中蕩憂慄。日上香爐情未畢,亂躡虎溪雲,高歌送君出。

温庭筠《西陵道士茶歌》曰:乳竇濺濺通石脈,緑塵愁草春江色。澗花入井水味香,山月當人松影直。仙翁白扇霜鳥翎,拂壇夜讀黄庭經。疏香皓齒有餘味,更覺鶴心通杳冥。

白居易《睡後茶興憶楊同州》曰:昨曉飲太多,嵬峩連宵醉。今朝餐又飽,熳爛移時睡。睡足摩挲眼,眼前無一事。信脚遶池行,偶然得幽致。婆娑緑陰樹,斑駁青苔地。此處置繩床,旁邊洗茶器。白瓷甌甚潔,紅爐炭方熾。末下麴塵香,花浮魚眼沸。盛來有佳色,嚥罷餘芳氣。不見楊慕巢,誰人知此味。

白居易《山泉煎茶有懷》(坐酌冷冷水)

孟郊《憑周況先輩於朝賢乞茶》:道意忽乏味,心緒病無悰。蒙茗玉花盡,越甌荷葉空。錦水有鮮色,蜀山饒芳叢。雲根纔剪緑,印縫已霏紅。曾向貴人得,最將詩叟同。幸爲乞寄來,救此病劣躬。

鄭谷《峽中嘗茶》(簇簇新英摘露光)

劉兼《從弟舍人惠茶》:曾求芳茗貢蕪詞,果沐頒霑味甚奇。龜背起紋輕炙處,雲頭翻液乍烹時。老丞倦悶偏宜矣,舊客過從别有之。珍重宗親相寄惠㊲,水亭山閣自攜持。

李白《答族姪僧中孚贈玉泉仙人掌茶序》曰(余聞荆州玉泉寺)

(嘗聞玉泉山)

錢起《與趙莒茶宴》(竹下忘言對紫茶)

《過長孫宅與郎上人茶會》(偶與息心侶)

劉長卿《惠福寺與陳留諸官茶會得西字》：到此機事遣，自嫌塵網迷。因知萬法幻，盡與浮雲齊。疏竹映高枕，空花隨杖藜。香飄諸天外，日隱雙林西。傲吏方見狎，真僧幸相攜。能令歸客意，不復還東溪。

曹鄴《故人寄茶》[59](劍外九華英)㊳

盧仝《走筆謝孟諫議寄新茶》(日高丈五睡正濃)

白居易《謝李六郎中寄新蜀茶》(故情周匝向交親)

薛能《謝劉相寄天柱茶》(兩串春團敵夜光)

李咸用《謝僧寄茶》(空門少年初志堅)

劉禹錫《西山蘭石試茶歌》(山僧後簷茶數叢)

皇甫曾㊴《送陸鴻漸採茶相遇》(千峰待逋客)

皇甫冉《送陸鴻漸栖霞寺採茶》㊵(採茶非採菉)

白居易《蕭員外寄新蜀茶》(蜀茶寄到但驚新)

杜牧《題茶山》在宜興(山實東吳秀)

袁高《茶山》(禹貢通遠俗)

王元之[60]《龍鳳茶》(樣標龍鳳號題新)

《茶園十二韻》(勤王修歲貢)

梅聖俞《答宣城張主簿遺鵶山茶次其韻》　昔觀唐人詩，茶詠鵶山嘉。啣鵶銜茶子生㊶，遂同山名鵶。重以初槍旗，採之穿煙霞。江南雖盛産，處處無此茶。纖嫩如雀舌，煎烹比露芽。競收青蒻焙，不重漉瀧紗。顧渚亦頗近，蒙頂未以遐。雙井鷹掇爪，建溪春剥葩。日鑄弄香美，天目猶稻麻。吴人與越人，各各相鬥夸。傳買費金帛，愛貪無夷華。甘苦不一致，精粗還有差。至珍非貴多，爲贈勿言些。如何煩縣僚，忽遺及我家。雪貯雙砂罌，詩琢無玉瑕。文字搜怪奇，難於抱長蛇。明珠滿紙上，剩畜不爲奢。玩久手生胝，窺久眼生花。嘗聞茗消肉，應亦可破瘕。飲啜氣覺清，賞重歎復嗟。歎嗟既不足，吟誦又豈加。我今竄強爲，君莫笑我耶。

《李仲求寄建溪洪井茶七品云愈少愈佳未知嘗何如耳，因條而答之》(忽有西山使)

《得雷太簡自製蒙頂茶》[61]：陸羽舊《茶經》，一意重蒙頂。比來惟建溪，團片敵湯餅。顧渚及陽羨，又復下越茗。近來江國人，鷹爪夸雙井。凡今天下品，非此不覽省。蜀荈久無味，聲名謾馳騁。因雷與改造，帶露摘牙穎。自煮至揉焙，入碾只俄頃。湯嫩乳花浮，香新舌甘永。初分翰林公，豈數博士冷。醉來不知惜，悔許已向醒。重思朋友義，果決在勇猛。倏然乃以贈，蠟囊收細梗。吁嗟茗與鞭，二物誠不幸。我貧事事無，得之似贅癭。

《依韻和永叔嘗新茶》：自從陸羽生人間，人間相學事春茶。當時采摘未甚盛，或有高士燒竹煮泉爲世誇。入山乘露掇嫩觜，林下不畏虎與蛇。近年建安所出勝，天下貴賤求呀呀。東溪北苑供御餘，王家葉家長白芽。造成小餅若帶銙，鬥浮鬥色頂夷華。味久迴甘竟日在，不比苦硬令舌窊。此等莫與北俗道，只解白土和脂麻。歐陽翰林最別識，品第高下無欹斜。晴明開軒碾雪末，衆客共嘗皆稱嘉。建安太守置書角，青箬包封來海涯。清明纔過已到此，正見洛陽人寄花。兔毛紫盞自相稱，清泉不必求蝦蟆。石鉼煎湯銀梗打，粟粒鋪面人驚嗟。詩腸久飢不禁力，一啜入腹鳴咿哇。

趙忭[62]《次謝許少卿寄臥龍山茶》（越芽遠寄入都時）

余靖[63]《和伯恭自造新茶》：郡庭無事即仙家，野圃栽成新筍茶。疎雨半晴回暖氣，輕雷初過得新芽。烘褫精謹松齋静，採擷縈迂澗路斜。江水對煎萍髣髴，越甌新試雪交加。一槍試焙春尤早，三盞搜腸句更嘉。多謝彩箋貽雅貺，想資詩筆思無涯。

歐陽修《嘗新茶呈聖俞》（建安三千五百里）

《次韻再作》（吾年向老世味薄）

《雙井茶》（西江水清江石老）

蘇軾《月兔茶》（環非環）

《遊諸佛舍一日飲釅茶七盞戲書勤師壁》（示病維摩元不病）

《和錢安道寄惠建茶》（我官於南今幾時）

《惠山謁錢道人烹小龍團登絶頂望太湖》（踏遍江南南岸山）

《和蔣夔寄茶》[42]（我生百事常隨緣）

《怡然以垂雲新茶見餉報以大龍團仍戲作小詩》(妙供來香積)

《新茶送簽判程朝奉以餽其母有詩相謝次韻答之》:縫衣送與溧陽尉,捨肉懷歸潁谷封。聞道平反供一笑,會須難老待千鍾。火前試焙分新䩭,雪裏頭綱輟賜龍。從此升堂是兄弟,一甌林下記相逢。

《次韻曹輔寄壑源試焙新茶》(仙山靈雨濕行雲)

《種茶》(松間旅生茶)

《汲江煎茶》(活水仍須活火烹)

《送南屏謙師》:南屏謙師妙於茶事,自云得之於心,應之於手,非可以言傳學到者。十二月二十七日,聞軾遊落星,遠來設茶,作此詩贈之。道人曉出南屏山,來試點茶三昧手。忽驚午盞兔毛斑,打作春瓮鵝兒酒。天台乳花世不見,玉川風腋今安有。先生有意續《茶經》,會使老謙名不朽。

又《贈老謙》:瀉湯舊得茶三昧,覓句近窺詩一斑。清夜漫漫用搜攪,齋腸那得許堅頑。

《試院煎茶》(蟹眼已過魚眼生)

晁沖之[64]《陸元鈞寄日鑄茶》:我昔不知風雅頌,草木獨遺茶比諷。陋哉徐鉉説茶苦,欲與淇園竹同種。又疑禹漏税九州,橘柚當年錯包貢。腐儒妄測聖人意,遠物勞民亦安用。含桃熟薦當在盤,荔子生來枉飛鞚。羊葅異好亦何有,蚶菜殊珍要非奉。君家季疵真禍首,毀論徒勞世仍重。争新門試誇擊拂,風俗移人可深痛。老夫病渴手自煎,嗜好悠悠亦從衆。更煩小陸分日注,密封細字蠻奴送。槍旗卻憶採擷初,雪花似是雲溪動。更期遺我但敲門,玉川無復周公夢。

《簡江子之求茶》:政和密雲不作團,小夸寸許蒼龍蟠。金花絳囊如截玉,緑面髣髴松溪寒。人間此品那可得,三年聞有終未識。老夫於此百不忙,飽食但苦夏日長。北窗無風睡不解,齒頰苦澀思清涼。故人新除協律郎,交遊多在白玉堂,揀牙鬥夸皆飫嘗。幸爲傳聲李太府,煩渠折簡買頭綱。

秦少游[65]《茶》:茶實嘉木英,其香乃天育。芳不愧杜蘅,清堪揜椒菊。上客集堂葵,圓月採奩盝。玉鼎注漫流,金碾響杖竹。侵尋發美鬯,猗狔生乳粟。經時不消歇,衣袂帶紛郁。幸蒙巾笥藏,苦厭龍蘭續。願君斥異類,使我全芬馥。

周必大[66]《次韻王少府送蕉坑茶》:昏然午枕困漳濱,醒以清風賴子真。初似泰禪逢硬語,久知味諫得端人。王程不趁清明宴,野老先分浩蕩春。敢向柘羅評綠玉,待君同碾試飛塵。

必大《胡邦衡生日以詩送北苑八銙日注二瓶》:賀客稱觴滿冠霞樓名,懸知酒渴正思茶。尚書八餅分閩焙,主簿雙瓶揀越芽。見梅聖俞《謝宣城主簿》詩。妙手合調金鼎鉉,清風穩到玉皇家。明年勅使宣臺餽,莫忘幽人賦葉嘉。

楊萬里《謝木韞之舍人分送講筵》(吴綾縫囊染菊水)[67]

楊廷秀[68]《以六一泉煮雙井茶》[43]:鷹爪新茶蟹眼湯,松風鳴雪兔毫霜。細參六一泉中味,故有涪翁句子香。日鑄建溪當退舍,落霞秋水夢還鄉。何時歸上滕王閣,自看風爐自煮嘗。

《陳蹇叔郎中出閩漕别送新茶李聖俞郎中出手分似》:頭綱别樣建溪春,小璧蒼龍浪得名。細瀉谷簾珠顆露,打成寒食杏花餳。鷓斑碗膚雲縈宇,兔褐甌心雪作泓。不待清風生兩腋,清風先在舌端生。

王庭珪[69]《次韻劉升卿惠焦坑寺茶用東坡韻》:日出城門啼早鴉,杖藜投足野僧家。非關西寺鐘前飯,要看南枝雪裏花。玉局偶然留妙句,焦坑從此貴新茶。焦坑因東坡始見重於時。劉郎寄我兼長句,落筆更如錐畫沙。

僧惠洪[70]《與客啜茶戲成》:道人要我煮温山,似識相如病裏顔。金鼎浪翻螃蟹眼,玉甌絞刷鷓鴣斑。津津白乳衝眉上,拂拂清風産腋間。唤起晴窗春晝夢,絶憐佳味少人攀。

耶律楚材[71]《西域從王君玉乞茶因其韻七首》:積年不啜建溪茶,心竅黄塵塞五車。碧玉甌中思雪浪,黄金碾畔憶雷芽。盧仝七碗詩難得,諗老二甌夢亦賒。敢乞君侯分數餅,暫教清興遶煙霞。

厚憶江洪絶品茶,先生分出蒲輪車。雪花灩灩浮金蕊,玉屑紛紛碎白芽。破夢一杯非易得,搜腸三碗不能賒。瓊甌啜罷酬平昔,飽看西山插翠霞。

高人惠我嶺南茶,爛賞飛花雪没車。自注:是日作茶會值雪。玉屑三甌烹嫩蕊,青旗一葉碾新芽。頓令衰叟詩魂爽,便覺紅塵客夢賒。兩腋清風生坐榻,幽歡遠勝泛流霞。

酒仙飄逸不知茶,可笑流涎見麴車。玉杵和雲舂素月,金刀帶雨剪黄芽。試將綺語求茶飲,持勝春衫把酒賒。啜罷神清淡無寐,塵囂身世便雲霞。

長笑劉伶不識茶,胡爲買鍤謾隨車。蕭蕭暮雨雲千頃,隱隱春雷玉一芽。建郡深甌吴地遠,金山佳水楚江賒。紅鑪石鼎烹團月,一碗和香吸碧霞。

枯腸搜盡數杯茶,千卷胸中到幾車。湯響松風三昧手,雪香雷震一槍芽。滿囊垂賜情何厚,萬里攜來路更賒。清興無涯騰八表,騎鯨踏破赤城霞。

啜罷江南一碗茶,枯腸歷歷走雷車。黄金小碾飛瓊屑,碧玉深甌點雪芽。筆陣陳兵詩思勇,睡魔卷甲夢魂賒。精神爽逸無餘事,卧看殘陽補斷霞。

劉秉忠[72]《嘗雲芝茶》[44]:鐵色皴皮帶老霜,含英咀美入詩腸。舌根未得天真味,鼻觀先通聖妙香。海上精華難品第,江南草木屬尋常。待收膚湊浸微汗,毛骨生風六月涼。

薩都剌[73]《元統乙亥余除閩憲知事未行立春十日參政許可用惠茶賦此以謝》:春到人間纔十日,東風先過玉川家。紫微書寄斜封印,黄閣香分上賜茶。秋露有聲浮薤葉,夜窗無夢到梅花。清風兩腋歸何處,直上三山看海霞。

周權[74]《懶菴講主得九江餅茶鄧同知分餉其半汲泉試之因次韻》:解組歸來萬事輕,日長門巷淡無營。團香小餅分僧供,折足寒鐺對客烹。色卷空雲春雪湧,影流江月夜潮生。一甌洗卻紅塵夢,坐愛風前晚笛横。

洪希文[75]《煮土茶歌》:論茶自古稱壑源[45],品水無出中濡泉。莆中苦茶出土産,鄉味自汲井水煎。器新火活清味永,且從平地休登仙。王侯第宅門絶品,揣分不到山翁前。臨風一啜心自省,此意莫與他人傳。

高啟[76]《煮雪齋爲貢文學賦禁言茶》(自掃瓊瑶試曉烹)

高啟《採茶詞》:雷過溪山碧雲暖,幽叢半吐鎗旗短。銀釵女兒相應歌,筐中摘得誰最多。歸來清香猶在手,高品先將呈太守。竹爐新焙未得嘗,籠盛販與湖南商。山家不解種禾黍,依食年年在春雨。

《賦得惠山泉送客遊越》(雲液流甘漱石芽)

文徵明《雪夜鄭太吉送慧山泉》:有客遥分第二泉,分明身在慧山前。兩年不挹松風面,百里初回雪夜船。青蒻小壺冰共裹,寒燈新茗月同煎。洛陽空説曾馳傳,未必緘來味尚全。

《是夜酌泉試宜興吴大本所寄茶》(醉思雪乳不能眠)

王穉登[77]《題唐伯虎烹茶圖爲喻正之太守三首》(太守風流嗜酪奴)(靈源洞口採旗槍)(伏龍十里盡春風)

徐渭《某伯子惠虎丘茗謝之》:虎丘春茗妙烘蒸,七碗何愁不上升。青箬舊封題穀雨,紫砂新罐買宜興。卻從梅月横三弄,細攪松風炧一燈。合向吴儂彤管説,好將書上玉壺冰。

唐 張又新《煎茶水記》[78]

歐陽修《大明水記》[79]

歐陽修《浮槎山水記》[80]

葉清臣《煮茶泉品》:余少得温氏所著《茶説》……不可及矣。[81]

田崇衡《煮泉小品》:山厚者泉厚,山奇者泉奇,山清者泉清,山幽者泉幽,皆佳品也。不厚則薄,不奇則蠢,不清則濁,不幽則喧,必無用矣。

《茶解》:烹茶須甘泉,次梅水。梅雨如膏,萬物賴以滋養。其味獨甘,梅後便不堪飲。大瓮滿貯,投伏龍肝一塊,即灶中心乾土也,乘熱投之。[46]

熊明遇《岕茶記》[47]:烹茶,水之功居六。無泉則用天水,秋雨爲上,梅雨次之。秋雨洌而白,梅雨醇而白。雪水,五穀之精也,色不能白。養水須置石子于甕,不惟益水,而白石清水,會心亦不在遠。

《太平清話》:余嘗酌中泠……又何也?[82]

《平江記事》:虎丘井泉,味極清洌。陸羽嘗取此水烹啜,世呼爲"陸羽泉"。張又新作《水品》[83],以中泠爲第一、無錫惠山泉第二、虎丘井第三。惠山泉煮羊,變爲黑色,作酒味苦。虎丘泉則不然,以之釀酒,其味甚佳。又新第之次于惠山,其然否乎?

《湧幢小品》:黄諫,字廷臣,臨洮蘭州人。正統壬戌及第三人,使安南,卻餽陞翰林學士,作金城、黄河二賦。李賢、劉定之皆稱美之。好品評泉水,自郊畿論之,玉泉爲第一;自京城論之,文華殿東大庖廚井爲第一。作《京師水記》,每進講退食内府,必啜廚井水所烹茶,比衆過多。或寒暑罷講,則連飲數杯,曰"暫與汝辭",衆皆譁然一笑。石亨敗,以鄉人有連,謫廣東通判。評廣州諸水,以雞爬井爲第一,更名學士泉。諫博學多藝,工隸篆行草,而尤長八分。後詔還,卒於南雄。

禁城中外海子,即古燕市積水潭也,源出西山。一畝、馬眼諸泉,繞出甕山後,匯爲七里濼,紆迴向西南行數十里,稱高梁河。將近城,分爲二,外繞都城,開水門;内注潭中,入爲内海子。繞禁城出巽方,流玉河橋,合外隍入于大通河。其水甘洌。余在京三年,取汲德勝門外,烹茶最佳,人未之知,語之亦不信。大内御用井,亦此泉所灌,真天漢第一品,陸羽所不及載。至京師常用甜水,俱近西北;想亦此泉一脈所注,而其不及遠矣。黄學士之言,真先得我心。

南中井泉,凡數十餘處,余嘗之皆不佳。因憶古有稱石頭城下水者,取之亦欠佳,乃令役自以錢雇小舟,對石頭棹至江心,汲歸澄之,微有沙,烹茶可與慧泉等。凡在南二十一月,再月一汲,用錢三百,以此自韻。人或笑之,不恤也。

俗語:芒種逢壬,便立霉。霉後積水,烹茶甚香洌,可久藏;一交夏至,便迴别矣。試之良晳。細思其理,有不可曉者,或者夏至一陰初生,前數日陰正潛伏,水,陰物也。當其伏時極浄,一切草木飛潛之氣不能雜,故獨存本色爲佳。但取法極難,須以磁盆最潔者,布空野盛之。需一物即變。貯之尤難,非地清潔且埶高不可。某年無雨,挑河水貯之,亦與常水異,而香洌不及遠矣。

又雪水、臘水、清明水俱可用。但雪水天淡,取不能多,惟貯以蘸熱毒有效。家居若泉水難得,自以意取尋常水煮滚,總入大瓷缸,置庭中,避日色;俟夜,天色皎潔,開缸受露凡三夕,其清徹底,積垢二三寸,亟取出,以罈盛之,烹茶與慧泉無異。蓋經火煅煉一番,又浥露取真氣,則返本還元,依然可用。此亦修煉遺意而余創爲之,未必非《水經》一助也。他則令節或吉日,雨後承取用之亦可。

明　西江熊明遇《羅岕茶記》[84]

明　陸樹聲《茶寮記》：園居敞小……謾記。[85]

茶事

雲腳乳面　凡茶少湯多，則雲腳散；湯少茶多，則乳面浮。

茗戰　建人謂鬥茶爲茗戰。

茶名　一曰茶、二曰檟、三曰蔎㊽、四曰茗、五曰荈。楊雄注云：蜀西南謂茶曰蔎。郭璞云：早取爲茶，晚爲茗，又爲荈。

候湯三沸　《茶經》：凡候湯有三沸[86]，如魚眼微有聲爲一沸；四向如湧泉連珠爲二沸；騰波鼓浪爲三沸，則湯老。

秘水　唐秘書省中水最佳，故名秘水。

火前茶　蜀雅州蒙頂山有火前茶最好，謂禁火以前採者。後者謂之火後茶。

五花茶　蒙頂又有五花茶，其房作五出。

文火長泉　顧況《論茶》云：煎以文火細煙㊾，小鼎長泉。

新春鳥：《顧渚山茶記》：山中有鳥，每至正月、二月鳴云：春起也；至三月、四月，鳴云：春去也。採茶者咸呼爲"報春鳥"。

酪蒼頭：謝宗《論茶》豈可爲酪蒼頭，便應代酒從事。

漚花：又曰候蟾背之芳香；觀蝦目之沸湧，故細漚花泛，浮餑雲騰，昏俗塵勞，一啜而散。

換骨輕身：陶弘景曰，芳茶換骨輕身㊿，昔丹丘子、黃山君服之。

花乳：《劉禹錫試茶歌》："欲知花乳清泠味，須是眠雲跂石人。"

瑞草魁：杜牧《茶山》詩云：山實東吴秀，茶稱瑞草魁㉛。

白泥赤印：劉禹錫《試茶歌》：何況蒙山顧渚春，白泥赤印走風塵。

茗粥：茗，古不聞食。晉宋已降，吴人採葉煮之，曰茗粥。

徐渭《煎茶七類》[87]

卷二[88]

唐竟陵陸羽鴻漸著《茶經》　宋蔡君謨《茶録》　宋子安《東溪試茶

録》　宋徽宗《大觀茶論》　黄儒《品茶要録》　宋熊蕃《宣和北苑貢茶録》[52]　宋《北苑别録》　無名氏[89]　袁中郎《茶譜》　屠隆《茶箋》　明許次紓[53]《茶疏》　明四明聞龍《茶箋》　明西江熊明遇《羅岕茶記》　明陸樹聲《茶寮記》　陸平泉《茶寮記》[54]　徐渭《煎茶七類》

袁中郎[90]《茶譜》[91]

採茶欲精,藏茶欲燥,烹茶欲潔。

山頂泉輕而清,山下泉清而重,石中泉清而甘,沙中泉清而冽,土中泉清而厚。流動者良于安静,負陰者勝于向陽。山削者泉寡,山秀者有神。真原無味,魚水無香。

品茶一人得神,二人得趣,三人得味,七八人是名施茶。

初採爲茶,老而爲茗,再老爲荈。

一採茶[92]　二造茶　三辨茶　四藏茶　五火候　六湯辨　七湯老嫩　八泡法　九投茶　十飲茶　十一香　十二色　十三味　十四點染失真　十五變不可用　十六品泉　十七井水不宜茶　十八貯水　十九茶具　二十茶甌　二十一茶盒　二十二茶道　二十三拭盞布

注　釋

1　此處删節,見宋代陳繼儒《茶董補・片散二類》。

2　御用茗目凡十八品:《北苑貢茶録》,全名《宣和北苑貢茶録》。"貢茶録"所録貢茶共有三四十種,"凡十八品"是本文作者朱濂僅摘取其十八種而已。其實朱濂這裏所録也不止十八種,如"雲葉雪英""金錢玉華""蜀葵寸金",實際是將兩茶誤合作一名。

3　政和曰太平嘉瑞　紹聖曰南山應瑞:《宣和北苑貢茶録》這兩句原文作"太平嘉瑞政和二年造";"南山應瑞宣和四年造"。但此有繼豪按語本,在“宣和四年造”注文下，繼壕加按稱：“《天中記》‘宣和作紹聖’”。這裏朱濂是據繼壕按將“宣和”直接改成“紹聖”的。

4　《茶論》《臆乘》：原爲兩文，近年國内有些論著，以訛傳訛，常將此兩文合作一書。此《茶論》經查考，疑即謝宗《論茶》。《論茶》一作《茶論》。《臆乘》，即宋楊伯嵒（？—1254）所撰之書。

5　此處删節，見明代陳繼儒《茶董補》。

6　《雲麓漫鈔》：南宋趙彦衛撰，十五卷。麓，底本作“録”，徑改。

7　此處删節，見五代蜀毛文錫《茶譜》。云引自《茶録》，應誤。

8　有删節，見明代陳繼儒《茶董補·製茶沿革》。

9　《煮茶泉品》：即本書和一般所説的《述煮茶泉品》。

10　孔平仲《雜説》：孫平仲，宋臨江軍新淦人。字義甫，一作“毅父”。英宗治平二年（1065）進士。仕途因黨争多次起落，入出都不占高位，但長於史學，能文工詞，與其兄孔文仲、孔武仲以文聲聞江西，時號三孔。除所撰《雜説》外，有《孔氏談苑》《續世説》《詩戲》《朝散集》等。

11　本條内容，非據自張源《茶録》，而是據《茗笈·第四揆製章》轉抄。

12　此非摘自《茶録》，而是據《茗笈·揆製章》轉抄。

13　此非摘自《茶解》，而是據《茗笈·藏茗章》轉抄。

14　此非據《茶疏》原文，而是據《茗笈·點瀹章》轉抄。

15　此非據《茶疏》原文，而是據《茗笈·點瀹章》轉抄。

16　兩條非録自《茶疏》，而是據《茗笈·辨器章》轉抄。

17　本條《茶説》，經查對，非一般所知的屠隆或黄龍德《茶説》的内容。應是轉抄自《茗笈·戒淆章》。

18　兩條俱非録自《茶解》，而是轉抄自《茗笈》“戒淆章”和“相宜章”。

19　本條内容，非録自《煮泉小品》，而是據《茗笈·玄賞章》轉抄。

20　《嶺南雜記》：清吴震方撰，約撰寫於康熙四十四年（1705）前後。吴震方，字青壇，浙江石門人。康熙十八年（1679）進士，官至監察御史。以“晚樹”名其樓。有《讀書正音》《晚樹樓詩稿》《嶺南雜記》等。

21　陸次雲《湖壖雜記》：陸次雲，字雲士，清浙江錢塘人。曾知河南郏縣和江南江陰縣等。有《澄江集》《北墅緒言》等。《湖壖雜記》，筆記，撰於康熙二十二年(1683)。

22 葛稚川：即葛洪，稚川是其字。

23 孫太初：即孫一元(1484—1520)，字太初，自號太白山人，遍游名勝，踪迹半天下。長於詩，正德間僦居長興吴琬家，與劉麟、陸崑、龍霓、吴琬結社唱和，稱苕溪五隱。

24 甌寧邑：即甌寧縣。北宋治平三年(1066)置，尋廢。元祐四年(1089)復置，民國初改爲建甌縣。

25 《甌江逸志》：筆記，清勞大輿撰，約成書於順治十六年(1660)前後。大輿，字宜齋，浙江石門人。清順治八年(1651)舉人，官永嘉縣教諭。

26 陳繼儒筆記：一稱《眉公筆記》，本條内容收於卷1。

27 此處删節，見明代曹學佺《茶譜》。毛文錫《茶譜》已佚，云引自毛文錫《茶譜》，實轉抄自曹學佺《茶譜》。

28 本段唯上引三句爲所録《文選》注内容，其餘《華陽國志》和《大邑志》内容，本文均選抄自曹學佺《茶譜》。

29 下録内容，朱濂録爲《雅安志》，但實際還雜有他書材料；載爲"《雅安志》云"，實際是完全據曹學佺《茶譜》轉抄。

30 馮時行：時行，字當可，號縉云，宋恭州(今重慶)璧山人。宣和六年(1124)進士。紹興中知丹稜縣和萬州，因反對秦檜被劾罷。檜死被起知蓬州、黎州，後被擢成都府路提刑。隆興元年(1163)卒於官。

31 《茶譜》云：南平縣：《茶譜》指毛文錫《茶譜》；此南平，指唐置治位今重慶巴縣東北的南平縣。

32 《開縣志》和下面的《劍州志》《南江志》《唐書》，均據曹學佺《茶譜》轉抄。

33 《岳陽風土記》：北宋范致明撰，個別也作《岳陽風土論》。范致明，字晦叔。元符三年(1100)進士，官終奉議郎知池州。有《池陽記》。本條和下録《雨航雜録》《太平清話》直至《丹鉛續録》七段，與朱濂在删改本文時另紙增添的一頁，字體潦草，與抄本全書明顯不同，插在本文沈括《夢溪筆談》條文之前，故本書校時，也特按其所插地位編入文内。

34 《雨航雜録》：明馮時可撰，約成書於萬曆二十六年（1598）。馮時可，字敏卿，號無成。隆慶五年（1571）進士，官至按察使。

35 《太□□□》：底本原文模糊不可辨識，據下録原文，與《續茶經》"八之出"的《圖經記》引文全同。

36 《丹鉛續録》：明楊慎撰，約成書於嘉靖十六年（1537）。

37 周淮南《清波雜志》云：周淮南，即周煇（一作"輝"），字昭禮，宋泰州海陵（今江蘇泰州）人，僑寓錢塘。嗜學工文，隱居不仕，藏書萬卷。除《清波雜志》外，還有《北轅録》。泰州地屬淮南，人以其舊籍故稱"淮南"。

38 此處删節，見宋代宋子安《東溪試茶録・茶病》。

39 此處删節，見明代夏樹芳《茶董・味勝醍醐》。

40 《鶴林玉露》：南宋羅大經撰，本文下録内容，出是書第3卷。

41 此處删節，見明代夏樹芳《茶董・博士錢》。

42 此條與陳繼儒《茶董補》等所載大致相同，但也有不少相异之處，因之暫存不删。

43 《伽藍記》：即北魏楊衒之《洛陽伽藍記》。

44 此處删節，見明代夏樹芳《茶董》之《能仁石縫生》《湯戲》《百碗不厭》《天柱峰數角》《党家應不識》《丐賜受煎炒》各條。

45 此處删節，見明代陳繼儒《茶董補・漸兒所爲》。

46 《唐語林》：北宋王讜撰，八卷。王讜，字正甫，長安（今陝西西安）人。曾任國監、少府監丞。本文約撰於崇寧、大觀間，采唐小説五十種，仿《世説新語》體例，分五十二門，記叙唐代社會遺聞。

47 《芝田録》：丁用晦撰，五卷。丁用晦約五代時人。《芝田録》主要收録唐代志怪傳奇一類故事。類似内容，明程百二《品茶要録補》引《鴻書》、清陸廷燦《續茶經》引《芝田録》俱有提及。但所記有縮減，較簡略。

48 《山堂肆考》：明彭大翼撰，228卷，補遺12卷。彭大翼，字雲舉，又字一鶴，號林居，揚州人。諸生。是書輯録群書故實，匯編成帙於萬曆二十三年（1529）。後有損佚，大翼孫婿張幼學於萬曆四十七年

(1619)重加輯補整理終成。

49 《衍義補》: 當是明邱濬(1420—1495)撰《大學衍義補》。儒學著作,共164卷。邱濬,字仲深,瓊山(今海南)人。景泰進士,受編修,孝宗時,進禮部尚書,後兼文淵閣大學士參與機務。南宋真德秀撰《大學衍義》,内容不廣,邱濬博采子史,輯成此書,故名《大學衍義補》。孝宗即位上其書,刊行於世。

50 《乾淳歲時記》: 宋元間周密(1232—1298)撰。周密,字公謹,號草窗、蘋洲、弁陽老人、四水潛夫等,濟南人,後徙吴興。理宗時曾爲臨安府幕屬,及義烏令,宋亡不仕,居杭州。工詩詞和善畫。有《武林舊事》《齊東野語》《癸辛雜識》等。《乾淳歲時記》當撰於其元時晚年。

51 歐陽修《通商茶法詔》: 是詔撰於宋仁宗皇祐四年(1052)二月四日。載《歐陽文忠公集》卷86。

52 魏鶴山: 即魏了翁,鶴山是其號。

53 此處删節,見宋代魏了翁《邛州先茶記》。

54 此處删節,見唐代裴汶《茶述》。

55 此處删節,見宋代蔡襄《茶録》(陳東《跋蔡君謨〈茶録〉》)。

56 皮日休《茶中十詠・序》: 此題本書校時改。底本作"皮日休茶中十詠序曰"。《茶中十詠》,特别是"序",一般都書作《茶中雜詠序》。此處删節,見明代喻政《茶集・茶中雜詠序》。

57 皮日休《茶中十詠》: 本題爲本書校時加。底本原文詩和序共題,喻政《茶書》將本詩和序分别收録,故本書將此"詩序"作删後,下十詩就成無總題的散詩,故加。下删本題下《茶塢》《茶人》《茶筍》《茶籝》《茶舍》《茶灶》《茶焙》《茶鼎》《茶甌》《煮茶》十詩全部題文,所删見本書明代喻政《茶書》下册詩類。

58 下删本題下《茶塢》《茶人》《茶筍》《茶籝》《茶舍》《茶灶》《茶焙》《茶鼎》《茶甌》《煮茶》十詩全部題文,所删見本書明代喻政《茶書》下册詩類。

59 曹鄴《故人寄茶》: 此詩一作"李德裕作"。

60 王元之: 即王禹偁(954—1001),元之是其字。

61 《得雷太簡自製蒙頂茶》：梅堯臣作。

62 趙忭(1008—1084)：字閱道，號知非子，宋衢州西安(即今浙江衢州)人。仁宗景祐間進士。在地方以治績召爲殿中侍御史。彈劾不避權幸，人稱"鐵面御史"。神宗即位，因反對新法，出知杭州，徙青州，再知成都府，復知越州、杭州。卒謚清獻。有《清獻集》。

63 余靖(1000—1064)：初名希古，字安道，宋韶州曲江人。仁宗天聖二年(1024)進士。慶曆中爲右正言，皇祐四年(1052)知桂州，後加集賢院學士，徙潭、青州，後以尚書左丞知廣州。有《武溪集》。

64 晁沖之：字叔用，一字用道，宋濟州鉅野人。才聰穎，受知於陳師道、吕本中。爲《江西詩社宗派圖》二十五人之一，哲宗紹聖後隱居具茨山下，屢拒薦舉。有《具茨集》。

65 秦少游：即秦觀。

66 周必大(1126—1204)：字子充，又字洪道，號省齋居士，晚號平園老叟，宋吉州廬陵(今江西吉安)人。紹興二十一年(1151)進士，授徽州户曹，累遷監察御史。淳熙十四年(1187)拜右丞相，進左丞相。工文詞，有《玉堂類稿》《玉堂雜記》《平園集》等八十一種。

67 此處删節，見明代陳繼儒《茶董補》卷下《謝木舍人送講筵茶》。

68 楊廷秀：即楊萬里，廷秀是其字。

69 王庭珪(1080—1172)：字民瞻，自號盧溪真逸，宋吉州安福人。徽宗政和八年(1118)進士，授茶陵丞。博學兼通，工詩，精於《易》。有《盧溪集》《易解》《滄海遺珠》等。

70 僧惠洪：《石門文字禪》作"釋惠洪《與客啜茶戲成》"。惠洪(1071—1128)，號覺範，後改名德洪，筠州人。入清涼寺爲僧。工詩，善畫梅竹，喜游公卿間，戒律不嚴。有《石門文字禪》《冷齋夜話》《林間録》等。

71 耶律楚材(1190—1244)：字晉卿，號湛然居士。契丹族，博學多識，金末辟爲左右司員外郎。元太宗時，命爲主管漢人文書之必闍赤(漢稱中書令)。有《湛然居士集》。

72 劉秉忠(1216—1274)：初名侃，字仲晦，號藏春散人，元邢州人。博學多藝,尤邃於《易》。初爲邢台節度使府令史,尋隱武安山中爲僧,法名子聰。中統五年(1264)還俗改名,拜太保,參領中書省事。建議以燕京爲首都,改國號爲大元,一代成憲,皆出於他。有《藏春集》。

73　薩都剌(1272—1340):字天錫,號直齋。元回族人,自雁門徙河間。答失蠻氏。泰定四年(1327)進士,授應奉翰林文字,擢南台御史。晚年居杭州。

74　周權:字衡之,號此山,元處州(治所在今浙江麗水西)人。工詩,游京師,袁桷深重之,薦爲館職,勿就。益肆力於詞章。有《此山集》。

75　洪希文(1282—1366):字汝質,號去華山人,元興化莆田人。郡學聘爲訓導,詩文激宕淋漓,有《續軒渠集》。

76　高啟(1336—1374):字季迪,號槎軒,張士誠據吴稱王時,隱居吴淞江青丘,自號青丘子,明長洲(今江蘇蘇州)人。博覽群書,工詩,尤精於史,與楊基、張羽、徐賁并稱吴中四傑。洪武初,以薦授翰林院國史編修官,後授户部右侍郎,以年少不敢重任辭歸。有《高太史大全集》。

77　王穉登(1535—1621):字伯穀,號玉遮山人,明常州府武進(一説江陰)人,移居蘇州。十歲能詩,既長,名滿吴會。穉登嘗及文徵明之門,遥接其風,擅詞翰之席者三十餘年,爲同時代布衣詩人之佼佼者。閩粤人過蘇州者,雖商賈亦必求見乞字。有《吴騷集》《吴郡丹青志》《弈史》《尊生齋集》等。

78　此處删節,見唐代張又新《煎茶水記》。

79　此處删節,見宋代歐陽修《大明水記》。

80　此處删節,見宋代歐陽修《大明水記》。

81　此處删節,見宋代葉清臣《述煮茶泉品》。

82　此處删節,見清代劉源長《茶史・古今名家品水》。

83　《水品》:此疑即張又新《煎茶水記》。

84　此處删節,見明代熊明遇《羅岕茶記》。

85　此處删節,見明代陸樹聲《茶寮記》。

86　《茶經》:凡候湯有三沸:本文此條非據《茶經》,而是照其他引文轉抄。

87 此處删節,見明代徐渭《煎茶七類》。

88 以下爲存目茶書之全文,徑删。

89 無名氏:《北苑别録》作者應爲趙汝礪。

90 袁中郎:即袁宏道(1568—1610),中郎是其字,號石公,明荆州府公安人。萬曆二十年(1592)進士,知吴縣,官至吏部郎中。

91 袁中郎《茶譜》:實際是書賈將張源《茶録》頭尾稍作變换,内容全部照抄,將書名由《茶録》改爲《茶譜》,作者由張源僞托袁宏道的一本典型僞書。本書作僞刻印的時間,大致是在明末清初,因爲是一本僞書,本書不予收録,但作爲朱濂正式收録并一度在明清流傳的一種茶書刻本,作爲一種歷史存在和僞茶書的例證,在此仍予保留。此題下全引張源《茶録》,書賈爲掩人耳目,從正文中選摘連本條在内的四則内容,以替代删去的張源《茶録引》。

92 此處删節,見明代張源《茶録·採茶》等各條。所有文題前編碼,張源《茶録》原無,俱爲書賈作僞時所加。其中"茶盞",此爲"茶甌"。在"茶盞"下,本條上,張源《茶録》原文爲"拭盞布",托名袁中郎《茶譜》的僞造者,在改頭後爲把尾文同時换掉,將"拭盞布"抽移至最後第23則。

校記

① 本條所録,非《爾雅》,而是郭璞注《爾雅》内容。《爾雅》原文僅"檟:苦茶"三字。另外,此上"卷一"兩字,原稿無,爲本書校時加。

② 雲英、雪葉:朱濂和明清許多茶書撰者一樣,將宋《宣和北苑貢茶録》中有的兩個字的茶名,如"雲英""雪葉",和下面的"金錢""玉華","蜀葵""寸金",亦錯誤復合成四個字的茶名。本文校時,特加頓號予以分開。

③ 蜀葵、寸金並宣和時:底本底稿原眉目不清,"並宣和時"作單行未抄成雙行小字,與下句"政和曰太平嘉瑞",也没有區分開。爲把上面宣和時的貢茶與下面"政和""紹聖"貢茶區分清楚,本書編校時,將"並宣

和時”改成雙行小字,且將下列“政和”“紹聖”抬頭作另行處理。

④　安吉:“安”字前,《天中記》原文還有一“生”字,底本脱。本條所録《天中記》内容,實爲節録陸羽《茶經》八之出注。

⑤　其利博哉:博,抄本作“摶”,據《本草綱目》改。

⑥　玉壘:底本和有的《本草綱目》版本作“玉溪”。玉溪,指唐置玉溪縣,治所位於今四川汶川縣西南。玉壘,指玉壘山,位今都江堰市西北,本書校時,據明刻《本草綱目》改“溪”爲“壘”。

⑦　團黄:黄,朱濂此訛抄作“面”,據《本草綱目》改。

⑧　其僧如説:吴淑《茶賦・註》引文無此四字,原引作“是僧因之中頂築室,以俟及其”。

⑨　服未盡而疾瘥。今四頂茶園:瘥,底本作“差”,據毛文錫《茶譜》諸輯佚本徑改。

⑩　黄儒《品茶要録》云:朱濂下録本段内容,并非出自《品茶要録》,而是由夏樹芳從《品茶要録》和《宣和北苑貢茶録》選摘有關内容拼凑而成。朱濂這裏根本没有參考《品茶要録》,只是一字不差地照抄夏樹芳《茶董・山川真筍》。

⑪　此條與《品茶要録補・草木仙骨》的内容完全一致,顯然是照程百二《品茶要録補》抄録的。

⑫　唐時所産,僅如季疵所稱:本條内容,爲摘自《茶解・原》的編者按。本文所録,係據《續説郛》本。但喻政《茶書》本按,則作“唐宋産茶地,僅僅如前所稱”。比較而言,《續説郛》校改的此羅廪按,顯然較《茶書》按貼切。

⑬　但培植不嘉,或疏採製耳:此句《茶解》作“但人不知培植或疏于制度耳”。

⑭　角立差勝:角立,底本闕,擬朱濂抄時漏,本書校時據原文徑補。

⑮　“七閩之奇”以上本文所録孔平仲《雜説》全部内容,係朱濂補抄於當頁羅廪《茶解》眉上之一段文字。未作插入符號,也無書收與不收,是本書校時確定録入的。所録内容,查《雜説》或有關《雜説》引文不見,但却見於其《珩璜新論》,且查無訛。

⑯ 《茶疏》: 底本作《茶録》。這也不是朱濂抄録之誤,而是以訛傳訛,因爲朱濂非照原書,而是照抄《茗笈》致誤。换言之,將《茶疏》誤作《茶録》,是《茗笈》作者屠本畯的過錯。本書校時查證後改。

⑰ 茶注、茶銚: 底本將"茶注、茶銚"以下内容,與上條龔春和時大彬壺的内容接抄作一段。本書作校時,據《茶疏》原樣,抬頭特另分作一段。

⑱ 汲泉煮茗:《茶解·品》作"手烹香茗"。

⑲ 故調: 調,鈔本原脱,據《閩小紀》補。

⑳ 太姥山茶,名緑雪芽: 太,底本作"大",據《閩小紀》改。又此兩句,底本擅自接抄於上條"方圓錫具,遂覺神采奕奕"之下,似混淆爲上段内容。今據《閩小紀》原體例,抬頭另作一條。

㉑ 延、邵呼製茶人爲碧豎: 是句底本原空一格抄在上條最後一句"今漫漶不如前矣"之下。本書校時按《閩小紀》體例,抬頭另作一條。另,在本句"碧豎"下,《閩小紀》原文還有"富沙陷後,碧豎盡在緑林中矣"12字。

㉒ 盧仝《茶經》: 經,疑爲"歌"之誤。清後除本文外,陸廷燦《續茶經》中,亦引有所謂盧仝《茶經》文,疑即源於勞大輿《甌江逸志》之誤。

㉓ 《茶譜》云: 譜,底本作"經"。此條實際是照曹學佺《茶譜》轉録。將《茶譜》内容書作《茶經》,是曹學佺誤抄造成的。

㉔ 未及嘗: 嘗,底本作"賞",據《岳陽風土記》改。

㉕ 一片充昆弟同啜: 啜,底本作"掇",徑改。

㉖ 惜放置不能多少斤也: 多少,底本潦草不清,本書校時據文義字形定。

㉗ 以吴興白苧: 白,底本脱,據《太平清話》補。

㉘ 新芽一發:"新"字前,《夢溪筆談》原文還多一"則"字。

㉙ 誤爲品題: 誤,底本無,據《夢溪筆談》徑加。

㉚ 《東溪試茶録》: 底本作《茶録》,校時查所録内容,實爲《東溪試茶録》"茶病"所書,徑改。

㉛ 王緦:《洛陽伽藍記》作"彭城王緦"。

㉜ 張又新: 唐季卿刺湖州: 本文此句非《山堂肆考》原文,而且朱濂這裏

也没有表述清楚,在“張又新唐季卿”這幾字中,本文至少漏寫《煎茶水記》和李季卿的“李”這樣五字。應校改作“唐張又新《煎茶水記》:李季卿刺湖州”才確切。

㉝ 揚子南泠水:泠,底本作“冷”,徑改。下同。

㉞ 朕意:朕,底本作“臣”,據“歐集”改。

㉟ 唐裴汶:唐,底本可能原據陳繼儒《茶董補》等轉録時訛作“宋”字,校時改。

㊱ 陳少陽《跋蔡君謨〈茶録〉後》:本書蔡襄《茶録》附録據《梁溪漫志·陳少陽遺文》,題爲“陳東《跋蔡君謨〈茶録〉》”。

㊲ 珍重宗親相寄惠:親,底本作“惠”,據《全唐詩》改。

㊳ 劍外九華英:華,底本作“花”,據《全唐詩》改。

㊴ 皇甫曾:底本作“皇甫冉”,據《全唐文》改。

㊵ 皇甫冉《送陸鴻漸栖霞寺採茶》:底本作“又《送鴻漸栖霞寺採茶》”。“又”字,因上詩本文將皇甫曾誤作“皇甫冉”,名改,就不能再用“又”,故校時改“又”作“皇甫冉”。另底本題名原作“送鴻漸”,校時據《全唐文》又順添一“陸”字。

㊶ 啣鵶銜茶子生:底本衍一“啣”字,應作“鵶銜茶子生”。

㊷ 《和蔣夔寄茶》:蔣,底本作“孫”,據《蘇軾詩集》改。

㊸ 楊廷秀《以六一泉煮雙井茶》:本條原題無“楊廷秀”三字;但朱濂在抄録這條之後相隔一條,又抄録一首“楊廷秀《以六一泉煮雙井茶》詩”。重出。本書校時,將後條删除,但將此條題署的“楊廷秀”三字,移置於此。

㊹ 劉秉忠《嘗雲芝茶》:底本原將本條録於耶律楚材《西域從王君玉乞茶因其韻七首》的“其七”之下,誤作亦爲耶律楚材所作“七首”的内容之一。本書校時剔出將其另作一條。

㊺ 婺源:婺,底本作“溪”,疑誤,據《續軒渠集》徑改。

㊻ 此條本文非據自《茶解》,而是照屠本畯《茗笈》轉抄。

㊼ 熊明遇《岕茶記》:《岕茶記》,應作《羅岕茶記》。本文朱濂名曰據自《羅岕茶記》,實際還是主要抄自《茗笈》。

㊽ 三曰葭：葭,底本作“吔”,徑改。

㊾ 煎以文火細煙：煎,底本作“前”,徑改。

㊿ 芳茶换骨輕身：芳,底本作“若”,徑改。

51 茶稱瑞草魁：茶,底本作“草”,據杜牧原詩改。

52 北苑：底本作“比苑”,徑改。

53 許次紓：底本作“許次忬”,徑改。

54 上已録《茶寮記》,此爲重録。

枕山樓茶略

◇清　陳元輔　撰

陳元輔，事迹不詳，由原書題名，僅知其爲"閩"人。關於其所處時代稱其是"清"人，是萬國鼎《茶書總目提要》所寫。不過，萬國鼎自己并没有看到過這本書，他知道有這本書，出自清代人之手，完全是從《静嘉堂文庫漢籍分類目録》中看來的。《静嘉堂文庫》是日本三菱集團於明治二十五年（1892），由岩崎彌之助（1851—1908）所籌建的私家藏書庫。其漢籍藏書除原有和日本收集到的以外，在清末民初還曾三次派人到上海、江浙一帶大規模收購過。所以，《静嘉堂文庫漢籍分類目録》雖然是昭和五年（1930）才出版，但其所定陳元輔《枕山樓茶略》是清人清書，大致不會有錯。

《枕山樓茶略》，查清以後各有關藝文志、茶書和藏書目録，均未見提及；近半個世紀來，有關人員跑遍了中國内地許多圖書館，也未找見這本書的蹤迹。本書是據去年日本茶業組合中央會議所贈給朱自振的複印本校刊的。《枕山樓茶略》，"枕山樓"是書室或藏書樓名，這在中國一般是不入書名的。根據上説中國不見此書和不將"枕山樓"刊入書名這兩點，我們懷疑《枕山樓茶略》很可能和《茶務僉載》一樣，是書完稿和梓版以後，在中國没有印出即流落日本，由日本書商在日本印刷發行的。否則，一本清末才撰刊的書，中國决不會一本不存，兩本書（估計日本現存還不止兩本）全部流傳到日本的。值得一提的是，在日本茶業組合中央會議所藏本的前面扉頁和末頁，還清楚蓋有昭和十年（1935）五月"購入"及"水石山房監造記"兩個印記。如果是書是這時在中國印刷或重印，則不但中國不會一家圖書館也不買，而且出版、發行，也不會用這樣的印章。

不過，《枕山樓茶略》雖説是從流散日本回歸後在國内首次刊印的珍本,但除自序和一部分内容是屬於陳元輔自己撰寫者外,有部分内容和明清輯集類茶書一樣,只是換換標題,基本上也抄自他書。如其前面數段,即大部分抄襲明人錢椿年和顧元慶《茶譜》。例如"考古"的内容,即摘自《茶譜》顧元慶所寫的"序";"地氣"的開頭幾句,抄自《茶譜》的"茶品";"表異"和《茶譜》的"茶略",完全一樣;"樹藝"抄自《茶譜》的"藝茶";"采摘"和《茶譜》的"采茶"大體相同;"製法"和《茶譜》的"製茶諸法"一字不差;"收貯"的前面幾句,摘自《茶譜》"藏茶";"烹點"的茶香、茶味,抄自《茶譜》的"擇菓";等等。此據日本静嘉堂文庫藏本排印。

自序

昔李白善酒,盧仝[1]善茶,故一斗七碗[2]之風,至今傳爲佳話。然或惡旨酒,或著酒誥,未聞有議及茶者。亦以其産於高巖深谷間,專感雨露之滋培,不受纖塵之滓穢,爲草中極貴之品,與麴生糟粕清濁迥殊耳。世人多言其苦寒,不利中土,及多食發黄消瘦之説,此皆語其粗惡、其苦澀者也。自予論之,竹窗涼雨,能助清談;月夕風晨,堪資覓句,茶非騷人之流亞歟!細嚼輕斟,只許文人入口;濃煎劇飲,不容俗子沾唇;茶又高士也。晉接於揖讓之堂,左右於詩書之室,茶非君子乎?移向妝臺之上,能使脂粉無香;捧入繡幃之中,頓令金釵減色;所稱絶代佳人,茶又庶幾近之。且能逐倦鬼,祛睡魔,招心胸智慧之神,滌臟腑煩愁之祟,亦可謂才全德備者矣。但人莫不飲食,鮮能知味,遂致烹調失宜,反掩其美,予甚惜之。兹特譜爲二十則,曰《茶略》。非敢謂足盡其妙也,亦就予所見所聞者,信筆書之;尚有未窮之蘊,請教大方,續當補入。今而後兩腋風生,跂予望之,厭厭夜飲,吾知免矣。

茶略目録

稟性　考古　天時　地氣　表異　樹藝　採摘

製法　收貯　久藏　烹點　辨水　取火　選器

用水　火候　沖泡　躬親　洗滌　得趣

稟性

茶之有性,猶人之有性也。人性皆善,茶性皆清。考之《本草》,茶味甘苦微寒,入心肺二經,消食下痰,止渴醒睡,解炙煿之毒,消痔漏之瘡,善利小便,兼療腹疼。又按:茶葉稟土之清氣,兼得春初生發之機,故其所主,皆以清肅爲功;譬之風雅之士,清言妙理,自可以化強暴;非如任俠使氣,專務攻擊者也。若謂有妨戊己[3],是反其性矣。

考古

嘗閱唐宋茶譜、茶録諸書,法用熟碾,細羅爲末作餅,謂之小龍團,尤爲珍重。故當時有"金易得而龍餅不易得"之語。

天時

茶感上天陽和之氣,故雖有微寒,而不損胃。以採於穀雨前者爲佳,蓋穀雨之前,春温和氣未散,唯此時之生發爲最醇。若交夏,則暑熱爲虐,生機已失,亦猶豪傑不遇,未免有生不逢時之歎也。故曰:"夏茶不如春茶。"

地氣

地之氣厚,則所生之物亦厚;地之氣薄,則所生之物亦薄,理固然也。以語夫茶,何獨不然。故劍南有蒙頂、石花,湖州有顧渚紫筍,峽州有碧澗明月,邛州有火餅、思安,渠州有薄片,巴東有真香,福州有柏巖,洪州有白露,常之陽羨,婺之舉巖,丫山[①]之陽坡,龍安之騎火,黔陽之都濡、高株,瀘州之納溪、梅嶺。以上諸種,俱得地之厚,名亦皆著。品第之,則石花最上,紫筍次之,碧澗明月又次之,惜皆不可致耳。近吾閩品茶者,類皆以新安之松蘿、崇安之武彝爲上。蓋兩處地力深厚,山巖高聳,迥出紅塵,茶生其間,飽受日月雨露之精華,兼製造得法,不獨色白如玉,亦且氣芬如蘭,飲之自能生智慮,長精神。此外,則有岕片,消食甚速。余聞之家君曰,明季有一人食物過飽,倏忽暈仆,不省人事,狀類中風,藥餌罔效。唯濃煎岕茶一鍾,灌入口中即甦;再進一鍾,遂能言;亦異種也。但此種得地最厚,初次飲之,損人中氣,兼苦澀不堪入口,唯二次、三次,味最稱良。然剽悍氣多,不宜常飲。予苦株守,不能遍遊天下名山大川,博採方物,爲茶月旦。玆只就閩而論,如芝提、芙蓉[4]、梅巖、雪峰[5]、李公石鼓[6]、英山[7]等處,種種有佳,指不勝屈。大抵皆得其偏,未得其全,猶之伯彝②、伊尹、柳下惠[8],其清任和之節,非不足砥礪頹風,要不如夫子之時中也。吾故曰:"武彝爲閩茶中之聖。"

表異

茶者,南方嘉木,自一尺、二尺至數十尺,聞巴峽有兩人抱者,伐而掇之。樹如瓜蘆,葉如梔子,花如白薔薇,實如栟櫚,蒂如丁香,根如胡桃。

樹藝

藝茶欲茂,法如種瓜,三歲可採。陽崖陰林,紫者爲上,绿者次之。

採摘

團黄有一旗二槍之號,言一葉二芽[9]也。凡早取爲茶,晚取爲荈。穀雨前後收者爲佳,粗細皆可用。唯在採摘之時,天色晴明,炒焙得法,收貯適宜。

製法

橙茶,將橙皮切作細絲一斤,以好茶五斤焙乾,入橙絲間和,用密麻布襯墊火箱,置茶於上烘熱,净棉被罨之兩三時,隨用建連紙[10]袋封裹,仍以被罨焙乾收用。

若蓮花茶,則於日未出時,將半含蓮花撥開,放細茶一撮,納滿蕊中,以麻皮固縶,令其經宿。次早摘花,傾出茶葉,用建紙包茶焙乾,再如前法,又將茶葉入别蕊中。如是者數次,取來焙乾收用,不勝香美。

至於木犀、茉莉、玫瑰、薔薇、蘭蕙、橘花、梔子、木香、梅花,皆可作茶。法宜於諸花開時,摘其半開半放蕊之香氣全者,量其茶葉多少,摘花爲茶。花多則太香而脱茶韻,花少則不香而不盡美;唯三停茶、一停花始爲相稱。

假如木犀花,須去其枝蒂及塵垢蟲蟻,用磁罐一層茶、一層花投間[③]至滿,紙、箬縶固,入鍋重湯煮之。取出,待冷,用紙收裹,置火上焙乾收用。諸花倣此。

收貯

茶宜箬葉而畏香藥,喜温燥而忌冷濕。故藏茶之家,以箬葉封裹入焙中,兩三日一次。用火當如人之體温,温則能去濕潤。若火多,則茶焦不可食。至於收貯之法,更不可不慎。蓋茶唯酥脆,則真味不洩。若爲濕氣所侵,殊失本來面目,故貯茶之器,唯有瓦錫二者。予嘗登石鼓,遊白雲洞,其住僧爲予言曰:瓦罐所貯之茶,經年則微有濕;若有錫罐貯之,雖十年而氣味不改。然則收貯佳茗,捨錫器之外,吾未見其可也。

久藏

茶雖得天之雨露,得地之土膏,而濡潤培植,然終不外鼎爐之功。蓋火製初熟,燥烈之氣未散,非蓄之日久,火毒何由得泄?必須貯之二三年或三四年,愈久愈佳。不然,助火燥血,反灼真陰。故古人曰:"新茶烈於新酒。"信然。

烹點

茶有真香、有佳味、有正色。烹點之際,不宜以珍菓香草雜之。奪其香者,如松子、柑橙、杏仁、蓮子、梅花、茉莉、薔薇、木犀之類;奪其味者,如番桃、荔枝、龍眼、水梨之類;奪其色者,如柿餅、膠棗、大桃、楊梅之類。

辨水

天一生水,水者所以潤萬物也,但不能無清濁之異焉。今夫性之最清者,莫如茶。使清與清合,自然相宜。若清與濁混,豈不相反?蓋水不清,能損茶味,故古人擇之最嚴。然則當以何者爲上?曰:唯雨水最佳,山泉次之,江流又次之,井水其最下者也。蓋雨水自天而降,其味冰洌,其性清涼,絶無一毫渣滓。泉流雖出於地,然泉爲山之液,流爲江之津,皆得地之動氣而生，故水性醇厚不滯。天旱苦雨之時，捨泉流之水，又安所取哉？至井水出於污泥之中，味鹹且苦，若用以烹茶，茶遭劫運矣。

取火

按五行生剋之理，火非木不生，但木性暴燥，不利於茶。最上者，唯松花、松楸、竹枝、竹葉，然郵亭客邸，不可常得。其次則唯炭爲良，蓋木經煅煉之後，暴性全消，縱不及松竹之清，亦無濃煙濁焰足以奪茶之真氣也。若木未成炭，斷不可用。

選器

物之得器，猶人之得地也，何獨於茶而疑之。蓋烹茶之器，不過瓦、錫、銅而已。瓦器屬土，土能生萬物，有長養之義焉。考之五行，土爲火所生，母子相得，自然有合。故煮水之器，唯此稱良，然薄脆不堪耐久。其次則錫器爲宜，蓋錫軟而潤，軟則能化紅爐之焰，潤則能殺烈焰之威。況登山臨水，野店江橋，取攜甚便，與瓦器動輒破壞者不同。至於銅罐，煎熬之久，不無腥味，法宜於罐底灑錫；久則復灑，以杜銅腥。若用鐵器以煮水，是猶用井水以烹茶也，其悖謬似不待贅。

用水

雨水泉流，予既辨明之矣，至於用之之時，又不無分别。蓋天時亢旱，屋瓦如焚，驟雨初臨，日氣未散，若概目爲雨水而用之，恐暑熱之毒傷人尤速。山泉雖佳，須擇乳泉漫流，遠近所好，日取不絶者爲宜。如窮谷中，人跡罕至，夏秋旱潦之時，能保無蛇蠍之毒？尤所當慎也。又考：山水瀑湧湍激者勿食，食久，令人有頸疾。至於江流，流行不息，水之最有生氣者也。然取潮而不取汐，有消長之義焉；取上而不取下，有濃淡之異焉。若井水，則當置之不議不論之列。

火候

讀書，當火候到日下筆，自有得心應手之樂。煮水，當火候到處烹調，自有由淺入深之妙。按《茶譜》云:"茶須緩火炙,活火煎。"活火謂炭火之有焰者,當使湯無妄沸,庶可養茶。始則魚目散布,微微有聲;中則四邊泉涌,纍纍若貫珠;終則騰波鼓浪,水氣全消,謂之老湯。三沸之法,非活火不能成也。

沖泡

水煮既熟,然後量茶罐之大小,下茶葉之多寡。夫茶以沸水沖泡而開,與食物置鼎中久蒸緩煮者不同。若先放茶葉於濕罐内,則茶爲濕氣所侵,縱水熟下泡,茶心未開;茶心不開,則香氣不出。必須將沸湯先傾入罐,有三分之一,然後放下茶葉,再用熟水滿傾一罐,蓋密勿令泄氣。如此飲之,則滋味自長矣。外有用滚水先傾入罐中,洗温去水,再下茶葉;此亦一法也。又考《茶録》有云:先以熱湯洗茶葉,去其塵垢冷氣,烹之則美,此又一法也,是在得其法而善用之者。

躬親

烹茶之法,與陰陽五行之理相符,非慧心文人,恐體認不真,未免隔靴搔癢。往見人多以烹茗一事付之童僕,未免粗疏草率,致茶之真氣全消。在我莫嘗其滋味,吾願同志者,勿吝一舉手之勞,以收其美。

洗滌

古今善字畫者,必將硯上宿墨洗浄,然後用筆,方有神采。茶氣最清,若用宿罐沖泡,宿碗傾貯,悉足奪茶真味。須於停飲之時,將罐淘洗,不留一片茶葉。臨用時,再用滚水洗去宿氣,始可沖泡。予往見山僧揖客餉茶時,猶將濕絹向茶碗内再三揩拭,此誠得茶中三昧者。

得趣

飲茶貴得茶中之趣,若不得其趣而信口哺啜,與嚼蠟何異!雖然趣固不易知,知趣亦不難④。遠行口乾,大鍾劇飲者不知也;酒酣肺焦,疾呼解渴者不知也;飯後漱口,横吞直飲者不知也;井水濃煎,鐵器慢煮者不知也必也。山窗涼雨,對客清談時知之;躡屐登山,扣舷泛棹時知之;竹樓待月,草榻迎風時知之;梅花樹下,讀《離騷》時知之;楊柳池邊,聽黄鸝時知之。知其趣者,淺斟細嚼,覺清風透入五中,自下而上,能使兩頰微紅,冬月温氣不散,周身和暖,如飲醇醪,亦令人醉。然第語其大略,至於箇中微妙,是在得趣者自知之。若涉語言,便落第二義。

注　釋

1　盧仝(約775—835): 自號玉川子,唐詩人,范陽(今河北涿州)人,一作河南濟源人。家貧好學,澹泊仕進,徵諫議不起,嘗隱少室山。作《月蝕詩》,譏元和逆黨,韓愈贊其工。嗜茶,其《走筆謝孟諫議寄新茶》詩,作爲《茶歌》,至今在茶人中還常爲咏哦。甘露之變時,因留宿宰相王涯家,與涯同時被殺。遺有《玉川子詩集》。

2　一斗七碗: 指李白、盧仝有關茶酒詩句中的名句。如李白《南陽送客》詩"斗酒勿爲薄,寸心貴不忘",及《酬中都小吏攜斗酒雙魚於逆旅見贈》"意氣相傾兩相顧,斗酒雙魚表情素"等。盧仝《走筆謝孟諫議寄新茶》詩:"一碗喉吻潤,兩碗破孤悶,三碗搜枯腸,惟有文字五千卷;四碗發輕汗,平生不平事,盡向毛孔散;五碗肌骨清,六碗通仙靈,七碗喫不得,唯覺兩腋習習清風生。"

3　戊己: 古人以十干配五方,戊己屬中央,於五行屬"土"。《禮記·月令》"夏季之月",指稱爲"中央土";後因以"戊己"代稱"土"。

4　芝提、芙蓉: 福建地名。芝提,查未見。芙蓉,疑芙蓉山,在閩侯縣北,山形秀麗如芙蓉,故名。

5　梅巖、雪峰: 福建山名。梅巖,疑即今福建建甌縣西之梅岩。雪峰,疑即德化之雪山;明何喬遠《閩書》云: 德化雪山,"山中産茶最佳"。

6　石鼓: 福建稱"石鼓"的山岩頗多,如晋江紫帽山有"石鼓峰",邵武北倉山有"石鼓岩"等。李公石鼓,查未獲典故所出。

7　英山: 位於福建南安。乾隆《泉州府志·物産》載:"南安縣英山茶,精者可亞虎邱,惜所産不如清源之多。"

8　伯彝、伊尹、柳下惠:爲商、周、春秋時名臣,以氣節高尚著稱。

9　一旗二槍之號,言一葉二芽:古代不諳茶事的文人的傳訛。"槍",指茶芽;一旗二槍,是指二芽一葉。芽是茶樹枝葉的生長點,只有一芽一葉、一芽二葉或數葉,實際無二芽一葉的情況。

10　建連紙:建,指建州或明清時的建寧府;連,可作地名連城或紙名"連四紙"兩解。福建多山,盛産竹木,宋時古田所産的玉版紙"古田箋",全國四大刻書中心建陽麻沙本,即名聞遐邇。明代時,建寧將樂由麻沙刻書需要發展起來并廣泛應用的毛邊紙,更是名冠全國。此處"建連紙"或"建紙",係建寧府蔣樂出産的毛邊紙。

校　記

① 丫山:丫,底本作"公",據錢椿年、顧元慶《茶譜》改。

② 伯彝:即伯夷,彝通"夷"。現在一般都書作伯夷。

③ 間:原文舛錯作"閒",據錢椿年、顧元慶《茶譜》改。

④ 知趣亦不難:難,底本作"易",據上句"雖然趣固不易知"觀之,此處應作"難"方爲合理,徑改。

茶務僉載

◇清　胡秉樞　撰

胡秉樞(1849?—?),事迹不詳,由《茶務僉載·敘》署"光緒三年杏月,嶺南沂生胡秉樞謹識"可知其爲清代末年嶺南人,"沂生"大概是其字。在《茶務僉載》日本内務省勸農局版所刊明治十年(1877)織田完之撰寫的《緒言》裏,有"頃,嶺南人秉樞胡氏攜自著之《茶務僉載》來稟官……官納其言"的記載。這也正是日本《静岡縣茶葉史》中提到的,光緒三年(1877)五六月間,胡秉樞先是被聘到日本内務省勸農局工作,當有渡郡小鹿村的紅茶傳習所創辦起來之後,下半年,他又赴該所傳授紅茶製作的技術。據説在小鹿村期間,胡秉樞深得幕府老儒長谷部的青睞,長谷部回村時,常常與他飲酒、筆談并以詩相酬答。長谷部曾問他:"卿有學如此,何爲茶工?"他回答道:"僕非茶工也,乃貴邦之駐中國領事薦僕於勸農局教授茶事。今以來此,亦無奈何。"長谷部因而有詩相贈曰:"萬里來海東,無端停高蹤。四方固士心,英妙比終童。偶值羽起年(項籍起兵年二十八),切莫難飛蓬。功名唾手取,不負古賢風。"由此也可見胡秉樞當時年紀恰在二十八歲左右。

《茶務僉載》主要記述咸、同年間的洋莊茶務,光緒三年(1877)初撰成之後,尚未在中國國内刊印,即由作者携至日本,由日本内務省勸農局負責翻譯成日文,七月正式刊布。從日本静岡縣中央圖書館現存三本《茶務僉載》來看,它至少有過兩種不同的印本。

這次收録的《茶務僉載》日文本,就是日本内務省勸農局版明治十年(1877)本,同時附以中文翻譯。此次收録、翻譯,曾得到日本茶鄉博物館館長小泊重洋博士、齋藤美和子博士的大力協助,在此深致謝意!美和子博士并且承擔了日譯中的工作,可惜翻譯未完,她就不幸因病去世,所以翻譯工作最終由林學忠博士承擔完成。

光緒三年丁丑仲春新撰

嶺南沂生胡秉樞著

茶務僉載

明治十年七月刊行

内務省勸農局藏版

茶務僉載叙

夫茶字之義。從艸從木從人。其初始於漢代興於有唐。乃識乃昌。至今為盛。其為物也。如木葉焉。其為用也能滌除煩惱解渴而生

津。去食積而厚腸胃。消暑
而醒眠。其始自中土。而流
播外洋。製作則日益其精。
種植日用日益其廣。而
製法功用等類雖略之陸
羽曾註經焉。其中所言製

法則如傳茶之類。而其爲
用則不適。略言之矣。若今
之洋莊則自明代而至於
今。其製作功用亦之人而
考校焉。垂於筆之書。則吾
未之見也。故於是必有憾

爲而捋其種植採擇製做
收藏功用著類縷揮詳言
而書之。余亦不文。其書中
止詞句。務覔實而易知使
文學之士一目了然。而農
樵牧子村婦童孺等輩。茍

略識字之人而覽之便曉
故句讀不事繁文典奧務
樸質而易行文。其書中所
載凡於洋莊茶務有關者。
無不備述而描摹之自茶
之樹卒。至於人事功用纖

毫畢録。使後學者皆得人
門仰企先達諸君恕無知
而匡不逮不勝引領感禱
焉。旹光緒三年杏月穀旦
沂生胡秉樞謹識

龍峰脩書

茶務僉載小引

湖自四洲互易以来，惟五金、煙土、布疋、絲茶為大宗。夫布疋、煙土則来自外洋，獨絲茶為土産。然歐洲以煙土、布疋、煤鉄、器械等類，遠越重洋，不避艱險而来貿遷者，其故何歟？亦不過為衣食計耳。然而四洲之大，民生之衆，各逞所長，盡夫人之心思者力而講求。是苟匹夫匹婦，有一技之所長，則必專心致志，無論乎仕農工商，或書或藝，苟有至善，始則呈於君上，継則普告國人，既定之以年，亦憑乎取値，故人樂而為之者衆，故物出而日見其精。惟人躭逸樂，士而拘泥苟有一至州之工，費盡心志，作一歷世無雙之器，苟可效者，衆則聚而謀之，而奪其利；苟不可效者，衆乃聚而毀謗之，必使蹈於奇技淫巧，妄被無辜而後快。雖有聰穎者流，無不專心於八股文詞，以為倖進計，誰暇計及民生工藝哉。夫以四洲之貨殖，而聚滙於一區，以有易無，利恒倍蓰，惜一國之錢財有限，則不可不將土物講求而小益之也。土物大宗，絲茶為最，姑將茶之質品、土地之肥磽、培植之法則、製做之所宜，撰而成書，俾公於衆。儻不忖鄙，撰成，仰望先達哲人匡其不逮，不勝感禱焉。

胡秉樞又識

茶務僉載目錄

綠茶綠起類畧

烏龍製做類

紅茶製做類

紅茶揀擇類

紅茶要畧類

紅茶火焙等類

紅茶總決

紅茶贅言

防弊類

紅茶均堆裝箱類

時要須知

篩工資力宜惜類

裝運要畧

水色功用畧類

茶務僉載

清國　嶺南胡　秉樞著

種植類

一茶ヲ植ルハ、高山、大嶺、又ハ窮谷中至高ノ處ヲ以テ宜トス、茶ノ物タル、其霧露ニ感スル愈深ケレハ、其味愈濃カナリ、而シテ之ヲ植ルノ地其土性愈厚ケレハ、則チ茶樹愈壯ニシテ、其葉更ニ厚ク且大ナリ、

一茶ハ天然生ヲ以テ極品トス、必ス高山ノ巔、危

崖ノ袁ニ在リ、之ヲ抹ル、容易ニアラス、若シ移シテ之ヲ他所ニ植ルキハ土性既ニ殊ナルヲ以テ、其根幹、必ス腐壊ス、此種ヲ名ケテ、岩茶ト云フ、即チ自然ノ佳味ニシテ、人力ノ能ク強ユ可キ所ニ非サルナリ、

一茶ヲ植ルノ法ハ、初メ茶樹ノ實ヲ結フ時ニ於テ、樹本強旺（ゼウブ）ニシテ、其ノ實壮大ナル者ヲ撰ンテ、之ヲ採リ、春初驚蟄ノ候ニ至ルニ及ンテ其實ヲ水ニ浸シ、濕透セシノ、其植地ノ土ヲ鋤キ作シ、亀背ノ形ノ如クシテ、以テ水走（ハキ）ヲ快便ニスルヲ要ス、大抵二尺計ッ、離レテ、小坎ヲ掘リ、坎毎ニ、水ニ浸セル所ノ茶實ヲ、二三粒ッ、下シ、萌生ノ後、盛旺ノ一株ヲ留メ、余ハ皆除キ去ル、而ル後チ、細カナル土ヲ用テ、或ハ蚕沙（カイゴノクソ）、或ハ鳥糞、或ハ其他ノ糞（コヤ）潤シ類ニ和シ、其上ヲ蓋ヒ置クベシ、若シ晴天暴日ニ遇フ時ハ、則チ水ニ少シ計リノ糞潤物ヲ加ヘ、以テ朝夕ニ澆漑スヘシ、

一夏月ノ間、如クハ草ヲ生シ、或ハ野生ノ小樹有ルトキハ、宜ク之ヲ鏟（スキ）除クヘシ、茶本ヲ傷（イ）メ、萌（メ）孽（ダシ）ヲ妨クルヲ以テナリ、種成ノ後、三四年ヲ候

シテ、則チ採擇スヘシ、而シテ初年ノ採擇ハ、多
キニ過グ可カラス、若シ多キニ過グル時ハ、恐
ラクハ樹本ヲ傷ムルノ憂アリ、

培養類

一苟モ其養ヲ得レハ、物トシテ長セサルナシ、苟
モ其養ヲ失ヘハ、物トシテ消セサルナシ、故ニ
培養ノ法、講求セサル可カラサルナリ、茶ノ初
メテ芽ヲ萌スルヤ、烈日ヲ畏レ、滂沱ヲ畏レ、又
草茅ノ侵凌ヲ恐ル、最モ宜シク此ニ注意スヘ
シ、

一茶樹既ニ長スルニ及ンテハ、糞潤時ニ加ヘ、立
ヨリ穀雨マテノ間ヘ、一ケ月ニ三四度糞潤ヲ春
下ス、最モ大便テアラハ、便二分、水八分、小便ハ水
ト等分ニスヘシ、夏秋冬ハ糞潤ニ及ハス、只茶
葉ヲ摘ミ終ルノ後一度糞ヲ施コスヲ佳トス、
樹旁ノ土ハ、法ヲ設ケテ、之ヲ鬆ニシ、凝結セサ
ラシムルヲ要ス、其枝幹ノ標ハ當ニ摘ンテ之
ヲ去リ、務メテ其枝條ヲシテ、横茁セシムベシ、
枝條横茁スルトキハ、則チ三四年ノ後、枝幹叢
生シテ、茶葉嫩茂ニシテ且ツ多シ、若シ其標ヲ
摘マズシテ、孤挺直長スル片ハ、枝幹少ナクシ
テ、其葉從テ稀ナリ、

一好品ノ茶ハ、爛石ノ地ヲ最上トス、次ハ瓦礫ノ地ヲ佳トス、惜ムラクハ之ヲ植ルニ難クシテ、而シテ培養モ亦易々ナラス、其次ハ則高山、峻嶺、黄土、斜坡、霧露雲烟常ニ籠ムルノ處ヲ以テ佳トス、

一土性各殊ナリ、要スルニ、之ヲ變通シ、地ニ因テ宜シキヲ制スルハ、人事ニアリ、膏腴ノ土壌ト雖ドモ、其ノ荒蕪ニ任カセ、荊棘叢生、草茅聚長セシノハ畢竟不毛ノ地ト、何ソ殊ナラン、既ニ人事ヲ盡クシ、以テ考察ニ勤ムルトキハ、則瘠薄ノ地ト雖ドモ、之ヲ灌潤シ、亦以テ膏腴ナラシムヘシ

地土類

一茶ハ、漢ニ始マリ唐宋ニ興ル、外洋ト互易以来、今日ニ至ツテ、益精製ヲ求メ、其法日ニ進ム、四大洲ノ種モ、亦タ中國ヨリ、之ヲ播遷ス、

一中土ノ紅茶ハ、江西ノ寧州、福建ノ武彝界ヲ以テ最上トシ、両湖ノ崇陽、羊樓洞等ノ處ヲ次トス、河口湘潭等ノ處ヲ最下トス、

一緑茶ハ、安徽ノ婺源、浙江ノ湖州ヲ第一トス、其

次ハ、屯溪、平水、安徽、寧、紹等ノ處ナリ
一其餘、蜀、黔、両淮、両浙、大江南北、嶺南、八閩、台郡等、皆之ヲ産出ス。然レドモ、多クハ中土人ノ自用ニ供ス、而シテ惟八閩ノ巖茶ヲ最上トス
一東洋、近年茶ヲ産スル頗多シ、惜ムラクハ種植、培養、製造、香味等、皆未タ其法ヲ得ス、故ニ中土ニ遜ツル遠シ、
一印度等處、土地肥美ト雖モ、培養、採擇、製法、倶ニ其宜ヲ失フ、故ニ味腥フシテ、葉モ亦粗大ナリ、
一地土ノ肥美、故ニ上乘ニシテ、磽薄之ニ次クハ、人

ノ皆知ル所ナリ、須カラク亦知ルヘシ、人定ツテ天ニ勝ツ、況ヤ地利ニ於テヲヤ、唯茶性寒ヲ畏ル、故ニ獨リ北地隆寒ノ處、茶樹甚罕トリ、

採擇類

一茶ノ芽ヲ發スルハ清明ノ節ニ始マル之ヲ擷ハ、宜シク穀雨ノ時ニ於テスヘシ、即西暦四月杪五月初ナリ、
一茶葉ハ、早暁露ヲ帯ル時ニ乘シテ、之ヲ採ルニ宜シ、露霧氤氳ノ氣ヲ含ミ、地脉上騰ノ時ニ當ルヲ以テ、其葉、精華ヲ充溢ス、故ニ味濃ニシテ、

香烈ナリ、
一茶葉ハ、宜シク其半舒半捲即チ一旗一槍ヲ寛フヘシ、
葉背ニ、猶ホ白毫有リテ、葉内ノ色、翠玉ノ如キ
ヲ佳トス、其半舒半捲ヲ採擇スルモノハ、譬ヘ
ハ少壯ノ人、血氣正ニ盛ナルガ如キヲ以テナ
リ、
一茶芽初テ出ツル時ハ、白毫遍子ク之ヲ包ソリ、
若其時ニ採擇スルトキハ、味薄シテ、香ナク、葉多
カラスシテ、樹木亦之ニ因テ傷壞ス、
一倘クハ又、半捲半舒ノ時ヲ適ヘテ、之ヲ採ルト
キハ、葉盡ク舒ヒ、將サニ老トシテ、精液已ニ枯
レ、香味モ亦失ス、製做ノ時、多クハ粗片ト成リ、
徒ニ工資ヲ費スノミ、
一時ニ及テ採下スト雖𪜈若シ道路遥遠ニノシテ、
中途烈日ノ為メニ曝ラサル、トキハ、其葉湯
蒸セシ如ク、其氣炎々タリ、之レヲ名ケテ罨青
ト云、亦タ其香味ヲ變ス、
一植茶ノ地畝、曠大ニシテ、其間ニ生スル草茅、盡
ク鋤キ去ル能ワス、雜草高ク伸ヒ、茶葉ト相齊
キヿアル時ハ、小心（コヽロヲモチヰテ）ニ茶葉ヲ撰採スヘシ、多キ

ヲ貪テ攫ミ捋ル可カラス、萬一毒草其間ニ混
シ、撿擇詳細ナラサル時ハ、害ヲ遺ス、啻ニ小々
ニ非ザルナリ、
一茶葉ハ、三次ノ發芽アリ、初次ヲ穀雨トス、第二
次ヲ黄梅ノ時トス、第三次ヲ禾苗花有ルノ候
トス、但初次ノ採摘、過度ナル可カラス、第二次
ノ發生ヲ妨クルノ恐レアリ、第二次ノ採摘、亦
之ニ倣フ、

製做類

一紅茶、緑茶、其製法各異ナリ、先ツ緑茶ノ製法ヲ
論ス可シ、茶葉ヲ摘採スルヤ否ヤ、雨露ヲ帶ル
ヲ論セス、鐵鑊ノ下ニ、炭火ヲ熾カンニシ、其鑊
ノ赤クナルヲ以テ度トシ、茶葉ヲ鑊内ニ放在
シ、暫クモ手ヲ住メスシテ、之ヲ炒軟メ、隨ツテ
炒リ、隨ツテ搓シ、畧ホ一團塊ヲ成ス可キニ至
ツテ、則之ヲ別鑵ニ移ス可シ、
一其別鑵モ亦タ下ニ炭火ヲ熾、但其ノ火勢、甚烈
ナルヲ用ヒス、鑊ヲシテ微熱セシムルニ止マ
ル、而シテ其已ニ團塊ヲ成セシ所ノ葉ヲ、鑊中
ニ入レ、手ヲ以テ、其團塊ヲ抖閙シ、又之ヲ搓々

シ、葉々捲結スルニ至ルニ及シテ、再ヒ之ヲ前ノ赤鑊ニ移シ、随ツテ炒リ、随ツテ搓シ、其葉盡ク乾クニ至ルヲ以テ度トス、此ノ如クセシ者ヲ、名ケテ毛茶トス、倘其茶、枝幹老大ニシテ、片葉甚多キ時ハ、則チ工ヲ發シテ、之ヲ揀リ取ル可シ、老葉枝幹少キモノハ、其手數ニ及ハサルナリ、

一竹篩ヲ十一二等ニ備ヘ、其ノ篩眼ハ、大ヨリ小ニ至リ、次ヲ以テ遞減ス、最初ニ、大眼ノ頭篩ヲ以テ、茶ノ枝幹、又ハ老大ノ葉片ヲ、篩除スヘシ、

次ニ、二号篩ヲ以テ篩過シ、其ノ篩面ニ遺ル所ノ茶ハ、則頭篩ノ竹盆内ニ放入ス、是ヲ頭篩毛茶ト云、三号篩以下、皆之ニ倣ヒ、次ヲ以テ、遞ニ推ス、

一既ニ茶ヲ分ツテ、十二等トシ、毎等、風車風車ノ製下ニ詳カナリニ放入シテ、之ヲ搧過シ、子口ニ正身ノ一口ヨリ、分出セシ後、女工ヲ發シテ、揀擇セシム可シ、揀擇畢ツテ、則チ鑊ニ下タシ、磨光ス、其鑊ハ、磚ヲ以テ爐ヲ作リ、高サ約二尺許、一人ニテ二鑊ヲ受持チ下ニ炭火ヲ熾キ、其鑊ヲシテ熱

セシメ、製做人ハ、爐背ニ站立シ、両手ヲ以テ、両
鑊ノ茶ヲ搓磨シ、茶葉ノ花色等第ヲ看テ、以テ
時間ノ幾何ヲ定ム、

一初炒ヲ名ケテ、磨光トス、再炒ヲ名ケテ、作色ト
ス、三次ヲ名ケテ、覆火トス、備シ磨光作色ノ後、
其色尚參差シテ、一齊ナラサルコアレハ、再ヒ
女工ヲ發シテ揀擇セシム、之ヲ名ケテ覆揀ト
云、此ノ如クシテ、則成ヲ告ケ、箱ニ裝シテ出售
ス、

一蘇珠花色ハ、八、九、十号ノ篩内ニ取ル所ノ葉ヲ、
風車ニ放過シ、其輕飄スルモノヲ去リ、其實結
スルモノヲ以テ、前法ノ如ク、炒磨スルコ三次、
大約共ニ四時間ヲ要ス、其葉圓結シテ光澤ヲ
帶ヒ、青翠色ナル者ヲ以テ上トス、右ノ如ク、仕
上ケテ後チ、鉛礶ニ入レ、固ク封シ置キ、全ク幇做
就スルヲ待テ、之ヲ取出シ、均堆ス、此時再ヒ覆
火スルコモアリ、或ハ覆火セサルコモアリ、俱
ニ茶ノ香味ノ如何ト、天時ノ晴雨ト、消場ノ遲
快トヲ見テ、之ヲ定ムヘシ、

一寶珠花名ハ、六、七、八篩内ニ取ル所ノ者ニシテ、

亦タ風車ニ上ケ、其軽キ者ヲ去リ、其重キ者ヲ取リ、前法ノ如ク炒磨ス、惟圓結シテ、蒂梗無キヲ住トス、倘蒂結アル仵ハ、色雑ニシテ純ナラス、其製法ハ、蘇珠ト相同シ、但シ炒火磨光ノ時間、蘇珠ニ比スレハ、半時間ヲ短クス、

一芝珠花茶ハ、則チ寶珠蘇珠ヲ、風車ニテ搧出セシ所ノ者ヲ取リテ、其枝骨、及ヒ三角、及ヒ粗片ヲ去リ、粗細相均シク、大小不同ナキヲ要ス、其炒磨ノ時間ハ、又寶珠ヨリモ減ス、額料ハ、寶珠ヨリモ畧多クシテ、作色ノ工夫ハ、更ニ寶珠ヨリモ多シ、其體既ニ已ニ軽盈ニシテ、大小亦畧、別ナルヲ以テナリ、

一寶圓珠茶ハ、其ノ葉、四、五六篩内ニ取ル者ナリ、作色等ノ法ハ、寶珠ノ如クシテ、炒磨ノ時間モ、亦寶珠ト同シ

一此茶ハ、軟嫩粗大ノ葉片、倶ニ内ニアリ、故ニ炒磨、揀撑、皆精細ナルヲ要シ、火工ハ、十分ナルヲ要ス、而シテ後チ、方ニ軽鬆ノ弊ナシ、若シ法ノ如クセサル時ハ、則全盆ノ茶色、精粗襯見アルヲ免レス、

一　副元珠ノ花色ハ、三、四、五等ノ節ニ在テ之ヲ取ル、此花色ノ茶、大葉片多キニ居ル、炒工ノ時間ハ、芝珠ト相等シ、惟作色、畧難シトス、其形體、圓ナリト雖モ、而モ鬆ヲ帶ルヲ以テナリ、既ニ形體圓扁齊シカラス、故ニ若シ顏料ヲ下ス稍軽キトキハ、則其色淺シ、若顏料ヲ下ス稍重キ時ハ、則其色深緑ナリ、茶ノ貴キハ、色淺深ナラスシテ、翠ヲ帶フルニ在リ、故ニ水ハ清碧ヲ要シ、揀方ハ純淨ヲ要シ、色ハ整齊ヲ要シ、葉ハ青緑ヲ要シテ、方ニ上品ト為ス、

一　凞珠花色ノ茶ハ、圓ニ似テ圓ナラス、扁ニシテ扁ナラス、長フシテ長カラス、凞春珠茶各様ノ粗ナル者ヲ取ツテ、之レヲ成ス、即四不像ナル者ナリ、炒磨ノ工ハ、副元珠ニ減ス、其茶、乃頭、二、三、四節ニ於テ取ル所ノ者ニシテ、其作色、最難シトス、

一　鳳眉花色ノ茶、乃五、六、七節ニ於テ取ル所ノ者ニシテ、其形蠶蛾ノ眉ノ如ク、兩頭尖リテ、中央大ナリ、長サ約四五分、緑茶中ノ最美ナルモノトス、此花色ハ、尖嫩ノ葉ニシテ霧露ヲ感透ス

ル者、乃チ一旗一槍ノ葉ニシテ、之ヲ製スル後、結ンテ鉄線(コヨリ)ノ如ク、短ナラス、長ナラス、方ニ能ク此ヲ成ス、如シ夫レ、粗大ノ葉ハ、硬直ノ性成(モチマヘ)ナルヲ以テ、縦ヒ巧工有ルモ、能ク變易スルヿ能ハサルナリ、此茶、炒磨ノ工ハ、寶圓珠ト相等シ、揀工ハ、則チ之ニ過ク、

一 娥眉花色ノ茶、乃六、七、八篩ニ在テ取ル所ノ者ニシテ、鳳眉ニ比スレハ、更ニ嫩ナリ、亦佳品トス、而シテ、水味ハ則チ鳳眉ニ遜ル、其ノ露ヲ承クル、少ナキヲ以テノ故ナリ、其製法、炒磨ノ工ハ、稍鳳眉ニ遜ル、而シテ篩做(フルイアゲ)ノ工ハ、則之ニ倍ス、長三四分、両頭尖小ニシテ、蠶蛾ノ眉ト相似タリ

一 娥雨、其茶六、七、八、九等篩ノ取ル所、乃枝(エダ)幹(ミキ)ニ近キ茶葉ニシテ、鳳眉蛾眉ノ両種、風車ノ子ロヨリ、揃下(アヲリヲトス)セミモノ、、正身ナリ、炒磨ノ工ハ、副元珠ニ比シテ稍遜ル、其ノ作色ハ、則易カラス、漉春ノ揀帶、亦此花色ノ内ニ入ル者アリ、

一 三鞭芽雨、其茶、乃七、八、九等篩ノ取ル所ノ者ニシテ、俱ニ幹ニ近キノ葉蒂ナリ、其味、娥雨ニ遜

號ノ別アリ、水色及味、亦副元珠ト、甚高下ナレ茶直ニシテ、甚結セズ、長サ約五六分、

松蘿花名、乃頭、二號篩ノ取ル所ニシテ総テノ茶中ニ在テ、最粗最大ナル者トス、其製法、濕珠ニ比スレハ較遜ル、通商口岸ヲ離ル、地方ニ在ツテハ、此茶色、多ク製做セス其賣價少クシテ、做工等ノ費、畧減セサルヲ以テナリ、

一緑茶ノ炒磨ハ、火色ヲ司ル者、必常ニ、炒鑊ノ両傍ニ行走シ、炒工ヲシテ、敢テ怠慢セザラシム可シ、其色匀一ニシテ、燒焦ノ弊ナキ時ハ、工資ニ於テ大益アリ、餘皆之ニ倣フ、

緑茶贅言

一緑茶ノ製二法アリ、一ハ炒青ト云一ハ烘青ト云、炒青ノ水ハ、清碧ニシテ、其香烈ナリ、色翠ニシテ、其味長シ、

一烘青ナル者ハ、其香緩ニシテ、遠透セス、其味短フシテ、色黄ナリ、其水紅ヲ帯ヒテ渾ル、故ニ緑茶ハ、炒ルニ宜フシテ、烘ルニ宜シカラス、烘青ノ法ハ、其葉ヲ樹ヨリ採下シ、畧之ヲ炒シテ、即チ又之ヲ烘ル、炒ハ、烘ニ比スハハ、火勢熾ニナリ、即茶ヲイルヲ云日本ノ製ハ、之ヲ烘ル

モノ多シ、故ニ茶葉ト分ニ結捲セス、其工、炒青ニ比スレハ稍減ス、而シテ功用ハ、大ニ炒青ニ遜ル、

一洋向キノ緑茶ハ、必ス滑石粉、並乾洋靛ヲ用フルヲ要ス、二年前、洋人醫士ノ考究ニ據テ云ク、此ノ二物、之ヲ食ヘハ、人ヲ傷ルト、故ニ平水茶ヲ火ニテ焼却スルモノ有リ、蓋平水茶ハ、洋靛滑石ヲ用フル甚多ケレハナリ、

一余按スルニ、滑石ハ、竅ヲ利シ、濕ヲ滲シ氣ヲ益シ、熱ヲ瀉シ、心火ヲ降シ、水ヲ下シ、腠理ヲ開キ、發表ノ功用、良ニ多シ、何ソ害有リト云ンヤ、洋靛ノ一物ニ至ツテハ、其性軽揚ニシテ、淡水ヲ以テ之ヲ泡スレハ、盡ク水面ニ浮ミ出ツ、或ハ氣ヲ以テ吹却シ、或ハ泡満ノ時、其水ヲシテ溢レ出テシムル片ハ、則靛随テ沫シ去ル、何ソ害アリト云ンヤ、如シ此二物ヲ用ヒサレハ、茶色純一ナルヿ能ハザルナリ、滑石粉ハ、粉紅色ノ者ヲ以テ上トス、乾洋靛塊ハ、之ヲ拗開シテ、碧天ノ色ノ如キモノヲ妙トス、

一毎茶百觔、大約洋靛九兩、十兩ヲ用フ、滑石粉、亦大約此ニ準ス、但此ノ兩目ハ、平常ノ茶ニ就テ

大概ニ之ヲ言フノミ、如シ茶葉或ハ過粗、或ハ細嫩、並ニ消瘍ノ景況、買主ノ情意ヲ看テ、其ノ顔色ノ浅深輕重ヲ、酌籌スヘシ、

緑茶鉛罐箱板藏類

一 装茶ノ鉛罐、大約四拾斤内外ヲ納ル可キ者ニ就テ之ヲ言フ、其ノ罐、毎隻大約重サ三斤、而シテ綿紙、或ハ沙紙、或ハ皮紙等ヲ以テ、四方ヲ裱固シ、上ニ一口ヲ開ク、鵞卵式ノ如クシ、別ニ鉛蓋ヲ設ケテ、其口ヲ封ス、口ノ長サ、大約五六寸、横ノ径リ、大約三四寸ヲ以テ、便ナリトス、

一 鉛罐ハ、厚薄均一ナルヲ要ス、切ニ偏薄偏厚ヲ忌ム、損破シ易キヲ以テナリ

一 凡鉛罐ハ、鉛百斤ニ、點錫五六斤ヲ鎔匀シテ、之ヲ作ルヘシ、則堅固ニシテ、軟柔ナラス、

一 凡緑茶ノ箱ヲ作ルニ、其板ハ、年ヲ踰ヘタル陳松杉ヲ用ヒテ、始メテ茶ヲ壊ラス、並ニ、久シク貯ルコヲ得ヘシ、蓋茶ハ纖度トナク、火ヲ用ヒテ之ヲ炒焙シ、其體極メテ乾燥ナルヲ以テ、地土物件ヲ論セス、総テ香臭濕氣アル者ト、共ニ相並フトキハ、則チ全ク其氣味ヲ攝入ス、硝磺

ノ、火ニ遇フテ即燃ルト一般ナリ、

一箱ニ用フル釘ハ、大約七八分ヲ以テ適用トス、若シ過長ナレハ、横穿シテ、板外ニ透出シ、鉛鑵ヲ傷リテ、火ヲ走ラシ、以テ茶ヲ壊ルノ恐レアリ、若シ甚短ケレハ、両板釘合スル能ハス箱ノ既ニ不堅固ニシテ、茶モ亦之ニ因テ損スルノ恐アリ、

一茶ヲ箱ニ装スルノ際、尤注意スヘシ、如シ之ヲ装スル、謹實ナラザレハ、則霉濕透風等ノ弊無シト雖モ、内鬆ニシテ空虚ス、故ニ茶氣透泄シテ、其味ヲ失フニ至ル、倘又緊實甚シキ時ハ、茶葉多ク過砕シテ、其味ハ走失セスト雖モ片末必ス多シ、故ニ装箱ノ法ハ、宜シク緊ナルベシ、過ナル可カラス、

一宜シク封蔵ヲ慎シムヘシ、四五月霉雨ノ時ニニ當テハ、其茶、火工既ニ足ルト雖モ、苟モ之ヲ蔵スル慎シマサレハ、大約旬餘ニシテ其香泄レ、月餘ニシテ其味變シ、両月余ニシテ其茶霉壊ス、蓋シ四五月ノ際、地氣上騰、天氣下蒸スルヲ以テ、雨澤無シト雖モ、太陽稍烈ナレハ、尚且

ツ蒸鬱堪ヘ難シ、況乎苦雨連綿シテ、暴日ト、溢
霧ト、交タ相匱スルニ當ッテハ、高閣ニ深藏シ、
重樓ニ秘貯スルノ物ト雖モ、尚且霉濕ス、況ヤ
茶ハ、火ヲ用テ歴煉シテ、至燥至潤ヲ成シ、物ニ
過ヘハ、即ナ感攝シ易キニ於テヲヤ、故ニ之ヲ
藏スル、宜シク慎密ナルヘシ、

一箱ニ「三十七」「二十五」ノ分アリ、「三十七」ハ大約四
五拾觔ヲ装スヘシ「二十五」ハ三十餘斤ヨリ四
十斤ニ至ル、毎箱内ニ好鉛鑵一隻ヲ放襯シ、茶
ノ斤目ヲ秤量シテ、之ヲ装ス、装方ハ、緊實ナル
ヲ要ス、稍鬆ナラシムル可カラス、装シ畢ルノ
後、其箱ノ若干ヲ容ルヘキヲ看、然ル後、毎箱其
斤両ヲ照シ一律ニ稱準シテ、輕重有ラシムル
勿レ、

一木箱モ亦然リ、如シ箱ト茶ト、輕重均シカラサ
レハ、虧損細キニ非ス蓋シ發售交易ノ時買主
ニ任セテ、各花色數箱ヲ擇ハシメ、以テ之ヲ秤
過シ、全盒ノ斤両、亦之ヲ照シテ扯算ス、故ニ九
仞ノ功一簣ニ虧カシムヿ勿レ此事細微ト雖
モ、資本ノ頼ル所、豈夫レ忽ニスヘケンヤ

製法宜精

一夫レ茶ハ、如嫩ノ葉ヲ取テ、各等ノ花色ヲ作ル其製法、詳参セザルヘカラス、寳珠、鳳蛾眉、頭號眉、煕ノ類、松蘿、煕珠、煕南等ト、同一ノ茶葉ナリ而シテ其價値ノ相去ル了天壌雲泥ノ差アリ、皆工作草率ニシテ、精法ヲ講求セザルヲ以テノミ、

一凡ソ生意ハ、利ヲ是レ謀ル今夫彼此同一ノ貨ヲ色ニシテ、同一ノ消場ニ在リ、而シテ一ハ則價高シテ、大利ヲ獲、一ハ則售少シテ資ヲ損ス、此時ニ當リ、己レノ謀臧カラサルヲ咎メスシテ、命ノ不好ヲ怨ム、豈可ナランヤ、

一茶ヲ篩スルノ法、其初、毛茶ヲ分篩シテ、十餘等ト為シ、何等ノ花色ハ、何等ノ篩内ニ在ニ至ツテハ、既ニ花色則例篇内ニ、之ヲ詳カニセリ、

一凡篩法ハ、両手ヲ以テ、平カニ其篩ヲ持チ、其篩スル所ノ茶ハ、篩中一面ニ走遍シテ、竹篩眼ノ面ヲ見サルヲ以テ妙トス、如シ篩眼ヲ見ルトキハ、則其茶偏ハ厚ク、偏ハ薄クシテ、粗細均シカラス、

一宜シク先ツ、何ノ花色ヲ取ルヲ看取スベシ、如シ珠茶等ノ類ナレハ、其節ヲ、少シク斜メニ持ツヲ佳トス、其茶、或ハ結實ノ黄片アリ、或ハ好茶ト乾重相等キ老葉有レハ、分篩ノ時、宜シク先ツ、播箕等ヲ以テ、之ヲ播シ去リ、而シテ後、法ノ如ク製做ス可シ、若シ之ヲ播シ去ラザレハ、製做シタル後、雜色堪ヘカタシ、蓋シ此等ノ葉、老嫩相半シテ、風車颺出スル能ハス、揀工亦甚タカヲ費ヤシ、之ヲ揀リテ、揀ルニ勝ヘス、而シテ甚老嫩相半スルニ由テ、花色ハ則チ粗老タリ、片末ハ則三角峯タルナリ、

一扇颺ノ法、茶ノ花色既ニ殊ナルキハ、之ヲ颺ルノ法、亦當サニ異ナルベシ、頭號ノ子ロト正身ト、其軽重畧殊ナリ、苟クモ之ヲ颺クル稍重キ時ハ、則子ロノ内ニ、正身漏入ス、之ヲ颺ル畧軽キ時ハ、則正身ノ内ニ、子ロ潜藏ス、

一務メテ宜シク、茶ノ等次ヲ看テ、以テ摘颺ノ重軽ヲ為スヘシ、蓋シ必其ノ子ロト、正身トノ、分ツテ要スルモノハ、其揀擇シ易キヲ取ルナリ、苟モ重軽ノ分、清カラザレハ、徒ニ工夫ヲ費ヤ

シ、揀資ヲ耗シ、又軽重清カラザルヨリシテ、揀頭ノ内ニ、多ク佳葉ヲ以テ溷擇シ、成數モ亦減少スルニ至ル、故ニ花色ノ眉目等次ハ、分節風車ヲ以テ最要トスルナリ

一篩擶既ニ其法ヲ得テ、炒法亦之ヲ諳ンゼザル可カラス、蓋茶ヲ炒スルノ法ハ、火色ヲ最要トス、次ハ則チ轉磨ヲ勤ム、三ハ則顔料度ニ合ス、此ノ如クシテ而シテ後、花雜燒焦ノ憂ナク、顔色過浅過深ノ慮ナシ、

一寶蘇珠等ノ如キ、光滑ヲ要スルモノハ、火勢宜シク匀慢ナル可シ、炎烈ナル可カラス、蓋炒磨久シキヲ得テ、方ニ能ク、其ノ芒礴ヲ去リ、滑澤ヲ生ス、如シ火勢猛烈ナル時ハ、炒拌ヲ勤メテ、焦黒ノ憂無カラシムト雖トモ、而モ水味猶火焦ヲ帶ルヲ免カレス、

一宜シク茶ノ本質ノ乾結潮鬆ヲ審テ、而シテ火勢ノ緊慢、炒工ノ遲速ヲ、衡定スヘシ、其顔色ニ至ツテハ、則チ市面ノ棄取好尚ヲ觀テ、以テ之ヲ酌量變通ス、預シメ决スル能ハサルナリ、

一篩炒、擶颺已ニ明カニシテ、而シテ揀擇ノ法、亦

宜シク之ヲ曉ル可キナリ、凡ソ毛揀ハ、則其ノ枝梗、及老葉、硬片ヲ去ルノミ、頭二篩ノ茶ハ、則チ其鬆黄粗大ニシテ、本茶ト相合セサル者ヲ擇ンテ、之ヲ去ル、間丁葉片ニシテ、半粗半細ノ者アレハ、則粗ヲ截チ、細ヲ止ム

一珠茶等ノ類ハ、則其圓ナルヲ取テ、其扁ナルヲ去リ、其結ベルヲ要シテ、其鬆ナルヲ捨ツ、

一鳳娥眉等ハ、則チ其枝骨、並ニ鬆扁、或ハ斜圓等ノ類ヲ去ルヲ以テ、最要トス、眉煕ノ類ハ、則其圓結シテ両頭相等シキ者ヲ取ル、芽娥雨ノ花色ハ、則老梗黄片ヲ去リ、粗硬枝骨ヲ除ク、煕珠松蘿ノ如キハ、則全金ノ精粗ヲ省テ、而シテ揀擇ノ可否ヲ定ム、此ノ如クスル時ハ、則緑茶ノ品色、叢多ナリト雖モ、規則ノ大同小異、一隅ヲ擧テ以テ之ヲ三反スベシ、

器用類

一製法既ニ講求ス、器用亦考ヘザルベカラス、其事ヲ善クセント欲ス、必ス先ツ其器ヲ利ス、夫レ各花色ノ等第ハ、倶ニ篩眼ニ由テ、之ヲ分出ス、故ニ花色ノ毛糙精美ハ、惟篩ノ良否ニ是レ

頼ル、

一篩ノ眼ハ、均匀ナルヲ要ス、或ハ踈、或ハ密ナラシムルヿ勿レ、篩ヲ作ルノ竹ハ、堅キヲ要ス、篩ノ形ハ、圓クシテ少シク扁ヲ帯ヒ、溜滑ニシテ、凝滞無キヲ佳トス、

一篩ノ等次ハ、頭號(イチバン)ヨリ灰末(スヘノモノ)ニ至ルマデ、凡十、八、九号トス、篩ノ邊(フチ)ハ、高サ大約二寸内外ニシテ、藤ヲ以テ、其四圍ヲ細實(マキシメ)シ、畧粗(コアトキ)ノ竹條(コワリダケ)ヲ以テ、篩底ヲ縱横ニ貫クヘシ、何トナレハ、緑茶ハ、珠蛾等ノ花色有リテ、其ノ體質較(ヤヽ)重シ、故ニ篩ヲ

用フル久シケレハ、篩底、或ハ中陥シテ、窩ヲ成スノ恐レ有ルヲ以テナリ、

一篩法ハ、既ニ畧之ヲ言ヘリ、風車ノ工ヲ叙述ス可シ風車ノ式、高サ大約四尺上ニ一承茶架ヲ、用ヒ木ヲ以テ之ヲ為ル承茶架ノ式ハ、上濶ク、下小ナリ、上ノ濶サ、約二尺半ニシテ、下ノ長サ僅ニ五六寸、濶サ約二寸、上ヨリ漸ヲ逐テ之ヲ遞小(シダイニチイサク)ニスル故ナリ、其架、大約茶五六十斤ヲ承ク可シ、

一風車ノ式ハ、下ニ四脚アリ、上ニ方圓ノ両形ヲ

分ツ圓木ヲ用ヒテ、水板六片ヲ圓木ノ四圍ニ入レ形チ車輪ノ式ノ如シ、鐵條ヲ以テ、圓木ノ中ヲ貫キ、其兩頭ヲ穿ッテ、風車ノ中ニ揬在シ、旋轉シテ、風ヲ生ス、上ニ兩形ヲ分ツ者ハ、其半ハ、車葉ノ軸ヲ容ル、ヲ以テ、其式圓形ナリ、其半ハ、四圍皆大約寬サ一尺餘ニシテ、方形ナリ、其而シテ其式畧小ナル者ハ、風ヲ束スル所以ナリ、上ニ小口ヲ開ク、長サ約五六寸、濶サ約一尺計、以テ承茶架ノ小口ト相合シテ、而シテ其茶ヲ下注セシム、又内ニ小板ヲ設ク、小口ニ比スレハ、畧大ニシテ、關梜ヲ爲シ、茶ヲ架上ニ盛ル時ハ、之ヲ關ミ、茶ヲ摘颺スル時ハ、之ヲ啓ク、下ニ斜ナル板ヲ設ケ、中ヲ隔ツルニ木片ヲ以テシ、分ッテ二道トナラシム、茶已ニ摘颺シテ、重キ者ハ槅内ヨリ出テ、軽キ者ハ槅外ヨリ下ル、子口正身、即チ此ニ由テ分ル、灰末ノ類ハ、總テ風車ノ口ヨリ出ツ、

綠茶緣起類畧

一綠茶ノ興ルハ、乾隆年間ヨリス、初ハ粤東香山屬ノ澳門ニ在ッテ、洋人ト互市ス、其互市ノ法

或ハ銀ヲ用テ之ヲ買ヒ或ハ布疋、羽毛、烟土器
用、貨物等ノ類ヲ以テ、相貿易ス、継テ粤垣太平
門外ニ於テ、毎國、洋行一所ヲ起設ス、其通商ハ、
共ニ十有三國タリ、故ニ十三行ト名ク、互市ノ
法、澳門ト相同シフシテ、而シテ資本ノ大ナル
生意ノ盛ンナル、彼此利ヲ獲ルノ厚キ、誠信ノ
相孚スル生意場中ニ在テ、實ニ古ヨリ以来未
タ之アラザルナリ。其省垣ニ遷ル所以ノ者ハ
澳門本省ヲ離ル、ヿ太遠キヲ以テ、貨財ヲ挾
ミ往来スル者、盗賊摽掠ノ憂ヒアリ、洋人因テ

生意ノ暢旺シ難キヲ恐ル、此時貿易ノ大ナル
者、絲茶ヲ以テ最トス、而シテ廣東ノ絲ハ、順徳
ニ出テ、茶ハ清遠後山ヲ多シトス、各處ヨリ運
往スル者、必南雄州ヨリ、清遠三水佛山鎮等ノ
處ヲ過キテ、省垣ニ聚ル、故ニ洋人此ニ運レリ、
其時語言彼此通セス、規例亦異ナリ、故ニ買賣
皆通事館ノ經手ニ由ル、故ニ粤ノ潘盧伍葉ノ
四大家、其資財山陝ノ元家、及蔚氏ト、相伯仲シ
テ、其富幾ト天下ニ甲タリ、此皆洋務絲茶ノ経
手ニ由テ、冨ヲ致スモノナリ、其後、通商港埠ヲ

四ケ所ニ開キ、生意四分シテ、初猶彼此共ニ微利ヲ獲タリ、後ハ則チ洋人ノ耗美、華人（シナジン）ノ倒空指ヲ屈スルニ勝ヘス、世易リ時移リ、今ニ至ツテ、變局日々異ナリ

一其初メ、毎箱八十餘九十斤ヲ盛ル者ヲ、名ケテ方箱ト云、毎幫茶額必ス千箱ニ過キテ、方ニ能ク售レ易スシ、後ハ則日ニ變シテ、之ヲ小ニス、其資本、前ニ較フレハ稍少ニシテ、箱數ハ、尚オ前ノ多キニ仍ルヲ要スレハナリ、茶ノ花色（シユルヰ）、初ハ珠茶、娥雨、凞春、大元珠等四五品ニ過キザルノミ、而シテ茶ノ水葉粗毛、絶ヘテ今日ノ如ク、顔色（イロアヒ）ト工作（シゴト）トヲ較量スルノ一ナカリシ、

一其初、洋船毎年一次性来スルニ過キスシテ、响捷智謀ノ士、其才ヲ展ルヲ得ス、壟断ノ人、能ク其技ヲ施スナシ、故ニ虧（ソン）折スル者少フシテ、益ヲ獲ル者多シ、近年来、東洋（ニホン）已ニ通商口岸ヲ閉キ、茶ヲ出産スルノ國ナル、殆ント中土ト等シ之カ為メニ中土ノ茶價、日ニ低フシテ、消場亦日ニ滯ス、惟幸ニ東洋ノ製法、遠ク中土ニ遜ルヲ以テ、之ヲ久貯スル能ハズシテ、霉壞シヤス

シ、故ニ洋人、多ク東洋ヲ舎テ、顧ミサル者アリ、若クハ東洋ヲシテ、精ヲ勵シテ美ヲ求メシメハ、則中土ト相抗スルニ至ラン、況ヤ米ノ金山、英属ノ印度、多ク中土ヨリ種子ヲ買去リ、法ヲ求メテ、之ヲ植エ、樹木、日ニ其繁ヲ益シ、工作製做、日ニ益美ヲ求ム、三數年ヲ經ハ、亦中土ト等シカルヘシ、故ニ種植、培養、製做ノ法、務メテ當サニ、急々ニ講求スヘシ、或ハ余ガ言ヲ以テ不信トヤハ、請フ今ノ市面ノ情形ヲ看、且ツ洋人ニ向ツテ、之ヲ討論セヨ、亦タ余言ノ謬マラサルヲ、諒知スヘシ、此事、毎年ノ出入、數千万ノ鉅額ニ関スルヲ以テノ故ニ、杞人ノ憂ヲ抱イテ、之ヲ贅述セザルヲ得ザルナリ、

烏龍製類

一烏龍ハ、寧州ヲ以テ最佳トス、其法、先ヅ樹ヨリ摘ミ取リタル生葉ヲ以テ、竹蓆ノ上ニ舗開シ、之ヲ太陽ノ下ニ晒シ、稍軟ナルニ至ツテ、手ヲ以テ三四葉ヲ撿ス、其法ハ、葉尖ト葉蒂ノ處ヲ以テ相對合シテ、之ヲ摺リ、其ノ葉、柔軟意ノ如クシテ、折レサルニ至レハ、則チ之ヲ扱起ス、倘

脆(キロク)梗(コワシ)ナレハ、再ヒ之ヲ曝ラス、必ス其葉柔軟法
ニ合スルヲ要スルナリ、
一 收起ノ後、手ヲ以テ、之ヲ搓(モ)揉(ミ)シ、葉々索(コヨリ)ヲ成ス
ニ至ッテ、之ヲ竹木等ノ器内ニ放(イレ)チ、手ヲ以テ、
罨之ヲ壓ヘ、衣物絮被等ニテ、其上ヲ蓋フ一片
時許リ、其葉ヲシテ、青色盡ク微紅ニ變セシメ、
而シ後、之ヲ燒紅(アカクヤキタル)鐵鑵内ニ放ッテ、之ヲ炒ル、
一 其茶ヲ炒シテ、大熱ニ至ルトキハ、則チ之ヲ微
熱鑵内ニ移ッシ、隨テ揉ミ隨ラ炒シ、葉々結ン
テ緊(コ)索(ヨリ)ヲ成スニ至ッテ、則之ヲ收起シテ、竹木

器内ニ貯ヘ、手ヲ以ラ罨壓實シ、物ヲ以テ其上
ヲ覆フ、大約一時許、其葉々變シテ紅色ヲ成ス
ヲ見テ、則之ヲ竹焙(竹焙ノ形ハ下ニ出ッ)ノ中ニ放シ、焙乾
セシム、此ノ如クスル者ヲ、名ケテ烏龍毛茶ト
ス、其篩做ノ法ハ、紅茶ト相彷フ、

紅茶製做類

一 紅茶ハ、樹上ヨリ摘ミ下タンタル生葉ヲ以テ、
先ッ太陽ノ照ラス處ニ攤(ヒロ)開(ゲ)シテ之ヲ晒ラシ、
以テ柔嫩ナラシメ、而シテ後之ヲ收(トリ)起(オコ)シ、手ヲ
以テ搓揉シテ、索ヲ成サシム、如シ其葉許多ナ

レハ、脚ヲ以テ揉蹈シ、索ヲ成スノ後、之ヲ器内ニ貯ヘ、其上ヲ蓋フ𠀋、烏龍ノ式ノ如クシ、其葉ヲシテ、盡ク微紅色ニ變セシメ、而ル後、取リ起シテ、再ヒ太陽ノ處ニ攤晒(ヒロゲサラシ)レ、半乾スルニ至リテ、又之ヲ收起シ、倶ニ器内ニ放在シ、手ヲ用テ壓實シ、蓋フニ衣物ヲ以テシ、葉々變シテ微紅色ト成ラシム、

一葉已ニ變シテ紅色ト為ルトキ、再ヒ取リ起シテ、太陽ノ處ニ攤晒シ、極乾ニ至ルヲ以テ度トス、此則毛紅茶ナリ、

一毛紅茶既ニ乾クトキハ則收起シテ、之ヲ分篩シ、其レヲシテ條索ト為ラシム、

一若シ、珠ノ如ク圓ナル者有ル時ハ、之ヲ取テ、別器ニ放在(イレオキ)シ、再ヒ製做ヲナス、釣鉤(ツリバリ)ノ如キ者アル時ハ、之ヲ去テ、其直ナル者ヲ存ス、鉤ヲ去ルノ法ハ、其茶ヲ、篩眼ヨリ抖(ユリ)出(篩ヲユスブルマデナリ之ヲ籮ハスニ非ス)スル時ハ、直ナル者、篩眼ノ外ニ擮リ、鉤ナルモノヘ、篩眼ノ内ニアリ、故ニ或ハ碗ヲ用ヒ、或ハ手ヲ用ヒテ、篩内ニアル鉤ナル者ヲ、撥断(カキキル)ス、此ノ如クスレハ、直ナル者ハ、自然ニ落下シ

テ、鈎ナル者ハ、尚篩中ニ留マル、之ヲ撥スルノ
法ハ、手ヲ用フルヲ佳トス、碗ハ硬ナルヲ以テ、
茶ヲ損砕スルノ恐レアリ、其ノ鈎ナル者モ、亦
別器ニ放在シテ、別ニ製做ス、
一其抖出ノ直キ者ハ、茶ノ等第(シナカワ)ヲ看テ、乃チ風車
ニ搧ン、正身子ロヲ分ツテ、而ル後、之ヲ揀擇ス、
倘クハ毛茶太粗ナレハ、最初ニ毛揀シテ、而ル
後ニ、分篩ス可シ、
一倘クハ子ロノ茶、即チ頭二篩ヲ以テ篩出シ、輕
重粗細匀シカラズ、黄黒花相雜ハル者、或ハ、未

タ分篩セサルノ毛茶ニシテ、子ロヨリ搊出セ
シ者、倶ニ皆、子ロ茶ヲ製做スル處ニ於テ、再ヒ
之ヲ製做スヘシ、子ロ茶ヲ製スルノ法ハ、茶ノ
等第ヲ分チ出シ、太タ粗ナルモノハ、之ヲ製ン
テ幼(コマカ)ナラシメ、太タ輕キモノハ、畧之ヲ除キ去
リ、若又黄黒花雜(マザ)甚シケレハ、則已ムヿヲ得ス、
蘇木水(蘇木水ハ濃紅ヲ要ス、茶葉ヲ水内ニ入ルヽ、僅カニ三分間ニシテ、即取出シ、或ハ日ニ晒シ、或ハ火ニ焙ル、)ヲ以テ之ヲ染タ、其ノ色ヲシテ純
一ナラシム、
一其ノ茶珠ト茶鈎トハ、茶珠ヲ製做スル處ニ於

テ、再ヒ之ヲ製做ス、珠鈎等ヲ製造スルノ法ハ、手ヲ以テ、茶珠ト茶鈎トヲ、軽々ニ撦破シ、之ヲシテ、或ハ片ヲ成シ、或ハ短條ヲ成サシメ再ヒ分篩シテ、等第ヲ為シ、風車ヲ以テ之ヲ搧過ス、如シ茶身畧圓ヲ為ス者アルトキハ、揀工ヲ譲シテ、其ノ枝梗黄片ヲ除キ去リ、而ル後チ、再ヒ火ヲ以テ、之ヲ焙ジ、均堆ノ時ニ至テ、又之ヲ覆火ス均堆ノ法後ニ出ツ

一其粗片、並ニ末子ハ、片末ヲ製做スル處ニ放テ、法ノ如ク篩ヲ分ツテ拋抖ス、其凝重ナル者ハ、篩ヨリ出テ、軽粗ナル者ハ、篩面ニ聚ル、手ヲ以テ、其聚ル者ヲ掬シ去リ、其ノ凝重ナル者ハ、風車ヲ以テ搧過シ夏布ヲ以テ、竹培上ニ攤シ之ヲ火焙ス夏布ヲ用ユル者ハ、其踈達ヲ取ルナリ、而シテ均堆ノ時ニ至リ、再ヒ之ヲ覆火ス、

一揀茶處ノ巡察人、司揀人ハ、最宜シク、其茶頭ヲ做ス好茶ヲ以テ、故サノニ色ヲ変ンテ悪茶ト為サシメ、其多ク出来スルヲ貪ボルヲ云、ヲ防キ、兼テ偷漏ヲ防クヘシ、蓋シ緑茶ハ、其揀頭ト、好茶ノ色ト、稍ヤク参差有リテ、分別スルニ易ク、其ノ發出收歸皆秤ヲ以テ之ヲ量ル、故

ニ其奬尚少ナシ、紅茶ノ、則茶頭、茶肉、相彷彿シ
テ、揀茶ノ婦女、積習性ト成リ、廉恥ヲ知ラス、其
ノ司揀者、皆土人ヲ用フルニ由ッテ、先ッ甜言
ヲ以テ、之ニ結ヒ、茶ノ發揀、一日中數次有リ、即
チ發揀ノ時ニ来リテ、三四盆ヲ覇取シ、已レノ
位次ニ放在シ、相善ミスル者ニ囑シテ、之ヲ管
セシメ、已レ又別家ニ往ク、此ノ如クシテ一人
ノ身、三四家ノ茶ヲ揀スル者アリ、其茶頭ヲ做
スルノ法ハ、先ッ茶水ヲ以テ地ニ噴濕シ、而ル
後、布巾ヲ以テ之ヲ覆ヒ、茶葉ヲ亂レ拾フテ、巾

内ニ抛チ、茶ノ好醜是否ヲ、揀ム可キニ至ッテ
ハ、則計ラザル所ニシテ、只茶頭ノ多キヿ謀ル、
蓋シ茶已ニ焙炒乾燥スルヲ以テ、一タヒ潮濕
ヲ見レハ、則驟然鬆黄ス、俗例日暮ニ臨ミ茶頭
ヲ稱リテ、以テ工ノ勤惰ヲ計リ、資ノ多寡ヲ酬
フ、故ニ一人ニシテ、數人ノ資ヲ兼子得ル者ア
リ、驗揀ノ時ニ於テ、之ヲ洞察セントスルモ、司
驗揀者其手ヲ上下シテ、查核スルヿ能ハス、若
クハ彼レノ為ル所ニ聽セテ、之ヲ寛恕スルト
キハ、吃虧細小ニ非ス、故ニ司揀者ヲ擇ムハ、愼

マザル可カラス、

紅茶要略類

一紅茶ハ、緊ニシテ索ヲ成シ、黒シテ光澤有ルヲ取ル、頭篩ノ茶ハ、論ヲ待タス片末ニ至ルマテ、皆純一ノ色ヲ要ス、其葉ハ、粗鬆索ヲ成サゝルヲ忌ム、其色ハ、花雑黄ヲ帯ルヲ忌ム、倘シ珠鈎等アルトキハ、均堆ノ後、其ノ珠鈎眼ニ碍テ、製ノ粗ナルヲ見ル、故ニ此等ノ葉ハ、再ヒ製做ヲ用フルヲ要ス、

一之ヲ篩スルノ法ハ、當ニ茶ノ粗嫩ヲ見テ以テ之ヲ斟酌スヘシ如シ其茶粗ナルトキハ、宜シク一二等小ナル篩ヲ以テ、之ヲ製スヘシ、如シ其茶嫩ナルトキハ、一二等大ナル篩ヲ以テ、製做スヘシ、何トナレハ、凡ソ粗ナレハ則大ナリ、嫩ナレハ則細ナリ、其既ニ粗ナル者ヲ、又粗大ノ篩ヲ以テ、之ヲ成ス時ハ、更ニ粗ナリ、其既ニ細ナル者ヲ、又幼篩ヲ以テ之ヲ做ストキハ、格外ニ細小ニシテ、幾ト片末ヲ成スニ至ル、シ、

一茶粗ニシテ大ナレハ、人更ニ其糙ヲ悪クム、小ニシテ細ナレハ、其ノ将ニ片末ヲ為サントス

ルヲ以テ、人之ヲ取ラザルナリ、故ニ嫩ナル者、之ヲ製做シテ畧粗ナレハ、則人其撰ヲ見ズシテ、却テ其好ヲ悦フ、乃粗ナル者モ、之ヲ製做スル畧幼ナレハ、人其粗ヲ知リテ、尚其糙ヲ見ス、故ニ亦勉強シテ之ヲ取ル、故ニ製做ノ法ハ、講究シテ、變通セザル可カラズ、

紅茶火焙等類

一焙工ノ法ハ、先ツ炭ヲ熾ニシテ、必ス盡紅ナラシムルヲ要ス、紫頭若クハ未タ焼ケ透ラザルノ木ヲ、其間ニ加入シテ、烟氣ノ薫騰ヲ致サシム可カラス、或ハ灰ヲ掩フニ、偏輕偏重アツテ、火ノ勢ヒ、此レハ熾ンニ彼レハ衰、或ハ炭火通紅暴露シテ、灰ヲ掩ハス、灰ハ薄々ニ之レヲ蓋ヒ、大抵火面ヲ見ザアヲ以テヨシトス、竹焙幾ント為メニ焼カレ、或ハ灰ノ厚サ一寸ニ至リテ、之ヲ剔ラズ、其火勢有レ旺燃キガ如シ、此等ハ皆焙人ノ咎カニシテ、茶葉之カ為メニ、焼焦セラレ、或ハ火烟ノ味ヲ帯フ、故ニ紅茶ハ、做青、揀擇、分篩、揃颺、火焙ノ類、一トシテ緊要ニ非サルハナシ、

一火焙ノ式ハ、黄土ヲ以テ、地上ニ鋪キ、高サ大約

五寸、潤サ大約三尺、其長サハ則チ等シカラス、地方ノ幾何ヲ見テ、之ヲ酌量スヘシ、中ニ坎ヲ掘リ、其ノ形ハ圓ニシテ、徑リ約一尺計リ、深サ約七八寸、毎坎、相離ルヿ數寸ニシテ、挨次ニ之ヲ排列シ、其ノ竹焙ハ、竹片ヲ以テ之ヲ作リ、蜂腰式ノ如ク、中狹シテ、兩頭圓大ナリ、口ノ徑リ、約二尺左右トス、又別ニ竹縁ヲ以テ、蓋形ノ如キモノヲ織リ、竹焙ノ中ニ放在シ、以テ茶葉ヲ承ケテ、之ヲ焙ル、

一　紅茶ノ篩ハ、緑茶ノ篩ニ比スレハ、其邊稍淺ク

シテ底ニ竹片ヲ貫クヲ用ヒス、蓋紅茶ハ、條ニシテ索ナルヲ取ルヲ以テ要トス、故ニ底ニ竹片ヲ用ヒザルモノハ、其抖出スルニ易フシテ、滯リ無キヲ欲スルナリ、

紅茶總訣

一　紅茶ノ要ハ、條、色、香、味、ノ四者ヲ以テ、主腦トス、
　其條ハ、結實シテ鬆ナラズ、圓ニシテ兩頭相等シク、粗幼均齊ナル者ヲ以テ上トス、其色ハ、未タ泡セザル以前ハ、鐵板ト相似タル者ヲ佳トス、已ニ開水ヲ以テ、其葉ヲ泡開スル時ハ、

鮮猪肝ノ色ノ如クシテ、硃砂點ヲ帶ル者ヲ上
トス、色純一ナルヲ貴フ、最モ花雜、枯槁、焦黄ヲ
忌ム、潤澤ニシテ、寶光活色ヲ帶フルヲ以テ美
トス」、其味ハ奥妙殊ニ深シ、要スルニ、甜滑津過キ
ヲ生シテ、澁ナラズ、之ヲ飮ンテ已ニ時ヲ過キ
尚ホ芬芳甘潤、一種言ヒ難キノ奇味有ッテ、齒
頬ノ間ニ留ル者ヲ以テ、最上トス、其餘ハ則チ、
馥郁濃美ニシテ、津ヲ生シ、煩ヲ滌ヒ渇ヲ除キ、
暑ヲ消シ、食ヲ化シ、脹ヲ驅ルヲ以テ上トス」、
其香ハ、自然ノ品アリ、薰襲ノ法

アリ、所謂自然ノ香ナル者ハ、地道ノ美ニ由ッ
テ生成ス、水葉芬芳ノ氣、四座ニ遍子ク、清香馥
郁、人ノ心脾ヲシテ快ナラシメ、之ヲ飮ンテ口
ニ入ル、時ハ、齒頬ニ香ヲ留メ、臓腑ハ甘露ニ
沾フガ如ク忘レ難キノ想ヒ有ラシム

一製作ノ香ハ茶葉ノ嫩否ヲ論セス、心ヲ專ニシ
意ヲ致シ、奇珍ヲ護スルカ如クシテ其粗糙ノ
枝葉ヲ去リ、其火工、做作、收藏等ノ各法、皆精ニ
シテ益精ヲ求メ、其當ヲ失フヿ無ラシム、故ニ
火工十分ニシテ、其香餘久シキヲ保ッ、蓋シ製

作美ナル片ハ、本香存シテ、失ナハザルナリ、
一薫蕕ノ香ハ、其茶少シク粗ニシテ、茶本ノ味、甚タ馥郁ナラサル者ニ用フ、其法ハ、茶ヲ炒焙シ畢ッテ、茉莉、玫瑰、珠蘭等ノ花ノ半開スル者ヲ以テ、茶ト相拌シテ、之ヲ封シ蓋フヘシ、此ノ如クスル片ハ、三數日ノ後、花ノ香味、盡ク茶ノ為メニ、吸取セラル、ナリ、

紅茶贅言

一紅茶ノ大概、盡ク之ヲ叙明セリ、亦畧其ノ縁起ヲ述フ可シ、夫レ紅茶ノ始メテ外洋ニ運往スルハ、俄羅斯ヨリ始マル、其初、陸路ヨリ、山東、北直等ノ處ヲ過キ、長城口外ニ出テ、買賣城（地名）ニ運到シテ、相與ニ交易ス、或ハ銀ヲ以テ買ヒ、或ハ皮貨、絨、及參茸等ヲ以テ相貿ス、其茶、畧之ヲ篩シテ、即チ箱ニ裝シ、竹篾等ヲ以テ包捆シ、駱駝驢馬ヲ以テ運往ス、海禁既ニ開クルニ及テ、外洋ノ富商大賈、倶ニ海ニ航シテ来リ、緑茶ノ出口皆海運ニ由ル、紅茶ハ、美國、英國ヲ除クノ外、諸國皆喜ンテ之ヲ飲ム、而シテ英國ヲ最トス、其箱ニ、大箱ト、二十五箱トノ分アリ、大獅箱ハ、初

ソ八拾余斤ヲ装ス、今ハ則畧之ヲ小ニシテ、七拾貳斤ヲ入ル、ヲ以テ度トス、二十五箱ハ、四十二、斤ヲ以テ準トス、大箱ノ鉛鑵重サ約七斤餘、二十五箱ノ鉛鑵、重サ四斤十二兩ヲ以テ則トス、毎鉛百觔ニ、銅錫五斤ヲ鎔匀シテ、鑄成スルヲ要ス、木箱ハ、年ヲ經タル雜木板ヲ以テ作ルヲ佳トス、其ノ木氣無キヲ取ルナリ惟箱ノ兩傍、並ニ底、及蓋、俱ニ兩板ヲ併セテ一ト為ス者ヲ妙トス、如シ三四板片ヲ併セ成ストキハ、堅牢ナラザルナリ其合口ノ處ハ、竹釘ヲ以テ、之ヲ貫合ス、

防弊類

一紅緑茶ヲ製做スルノ處ハ、人ヲ用フル已ニ多ク、事尤モ煩雜ナリ、其人ハ、總管アリ、副總管アリ、秤手アリ、司帳アリ、管錢銀アリ、巡綽アリ、雜務ノリ、作頭アリ、監篩アリ、包工頭目アリ、管焙アリ、子庄買茶秤手アリ、此皆茶庄ニ於テ、定マリタル職位ノリ、其餘風車アリ、篩務アリ、看焙アリ、管火色アリ、司揀及各項上等ノ工人、並ニ散傭ノ日工、揀茶ノ婦女ノ如キ、皆是ナリ、而シ

テ惟総ー管ト、衛ー総トハ、最モ其人ヲ撰ハザル可カラス、

一主事ノ人精明廉達ノ士ヲ得ル時ハ、則能ク諸人ノ賢否ヲ察シテ、投クルニ事ヲ以テシ、事ヲ投クルノ後、更ニ其ノ勤惰ヲ観其ノ事功ヲ考ヘテ、之カ黜陟ヲナシ、事巨細トナク、必ス親カヲ歴テ以テ、之ヲ考核シ、凡ソ百執事ヨリ、散傭ノ工人ニ至ルマテ、毎事心ヲ留メ、繊芥ノ遺漏ナシ、此ノ如キトキハ、則事功必ス美盛ヲ致シ市利ヲ獲ルヿ倍蓰ス、

一主事ノ人、如クハ偏黨貪汚ナルトキハ、毎事其私ヲ行ヒ、惟巳ヲ利スルヿヲ求メ、用ユル所ノ人、巳レノ親姻ニ非レハ、則巳レノ故舊ニシテ、多クハ庸懦無能ノ輩ナリ、倘クハ精明潔廉ノ者、其間ニ在ル時ハ、必多方謗毀、之ヲ擯斥シテ、巳レヲ妨ケザラシメ、或ハ銀ノ平色ヲ扣シ、或ハ銭ノ底串ヲ扣ノ凡ソ私ヲ営ミ、弊ヲ為スノ事、一トシテ至ラザルハナシ、故ニ司総ヲ撰フ、最慎マザル可カラス、

一司総巳ニ廉明ノ人ヲ得ルト雖モ、事務瑣煩ニ

シテ、用ユル所ノ諸人ハ、土著ノ者、其ノ大半ニ
居リ、各其事ヲ分職ス、一人ノ耳目ヲ以テ、衆人
ノ賢否ヲ察セントスル、亦甚難シ、故ニ幫總巡
察ノ各職司之カ為メニ、稽察考核シテ、始メテ
其蒙蔽ノ患ヲ生セシム無カルヘシ、故ニ巡察
ノ任、其頼ル所、實ニ重シ、必ス慎シテ其人ヲ選
フヘシ、苟モ巡察等其人ヲ得レハ、諸弊其半ヲ
去ル、惟司帳、秤手、及管銀銭等ノ職位ハ、司総務
ヨリ、必時々ニ稽察ヲ加フヘシ、司賬ハ則重丈
故出シテ、相影射スルノ私アリ、管銭銀モ亦虧

空短扣等ノ弊アルヲ以テナリ、
一秤手ハ、必土人ヲ用フ、其言語相通シテ、貿易ニ
便ナルヲ以テナリ、此亦謹マザル可カラス、夫
レ毎歳ノ生業ハ、數旬ノ間ニ過キスシテ、其ノ
来ツテ與ニ買賣スル者ハ、土人ノ朋友親族、或
ハ其間ニ在ル有リ、故ニ貨色ノ低昻、價値ノ上
下、斤両ノ參差、必ス刻々心ヲ留メテ、其弊ヲ防
クヘシ、以上ノ各端、利害ノ最大ナル者ナレハ、
東主ト、司総務ニ在ツテハ、務メテ專心體核シ
テ、之ヲ防クヘシ、其利弊ノ小ナル者ニ至ツテ

ハ、則責メ各司事ノ人ニ在リ、時ヲ以ヲ體察ヲ
加ヘ、事々カメテ撿點ヲ用ヒ、散工ヲ約束シテ、
懈タラザラシムルヲ要ス、
宜シク稽査ヲ密ニシテ、以テ偷漏ヲ防クベシ、
夫レ茶庄ノ内ニ、雇入ル所ノ長散工人、日ニ數
百ヲ以テ計フ、而シテ良莠齊シカラス、常ニ偷
竊ノ恐レアリ、或ハ、日ニ一斤數兩ヲ懷ロニシ、
晩間工ヲ歇ムルノ時、挾ンテ以テ出テ或ハ、内
外串通シ、席ニツヽミ、箴ニ入レ、五更人靜マル
ノ時ヲ待テ、計ヲ設ケテ、之ヲ竊ミ出タスヿア

リ、如クハ之ヲ察覺セス、再ニ至リ、三ニ至リテ
已マズ、他日做成ノ後ニ至テ、茶ノ總數低少ナ
ルヲ咎ムルモ、亦及フ可ケンヤ、故ニ偷漏ヲ防
ク、愼密ナラザル可カラス、

紅茶均堆裝箱類

一紅茶已ニ悉ク製做ヲ畢ルノ後ハ、頭節ヨリ、片
末ノ各等ニ至ルマテ、皆大略之ヲ秤稱シ、等次
ヲ安排シテ、以テ均堆スルニ便ニス、均堆ノ法
ハ、其ノ底下、及兩傍、靠壁ノ三面ヲ、光滑ナル木
板片ヲ以テ、釘妥シ、而ル後、最初ニ、頭號篩ノ茶

ヲ以テ、其中ニ排シ、次ニ二號茶、次ニ三號茶、其次ニ、粗片末子ヲ排シ、而ル後チ、四號五號等、順次ヲ追テ、次第ニ之ヲ傾入ス、務メテ茶色ノ龤配合スルヤ否ヲ看ルヲ要ス、而シテ毎號ノ茶、皆務テ一面ニ、薄ク之ヲ攤排シテ、厚薄ナカラシム、右ノ如ク排妥シ畢ツテ、則チ鐵鋤鉤ヲ以テ、邊傍ヨリ、次第ニ之ヲ鉤下シテ、拌勻セシムルナリ、先ツ秤ヲ以テ、竹畚ヲ秤リ、輕重一律ナラシメ、而ル後、茶ヲ其中ニ入レ、以テ稱所ニ至リ、又茶ノ輕重ヲ秤リ、務メテ一律ナラシメ、乃

裝箱所ニ交クシテ、之ヲ裝箱ス、

一裝箱ノ法ハ、最初ニ、一半ヲ箱內ニ傾ケ入レ、四傍ノ角ヲ、足ニテ踹ミ、務メテ四角ノ茶ヲ踹實シ、然ル後、再ヒ一半ヲ箱內ニ傾入シテ、之ヲ踹實ス、其茶、務メテ四圍平滿ニシテ、低陷尖高無キヲ佳トス、右ノ如ク裝妥シ畢リテ、再ヒ秤ヲ以テ、之ヲ稱準シ、封ヲ固クシ、箱ニ釘ス、是ヲ全クノ仕上ケトス、

時要須知

一早春ノ茶ハ、速ニ做成シテ、之ヲ裝シ了ルトキ

ハ、其價直ヲ計リテ、少シク利益有ルヲ見ハ、即チ之ヲ發售シ、猶豫ヲナス可カラス、如シ又、價直下落甚シト雖モ、必ス自已ノ資本ト、行市ノ情形ヲ、籌酌シ、苟モ資本少ナクシテ、持久スル能ハズ、或ハ持久スルモ、亦甚利益ナキヲ見ルキハ、亦速ニ售リ去ルヲ佳トス、蓋シ僅ニ本資ヲ損シテ、行市ノ消シ難キ憂慮ヲ脱シ、身心安逸ニシテ、尚能ク別ニ營求ノ道ヲ講シ、之ヲ東隅ニ失スト雖モ、桑楡ノ收ヲ望ムベシ、

一　二三春ノ茶モ、亦趕快ニ做成スヘシ、務メテ早春ノ消場ト、外洋ノ信息ト、現目ノ行情ノ漲落ヲ看テ、售却ノ遲速ヲ衡ス可シ、凡ソ行市、驟ニ漲ル時ハ、則チ大局ヲ觀テ、速ニ售ル可シ、必ス居奇スル事勿レ、驟ニ落ル時ハ、亦タ能ク其縁因ヲ察スヘシ、只速ニ脱センコトノミヲ、求ル事勿レ、孔子子貢ニ教ヘテ曰、人棄ハ則取ル、人取ハ則棄ツ、是八字ノ訣ヲ得テ、之ヲ籌酌變通スルトキハ、則生意ノ權衡、思ヒ半ニ過キタリ、

篩工資力宜惜類

一　篩工ノ衆キ、日ニ百數十人アリ、如シ起キル稍

晏シテ、且日中時々停息スル片ハ、工資ヲ耗シ
テ、時日ヲ遲延ス、又朝ハ晏ク起キ、夜ルニ至ツ
テ、尚工ヲ止メス、此レ徒ニ燭油ヲ耗ヘルナリ、
蓋工作ハ應サニ勤ム可シ、而シテ亦工人ノ力
ヲ惜ム可シ、夫レ茶ヲ製造スルハ、多ク夏間ニ
アリ、如シ起キル早ケレハ人ノ精神團聚シテ、
氣候清涼、故ニ人其ノ倦ムヲ覺ヘス、製作必ス
勤ム、午時ニ至ツテハ、則時刻ヲ限リ、休息セシ
メ、以テ工力ヲ維ス、蓋暫時休息シテ、其力ヲ舒
フ、知ラサル者ハ、以テ工ヲ惧マルトス、而シテ

知者ハ、正ニ以テ工ヲ催スナリ、如シ朝起早カ
ラズシテ、終日工ヲ停メス、繼クニ夜ヲ以テス、
知ラサル者ハ、以テ工ヲ催ストス、而シテ知ル
者ハ、正ニ以テ工ヲ惧ルトス、何トナレハ、人力
ハ限リアリ、烈日炎天ノ候ニ在テ、無事ノ人ト
雖モ、尚且困捲ス、況ヤ工作ノ人、暫時ノ休息ヲ
得ス、又繼クニ夜ヲ以テスレバ能ク之ニ堪可
ケンヤ、故ニ工人ノ力、宜シク惜ムベキナリ、

　裝運要畧須知類
此一段之ヲ畧ス

水色功用畧類

一凡緑茶ノ水色ハ、清碧ヲ以テ最上トス、其清碧、即柳葉ノ初テ舒ヒタル青翠色ノ如ク、一時間ヲ歴テ、其色尚ホ清澄ナル者ヲ上トス、黄渾紅濁ノモノヲ下トス、

一嘗味ノ法ハ、匙ヲ以テ、少許ヲ口ニ入レ氣ヲ以テ之ヲ吸ヒ、其氣ヲシテ、齶下ニ直透セシメ、其ノ芬芳清烈ニシテ、香歯頬ニ留マリ、舌底ニ津(ツバキ)ヲ生シ、甜甘口ニ満ツルヲ以テ上トス、如クハ竄氣アリ、又ハ一種ノ臭悪、鼻ニ觸レ、其味濇渋(シブル)ナル者ヲ下トス

一其功用ハ、飫ク食ヲ消シ、痰熱ヲ去リ、煩渇(カツキ)ヲ除キ、頭目ヲ清クシ、昏睡ヲ醒シ、食積(ツカヘ)、並ニ燒炙ノ毒ヲ解ク、但其性寒ナルヲ以テ、多飲スルヿ勿レ、多飲スレハ、脂ヲ消シ、胃ヲ寒(ヒヤ)シ、人ヲシテ痩セシム、凡テ茶ノ嫩ニシテ良々粗ナル者ハ、人ニ益アラス、

一紅茶ハ、水色濃厚ニシテ、渾濁浅淡ナキ者ヲ佳トス、其ノ口ニ入ルヤ、甜滑甘美ニシテ、香澤ノ氣、喉間ニ緼(ウン)スル者ヲ上トス、如クハ舌ヲ牆シ、

啓ヲ澄リ、其味腥悪ノ者ハ、之ニ次ク、

一其功用、緑茶ト稍異ナリ、能中ヲ和シ、食ヲ消シ、暑ヲ解キ、煩ヲ療シ、志ヲ悦シメ、睡ヲ醒マシ、氣ヲ下タシ、温ヲ利シ、又微シク脂ヲ消ス、微酔ノ時ハ、宜シク少ク飲シテ、以テ酒力ヲ舒ノルヘシ、若シ酩酊スル片ハ、則宜シカラス、酒氣ヲ膀胱ニ引入シテ、腎經ノ患ヲ為スヲ、恐ルレハナリ、

一凡茶ヲ煎スルノ水ハ、宜シク其美ナル者ヲ撰ミ、各地脉ノ宜シキニ随テ、之ヲ取ルベシ、江南金山寺ノ零水、無錫恵泉山ノ石水等ノ如キ、是ナリ、如シ其ノ處ニ、醴水甘泉ナキ片ハ、清碧潔浄ナル長流水ヲ擇フヲ好シトス、

一水ヲ承ケ、湯ヲ煎ルノ器、亦宜シク之ヲ擇ムベシ、茶ト水ト、皆妙品ナリト雖モ、而モ臭悪ノ銅鐵錫等ノ器ニテ、之ヲ煎スル片ハ、飲テ後、腥悪ノ氣、歯頬ニ繞満ス、譬ハ朝衣朝冠ヲ以テ、塗炭ニ坐スルカ如キアリ、故ニ煎湯ノ器ハ、銀ヲ以テ最妙トス、瓷瓦紫銅等、之ニ次ク、

一茶、水、器ノ三ツノ者、倶ニ佳ナリト雖モ、如クハ

敗木汚柴腥草悪葉油炭等ヲ以テ、之ヲ煎ル時ハ、則チ其味ノ悪ナルヿ、敗器ヲ用ノルト均シ、而シテ苟モ柴薪ハ美ナリト雖モ、熹水ノ法、善カラサルトキハ、亦其味ヲ失フ、蓋シ水未タ沸カザルノ時ハ、常ニ器ノ蓋ヲ去リテ之ヲ観烟ヲシテ器中ニ入テシムルヲ致シ、水既ニ沸クニ及テハ、其ノ煎スルニ任セテ、之ヲ顧ミサル如キ、是ナリ、而シテ又、沸湯ヲ葉ニ注クニ至ツテ、緩急均シカラサレハ、亦其味ヲ失フ、蓋シ湯ヲ注ノ急ナル片ハ、則茶葉外ニ漂揚シ、之ヲ注ク緩ナル時ハ、則其葉開キ難フシテ、其味薄シ、凡ソ此等ノ類、皆飫茶水ノ真性ヲ失フ、茶ヲ品スルノ道、豈言ヒ易カラシヤ、

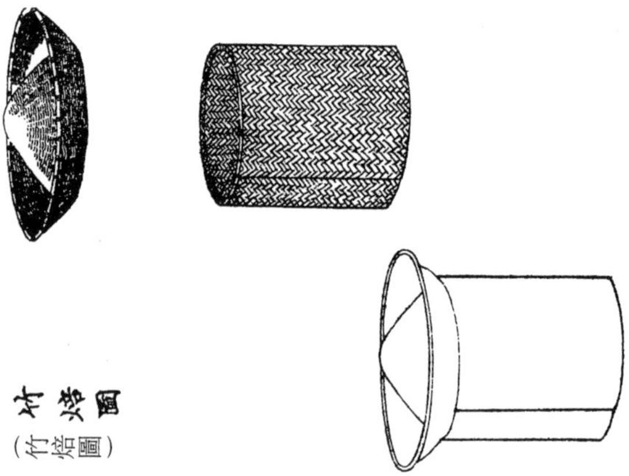

竹焙圖
(竹焙圖)

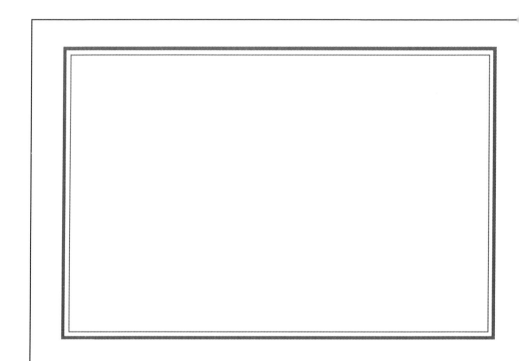

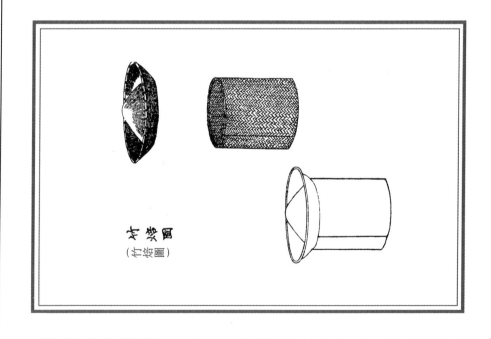

同上蜂腰式圖

（蜂腰式竹焙圖）

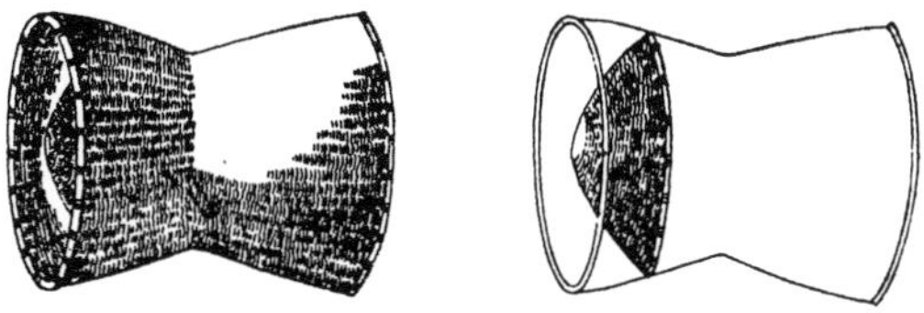

綠茶ヲ製スル鐵鑊圖

（绿茶炒製鐵鑊圖）

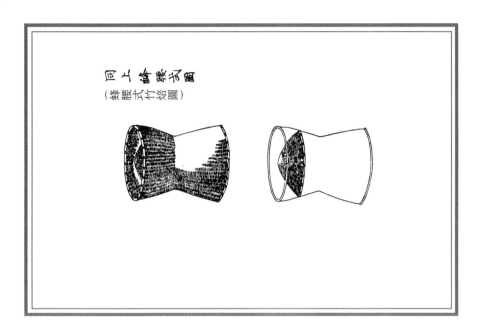

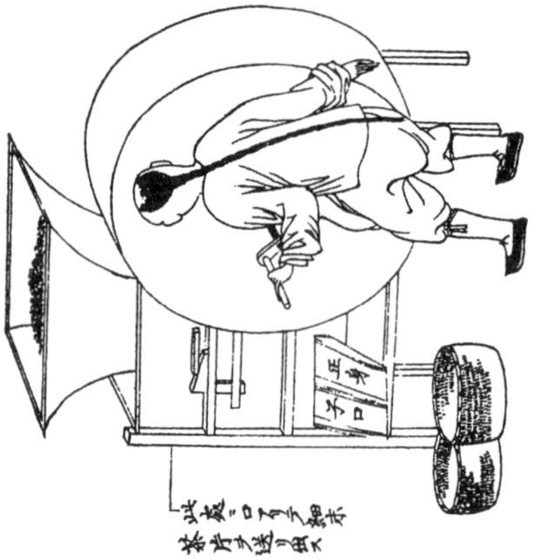

(風車圖)

(此處爲細末茶葉出口)

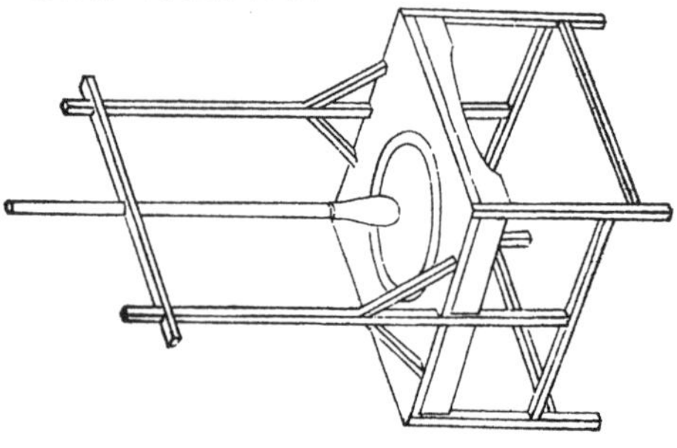

(研盆)(滑石粉及洋靛研末器)

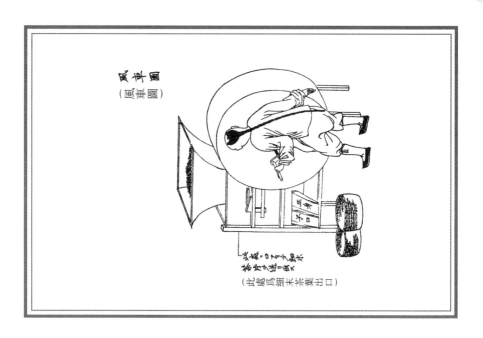

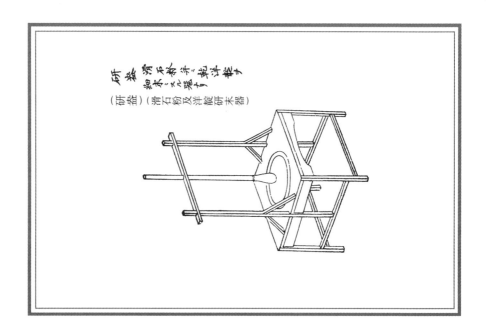

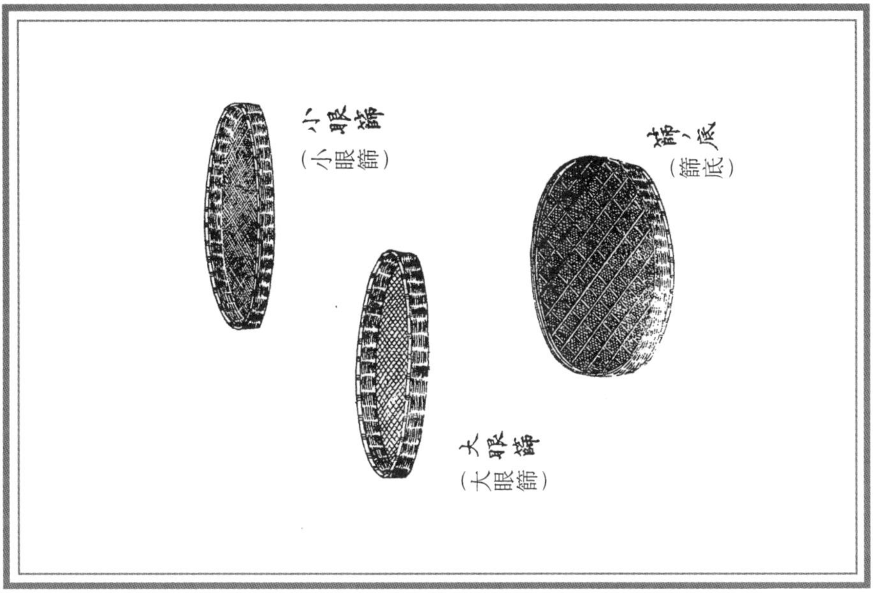
（小眼篩）
（篩底）
（大眼篩）

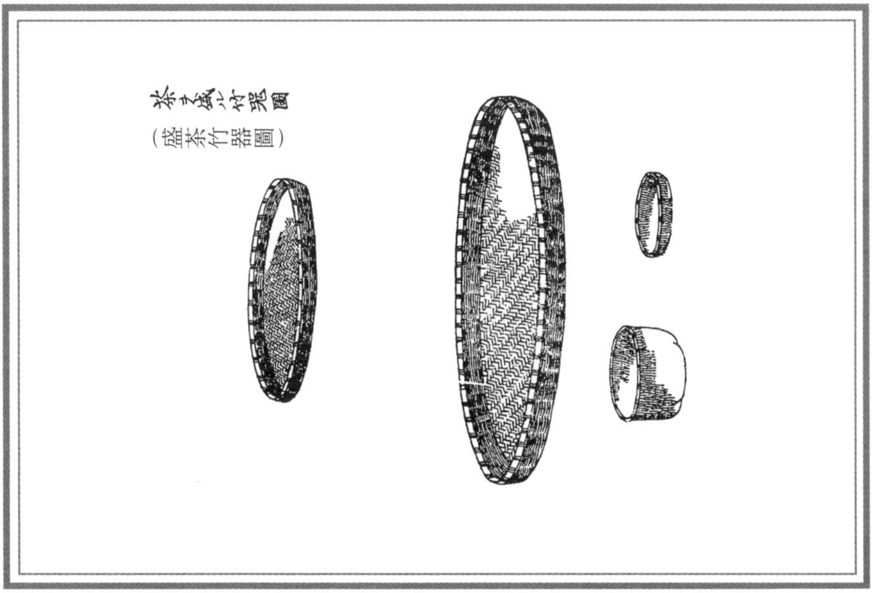
（盛茶竹器圖）

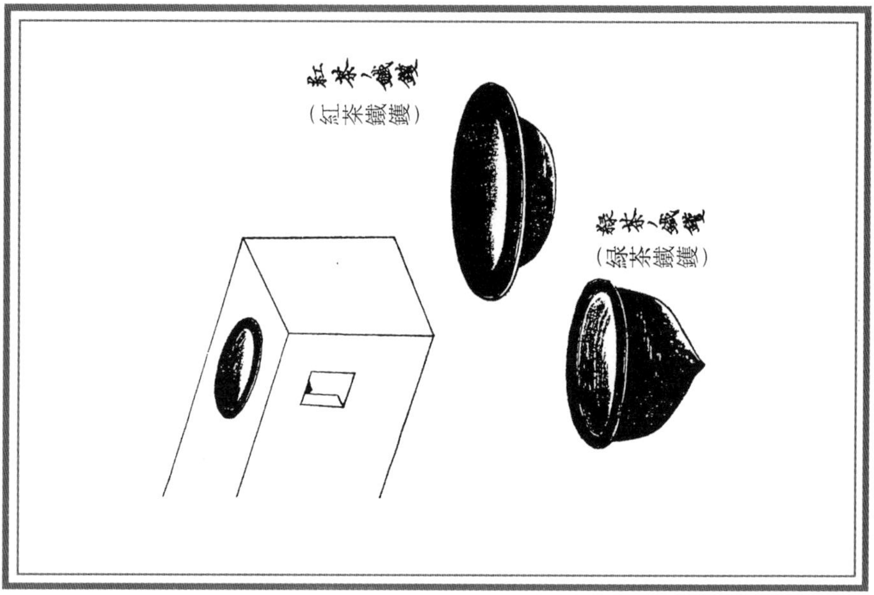

(紅茶鐵鑊)
(綠茶鐵鑊)

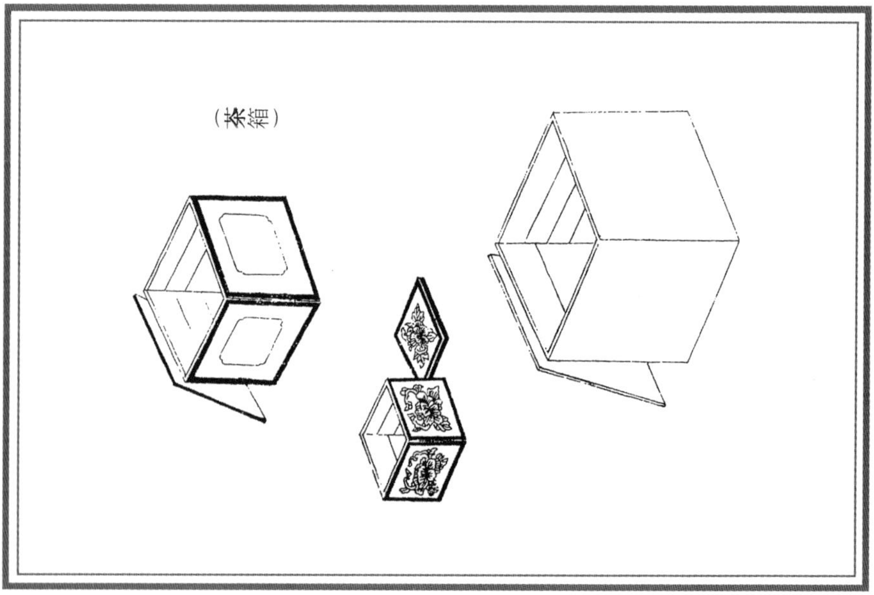
(茶箱)

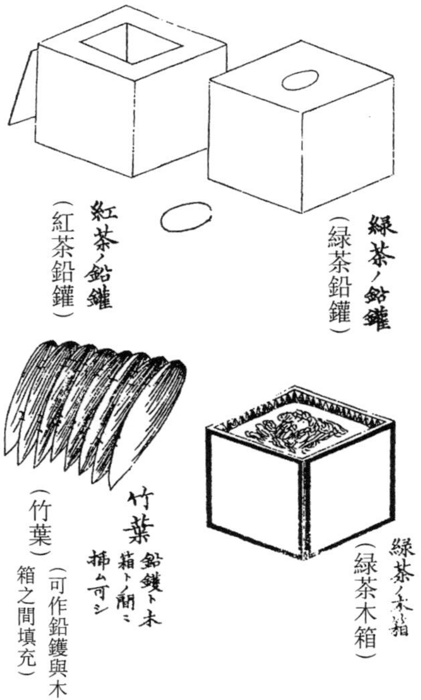

勸農局藏版

定價三拾錢

東京府下
穴山篤太郎
第一大區七小區
南傳馬町貳丁目
十三番地

發兌
書肆

附録

敘[1]①

夫茶②字之義,從草,從木,從人。其初始於漢代,興於有唐;乃熾乃昌,至今爲盛。其爲物也,如木葉焉;其爲用也,能滌除煩惱,解渴而生津,去食積而厚腸胃,消暑而醒眠。其始自中土,而流播外洋,製做則日益其精,種植日用,則日益其廣。而製法功用等類,雖唐之陸羽曾註《經》焉,其中所言,製法則如磚茶之類;而其爲用,則不過略言之矣。若今之洋莊,則自明代而至於今[2],其製做功用,亦乏人而考核焉。至於筆之書,則吾未之見也。故於是心有憾焉!而將其種植、採擇、製做、收藏、功用等類,縷析詳言而書之。余本不文,其書中之詞句,務質實而易知,使文學之士,一目了然;而農樵牧子、村婦童孺等輩,苟略識字之人而覽之便曉。故句讀不事繁文典奥,務樸質而剪衍文。其書中所載,凡於洋莊茶務有關者,無不備述而描摹之。自茶之樹本至於人事功用,纖毫畢録,使後學者皆得入門。仰企先達諸君,恕無知而匡不逮,不勝引領感禱焉。

時光緒三年杏月[3]　嶺南沂生胡秉樞謹識

龍封脩書

小引

溯自四洲互易以來,惟五金、煙土、布匹、絲茶爲大宗。夫布匹、煙土則來自外洋,獨絲茶爲土産。然歐洲以煙土、布匹、煤鐵、器械等類遠越重洋,不避艱險而來貿遷者,其故何歟?亦不過爲衣食計耳。然而四洲之大,民生之衆,各逞所長,盡夫人之心思者,力而講求。是苟匹夫匹婦有一技之所長,則必專心致志,無論乎仕(士)、農、工、商,或書或藝,苟有至善,始則呈於君上,繼則普告國人,既定之以年,亦惡乎取值。故人樂而爲之者衆,故物出而日見其精。惟人躭逸樂,士而拘泥,苟有一至州之工,費盡心志,作一歷世無雙之器;苟可效者,衆則聚而謀之,而奪其利;苟不可效者,衆乃聚而羣謗之,必使蹈於奇技淫巧,妄被無辜而後快。雖有聰穎者流,無不專心於八股文詞,以爲倖進計,誰暇計及民生工藝哉!夫以四洲之貨殖,而聚匯於一區,以有易無,利恆倍蓰。惜一國之錢財有限,則不可不將土物講求,小益之也。土物大宗,絲、茶爲最。姑將茶之質品,土地之肥磽,培植之法則,製做之所宜,撰而成書,俾公於衆。僕不忖鄙撰成,仰望先達哲人匡其不逮,不勝感禱焉!

胡秉樞又識

目録

種植類[6]

植茶,以高山、大嶺及窮谷中至高之處爲宜。茶之爲物,其感霧露愈深,其味愈濃;而種植之地,其土性愈厚,則茶樹愈壯,其葉更厚且大。

茶以天然生者爲極品,必在高山之顛,危崖之表,採之不易。若將之移植他處,則以土性既殊,其根幹必然腐壞。此種茶,名曰"巖茶"。乃自然之佳味,非人力所能強致。

植茶之法:宜於茶樹結實之初,擇植株長勢強旺、結籽壯碩者採之。至初春驚蟄之時,要將茶籽浸水令濕透,耕作其種植之土,使之形如龜背,以利排水。要之,大抵每隔二尺許掘一小坎,每坎下所浸之茶籽二三粒。俟茶芽萌生後,留壯苗一株,餘悉除去。然後用細土,或蠶沙、鳥糞或其他糞肥之類相和,覆蓋其上。若遇晴天烈日,則加少量糞肥於水中,朝夕澆漑。

夏月之間,如有野草或野生小樹萌生,宜鏟除之,以防傷害茶苗萌蘖。種成之後,俟三四年,即可採摘。但初年不可採摘過多,若過多則恐傷害茶樹之本矣。

培養類

孟子云:"苟得其養,無物不長;苟失其養,無物不消。"故培養之法,不可不講求。茶芽初萌,畏烈日暴曬,畏大雨滂沱,又恐雜草侵凌,對此最應注意。

茶樹既長,宜時加糞肥。自立春至穀雨間,每月需施糞肥三四次。如用大便,按糞二水八之比,小便則尿水各半。夏、秋、冬三季,不必施肥;在採茶終結後,以再施糞肥一次爲佳。樹旁之土,要設法鬆之,勿使凝結。其枝幹之頂端當摘去之,務使其枝條橫茁。其枝條橫茁,則三四年之後,分枝叢生,茶葉嫩茂且多。若不摘頂,任其孤挺直長,則分枝不繁而葉片稀疏矣。

優質之茶,以爛石地爲最上,瓦礫地次之。惜此等地難以種植,亦不易栽培。其次以高山峻嶺、黄土斜坡、霧露雲煙經常籠罩之處爲佳。

土性各異,要之在乎變通。因地制宜,端賴人事。雖膏腴之土,若任其荒蕪,荆棘叢生,草茅聚長,則與不毛之地何異?盡人事,勤考察,則雖瘠薄之地,亦可灌潤之而使其膏腴。

地土類

茶始於漢,興於唐宋,與外洋互市以來,至今日益求精製,其法日進;四大洲之茶種,亦均自中國播遷。

中土之紅茶,以江西寧州、福建武彝一帶爲最上,兩湖崇陽、羊樓洞等處次之,河口、湘潭等處爲最下。

緑茶以安徽婺源、浙江湖州爲第一,其次爲屯溪、平水、安徽⑦、寧紹等處。

其餘蜀、黔、兩淮、兩浙、大江南北、嶺南、八閩、台郡[4]等,皆産茶,然多供本地人自用,而唯以閩之巖茶爲最上。

東洋近年産茶頗多,惜其種植、培養、製造、香味等,皆未得其法,故遠遜中土。

印度等處,雖土地肥美,但其培養、採摘、製法俱失其宜,故其味腥,葉亦粗大。

地土肥美,故上乘,磽薄次之者,此人所皆知也。亦須知人定勝天,況於地利乎？唯茶性畏寒，故獨北地隆寒之處，茶樹甚罕焉。

〔緑茶〕**採摘類**[8]

茶之發芽，始於清明節，擷茶宜於穀雨時，即西曆四月杪五月初也。

茶葉宜乘早曉帶露之時採之，蓋其時含霧露氤氲之氣，地脈上騰，其葉充溢精華，故味濃香烈。

茶葉宜俟其半舒半捲即一旗一槍，葉背猶有白毫，葉面色如翠玉時爲佳。採摘半舒半捲者，譬如少壯之人，血氣正盛也。

茶芽初出時，遍被白毫，若於此時採摘，味薄無香，葉片不多，而茶樹亦因之傷壞。

又倘若已逾半舒半捲之時採摘，則葉盡舒將老，精液已枯，香味亦失，製做之時，多成粗片，徒費資耳。

雖採摘及時，若路途遥遠，中途因烈日曝曬，其葉如經湯蒸，其氣炎炎，名爲曬青，亦變其香味矣。

若種茶之地畝曠大，其間草茅未能盡鋤而去，致使雜草高伸，與茶樹相齊，須小心選採茶葉，不可貪多攫捋，萬一毒草混雜其間，撿擇未浄，其遺害非啻淺小也。

茶樹發芽三次，初次在穀雨，第二次在黄梅之時，第三次在禾苗揚花時。但初次採摘不可過度，恐礙第二次之發芽也。第二次之採摘亦倣此。

〔緑茶〕**製做類**[9]

紅茶、緑茶，其製法各異。先論緑茶製法：茶葉一經採摘，不論帶雨露與否，即熾炭火於鐵鑊之下，以其鑊發紅爲度，再將茶葉倒入鑊内，用手不停炒軟片刻，隨炒隨搓，至粗成一團塊，即移至别鑊[10]。

其别鑊之下亦熾炭火，但其火勢不用甚烈，以鐵鑊微熱爲限。而將已成團塊之茶葉倒入鑊中，用手抖開團塊，邊抖邊搓，及至葉葉捲結，再將其移回前之赤熱鐵鑊内，隨炒隨搓，至茶葉盡乾爲度。如此者，名爲“毛茶”。倘若其茶梗老大，葉片甚多，則分發工人揀取之。若老葉茶梗不多，則不用分揀。

準備竹篩十一二隻,其篩眼自大至小,依次遞減。最初用頭號大眼篩,篩除茶梗及老大葉片。次用二號篩篩過,將篩面所遺之茶,放入頭號篩之竹盆内,稱之爲"頭篩毛茶"。三號篩以下皆倣此,依次遞推。

經此過篩之茶葉,分成十二等,每等皆放入風車[5]風車之製法詳下搧過。自子口第二出口、正身第一出口分出後,發女工揀擇。揀擇畢,則下鑊磨光。其鑊以磚砌爐,高約二尺許,一人兼顧兩鑊,其下熾炭火以熱鑊,製做者站立於爐背,以兩手搓磨兩鑊之茶葉,觀茶葉之色澤,以定時間之長短。

初炒名曰"磨光",再炒名曰"作色",三炒名曰"覆火"。倘磨光作色後,其色尚參差不齊,再發女工揀擇,稱之爲"覆揀"。如此即告完成,可裝箱出售。

麻珠花色者,將第八、九、十號篩内所取之葉放入風車搧過,去其輕飄者,以其結實者如前法炒磨三次,大約共需四小時。其葉以圓結、帶光澤、青翠色者爲上。如右完成後,裝入鉛罐,密封放置;待全幫做就,取出均堆。此時再覆火或不覆火,俱視茶之香味如何,天時之晴雨、消(銷)場之遲早而定。

賓珠花,第六、七、八篩内所取者。亦置風車,去其輕者,取其重者,如前法炒磨,以圓結而無蒂梗者爲佳。倘有蒂結,則色雜而不純矣。其製法與麻珠相同,但炒火磨光之時間較麻珠減半。

芝珠花茶,即賓珠、麻珠經風車搧剩所取者,去其枝梗、三角及粗片,務使粗細相均,大小齊一。其炒磨時間,又較賓珠減,但顔料較賓珠略多,而作色之功夫更多於賓珠。以其葉體既已輕盈,大小亦略别也。

賓圓珠茶,其葉爲第四、五、六篩内所取者也,其作色等之法一如賓珠,炒磨時間亦與賓珠同。此茶[11]軟嫩粗大之葉俱有,故炒磨、揀擇皆要精細,要火工十分,而後方無輕鬆之弊。若不如法製作,則全盆之茶色,不免精粗襯見。

副元珠花色者,於第三、四、五篩取之,此花色之茶,以大葉片居多,炒工時間與芝珠相等,惟作色略難,以其形體雖圓而帶鬆之故也。形體既扁圓不齊,若下顔料稍輕,則其色淺;若下顔料稍重,則其色深緑。茶之貴者,在其色不淺不深而帶翠。故水要清碧,揀法要純浄,色要整齊,葉要青緑,方爲上品。

熙珠花色者,其茶乃於頭、二、三、四篩所取者,[6]似圓非圓,似扁非扁,似長非長,取熙春珠茶各樣之粗者而成之,即所謂四不像者也。其炒磨之工,少於副元珠,* 其作色最難。

鳳眉花色茶,乃於第五、六、七篩所取者。其葉形如蠶蛾之眉,兩頭尖而中央大,長約四五分,緑茶中之最美者也。此花色葉片尖嫩,感透霧露,乃一旗一槍之葉。製成之後,結如鐵線,不短不長,正好爲之。若夫粗大之葉,以梗直之性,縱有巧工,亦弗能變易。此茶炒磨之工,與寶圓珠相等,揀工則過之。

蛾眉花色茶,乃於第六、七、八篩所取者,比鳳眉更嫩,亦爲佳品。但水味則遜於鳳眉。以其承露少之故也。其製法,炒磨之工,稍遜於鳳眉,而篩做之工,則倍之。長約三四分,兩頭尖小,與蠶蛾之眉相似。

娥雨者,其茶第六、七、八、九篩所取,乃近於枝梗之茶葉,係鳳眉、蛾眉兩種由風車之子口搧下之正身也。炒磨之工,比副圓珠稍遜,其作色則不易也。帶梗之熙春,亦有入此花色之内者。

三號芽雨者,其茶乃第七、八、九等篩所取者,俱近於枝幹之葉蒂也。其味遜於娥雨,炒磨並作色之工,與娥雨相彷彿。此根蒂之茶,乃聚珠茶、熙春、鳳眉、娥眉各葉之蒂而成者也。惟篩工要精細,以其内混有蛾眉、娥雨之故也。

熙雨者,其茶乃第七、八、九、十篩所取者,俱爲葉片。炒磨之工,遜於三號芽雨,水色略濃厚,而其味與三號芽雨相似,全爲粗幼葉片相聚而成者也。

眉熙,其花(茶)乃第二、三、四篩所取者,其葉在不老不嫩之間,以飽餐雨露之氣,故爲茶味之最正者,而水亦最清碧者也。炒磨之工與鳳眉相等,作色亦易,惟篩工與揀工宜精不可簡。其茶兩頭相等,稍大於鳳眉。

二、三號熙春,乃於頭、二、三、四篩所取者,其炒磨、作色之工,稍遜副元珠。但二號熙春稍細,而三號熙春稍粗,故其製法略同,而其名號有二號、三號之别。水色及味亦與副元珠難分高下。條索直而不糾結,長約五六分。

松籮花（茶）者，乃頭、二號篩所取，爲所有茶品中最粗最大者。其製法較熙珠爲遜，僅於遠離通商口岸之地有之。此茶不多製，以其賣價少而做工等費不稍減也。

綠茶之炒磨。司火色者，應常行走於炒鑊兩旁，使炒工不敢怠慢。如其茶色均勻而無燒焦之弊，則於工資大爲有益，餘皆倣之。

綠茶贅言

綠茶製法有二，一曰炒青，一曰烘青。炒青之水清碧，其香也烈，其色翠，其味長。

烘青者，其香緩而不遠透，其味短而色黃，其水帶紅而渾；故綠茶宜炒不宜烘。烘青之法，將從茶樹所採之葉，略炒即烘炒青火勢熾於烘青，故曰炒青。日本之製，烘之者多，故茶葉不糾結。其耗工雖少於炒青，而功用遠遜於炒青。

出洋之綠茶，必用滑石粉並乾洋靛。二年前，據洋人醫士之考究，謂此二物食之傷人，故有將平水茶燒燬者。蓋平水茶用洋靛、滑石甚多之故也。

余按：滑石者，利竅、滲濕、益氣、瀉熱、降心火、下水、開腠理，發表之功用良多，何害之有！至於洋靛之物，其性輕揚，以滚水泡之，盡浮出水面，以氣吹卻，或泡滿之時，令其水溢出，則靛隨泡沫而去，何害之有！如不用此二物，茶色不能純一也。滑石粉以粉紅色爲上，乾洋靛塊以掰開後，色如碧天者爲妙。

每茶百斤，大約用洋靛九兩十兩，滑石粉亦大約以此爲準。但此份量，係就平常之茶而言而已。應視茶之粗細、老嫩，以及市場情況、買主意向，顏色之深淺、輕重，酌量增減之。

綠茶罐箱裝藏類

裝茶之鉛罐，大約可容納四十斤左右。其罐每隻大約重三斤，以綿紙、沙紙或皮紙等裱固四方，上開一口，如鵝卵狀。別設鉛蓋，封其口。以口長約五六十，横徑大約三四寸爲便。

鉛罐要厚薄均勻，切忌偏薄偏厚，致易破損。

凡鉛罐，按每百斤鉛加錫五六斤熔鑄之，則堅固而不軟柔。

凡造緑茶之箱，其板材宜用逾年之陳松杉，始不壞茶，並得以久貯。蓋茶經幾度用火炒焙，其體極乾燥，而土地不論何物，總有香臭、濕氣者。與之並置，茶必全攝入其氣味，其理與硝磺遇火即燃一様。

做箱之釘，以約七八分長爲適用。若過長，則横穿板外，恐有傷及鉛罐而受潮，損壞茶葉之虞。

茶葉裝箱之際，尤須注意，如裝之不緊實，則雖無霉濕透風等弊，然内鬆而虚，致茶氣外洩而失其味。倘裝箱緊實過甚，則茶葉多被擠碎，雖不走味，片末必多。故裝箱之法，宜緊而不逼。

封藏宜慎。當四五月梅雨之時，其茶火工雖足，苟不慎藏，大約旬餘其香即洩，月餘其味即變，兩月餘其茶霉壞矣。蓋四五月之際，地氣上騰，天氣下蒸，雖無雨澤，太陽稍烈，尚且難堪蒸鬱，況乎苦雨連綿，暴日與淫霖交相肆虐；雖深藏高閣、秘貯重樓之物，尚且霉濕，何況茶藉火氣歷煉而成，至燥至涸，遇物即易感攝，故宜藏之慎密。

茶箱有“三十七”“二十五”之分。“三十七”約可裝四五拾斤，“二十五”自三十餘斤至四十斤。每箱内放裱好鉛罐一隻，秤量茶之斤數而裝之。裝要緊實，不可稍鬆。裝畢之後，再視其箱之額定重量，根據每箱之斤兩一律秤準，不可有輕有重。

本箱亦然，如箱茶輕重不均，虧損非小。蓋發售交易之時，任由買主選擇各花色數箱，逐一秤過，全盤之斤兩，即按擇樣之量推算。此事雖細微，然資本之所賴，豈可忽視而致爲山九仞，功虧一簣乎！

〔緑茶〕製法宜精〔類〕[12]

夫茶取幼嫩之葉，而成各等花色，其製法不可不詳。寶珠、鳳眉、蛾眉、頭號眉熙之類，與松蘿、熙珠、熙雨[13]等，茶葉雖同，而其價值之相去，有天壤雲泥之别，此皆因工作草率而不講求精法之故。

凡生意者，謀其利也。彼此同一貨色，在同一銷場，一則價高而獲大利，一則售少而損資本。當此之時，豈可不咎己謀不周，反怨命之不好哉。

篩茶之法，其初分篩毛茶爲十餘等，至於何等花色在何等篩内，已在花色則例篇内詳述之矣。

凡篩法,以兩手平持其篩,所篩茶葉遍佈篩面運轉,不見篩眼爲妙。如見篩眼,則其茶必偏厚偏薄,粗細不均矣。

〔操篩前〕應先知所製爲何種花色,如珠茶之類,持篩稍斜爲佳。其茶或有結實之黄片,或有與好茶輕重相等之老葉,分篩之時,宜先以播(簸)箕等播(簸)去之,而後如法製做。若不播(簸)去,則製作之後,不堪雜色〔干擾〕。蓋此等葉片老嫩相混,風車不能颺去,揀工亦甚費力,揀不勝揀,而致老嫩相半,花色粗老,片末皆三角峯也。

掮颺之法。茶之花色既成珠之時,颺法亦當因之而異。頭號之子口與正身,其輕重略殊,苟颺之稍重,則子口之内,正身溷入;颺之略輕,則正身之内,子口潛藏。

務宜視茶之等次,以定掮颺之輕重,蓋必分其子口與正身之茶。要之,取其揀擇易也。苟不分輕重,則徒費工夫,耗揀資而已。又,不分輕重,則揀頭之内,多溷擇佳葉,以致成數亦減少。故花色之眉目等次,以風車分篩最爲重要。

篩掮既得其法,炒法亦要熟諳。蓋炒茶之法,以火色最爲重要,次則勤爲轉磨,三則調合顔料。如此則無花色焦雜之憂,無顔色過淺過深之慮矣。

如寶珠、麻珠等要光滑之物,火勢宜酌情匀慢,不可炎烈。蓋炒磨得久,方能去其芒而生滑澤。如火勢猛烈,雖勤炒拌,使無焦黑之憂,然水味終不免帶焦氣矣。

火勢之緊慢,炒工之遲速,宜視茶質之乾結潮鬆而衡定。至於顔色,則視市面之棄取、好尚,酌情變通之,不能預決也。

篩炒、掮揚既明,揀擇之法,亦宜曉之。凡毛揀,則只去其枝梗及老葉、硬片。頭二篩之茶,其鬆黄粗大,與本茶不相合者,皆剔去之;葉片中如有半粗半細者,則去粗留細。

珠茶等類,則取其圓者,去其扁者;要其結者,捨其鬆者。

鳳蛾眉等,則以去其枝骨,並鬆扁或斜圓等類爲最要。眉熙類,則取其圓結兩頭相等者。若芽茶娥雨花色,則去老梗、黄片,除粗梗枝骨。熙珠松籮，則視全盆之精粗，而定揀擇與否。如此則緑茶品色雖多，篩擇之法亦大同小異，可以舉一反三矣。

器用類〔略〕⑭

製法既要講求，器用亦不可不考。工欲善其事，必先利其器。夫各花色之等第，俱由篩眼分出，故花色之毛糙、精美，惟篩法之良否是賴。

篩眼要均匀，勿有疏有密。作篩之竹要堅，篩形以圓而稍帶扁，平滑無凝滯者爲佳。

篩之等次，從頭號至末號，凡十八九號。篩邊高約二寸，其四圍以藤捆紮結實，篩底縱橫貫以稍粗之竹條。何歟？蓋以緑茶有珠娥等花色，其體質較重，篩久則篩底恐或中陷成窩之故也。

篩法既略言之，可述風車之工：風車式樣高約四尺，上有一木製承茶斗，其式樣上闊下窄。上闊約二尺半，下長僅五六寸，闊約二寸。自上而下逐漸收窄之故也。承茶斗大約可承茶五六十斤。

風車式樣，下有四腳，上爲半圓半方之車身。半圓之木以木板六片圍之，形如車輪，並以鐵條貫穿圓筒兩頭，架於風車之中，使其旋轉生風。所謂半圓半方者，以其半置車葉之軸心，其式作圓形；另一半四周皆寬約一尺餘，作方形，但其式略小，所以束風也。風車之上開一小口，長約五六寸，闊約一尺，與承茶斗之小口相合，使茶注下。又於承茶斗下端置一小板，較小口略大，作爲開關。往上裝茶時關之，搧揚時啟之。車身之下置有斜板，中間隔以木片，分爲兩道。茶葉經搧揚後，其重者由楅内出，其輕者由楅外而下。子口正身，即由此而分；灰末之類，全由風車之口出。

緑茶緣起類略

緑茶興於乾隆年間，初於粤東香山之澳門與洋人互市。其互市之法或用銀買，或以布匹、羽毛、煙土、器用、貨物等類相貿易。繼之，於粤垣[7]太平門外，每國設一所洋行，其通商者共十三國，故名"十三行"。其互市之法，與澳門同，而以資本大者生意爲盛，彼此獲利也厚。其誠信相孚，在生意場中爲自古以來所未之有也。其所以遷於省垣者，蓋以澳門離省垣太遠,挾貨財來往者,常有盜賊劫掠之憂,故洋人恐生意難以暢旺。此時貿易,以絲茶爲大宗,而廣東絲出於順德,茶産於清遠後山者居多,從各處運往者,必從南雄州出發,經清遠、三水、佛山鎮等處,聚於省垣,故洋人遷此也。其時彼此語言不通,規例亦異,買賣皆由通事館經手,故粤之潘、盧、伍、葉四大家,其資財與山陝元家及蔚氏相伯仲,幾富甲天下;皆由經營洋務絲茶致富也。其後,通商港埠增開四所,生意亦隨之四分,初猶彼此共獲微利,後則洋人耗竭,華人倒空者不可勝計。世易時移,至今局變日異也。

其初,每箱盛八十餘九十斤者,名"方箱"。每幫茶額,必過千箱,方能易售。後則日漸變小,其資本較前亦稍小,箱數則一仍如前之多。茶之花色,初則不過珠茶、娥雨、熙春、大元珠等四五種而已;然茶之水葉粗毛,其顔色與製作絶不可與今日相較。

其初,洋船每年往來不過一次,聰明智謀之士得以展其才,壟斷之人可施其技,故獲益多而虧損少。近年來,東洋已開設通商口岸,盛産茶葉,幾與中土同,因此中土茶價日低,銷場亦日滯。惟幸東洋之製法遠遜中土,其茶葉不能久貯,容易霉壞,故洋人捨東洋而不顧者多。若東洋勵精求進,則必至於與中土相抗,何況美國金山、英屬印度,多從中土買去種子,講求種植之法;茶樹日益繁盛,製作日益求精,假以三數年,亦可與中土相等。故種植、培養、製做之法,務當急急講求。或以余言爲不信,請看現今市面情況,並與洋人討論,諒知余言之不謬。蓋此事關每年數千萬巨額之進出,故抱杞人憂天之心,不得不爲之贅述也。

烏龍製〔做〕類[15]

烏龍以寧州爲最佳。其法:首先將從茶樹摘取之生葉,在竹蓆上鋪開,太陽之下曝曬,至稍軟,以手撿起三四片葉,將葉尖與葉蒂對摺,其葉柔軟如意而不折斷,則收起。倘梗仍脆,則再曝之,必欲其葉柔軟爲合。

收起之後,以手搓揉,至每葉成索時,將其置於竹木等器内,以手略壓實,盖以衣物絮被等,約片刻後,其葉由青色盡變微紅,而後放進燒紅之鐵鑊内炒之。

其茶炒至大熱，則移至微熱鑊内，隨揉隨炒，至每葉結成緊索，則收起，貯於竹木器内，以手略壓實，以物覆其上，大約一小時許，俟其葉變成紅色，則移置於竹焙竹焙形制詳下中焙乾。如此做成者，名“烏龍毛茶”。其篩做之法，與紅茶相仿。

紅茶製做類

紅茶，將從樹上摘取之生葉，先置於太陽下攤曬，待柔嫩而後收起，以手搓揉成索。如其葉量多，可改用脚揉踏。揉成條索後，貯之於器内，其上覆蓋如烏龍之法。俟其葉盡變成微紅色後，再起出，放置太陽處攤曬。至半乾，又收起，皆放回器内，用手壓實，蓋以衣物，使葉變成微紅色。

葉已變爲紅色後，再起出，於太陽處攤曬，以極乾爲度，此即毛紅茶也。

毛紅茶既乾，則收起，將其分篩爲條索。

若有圓如珠者，取置别器，再次製做；如有釣鈎者，去之存其直者。去鈎之法，其茶從篩眼抖出只將篩抖動而不作摇舞時，直者撤於篩眼以外，鈎者留於篩眼之内，故或用碗，或用手，撥斷篩内鈎者。如此一來，直者自然落下，鈎者尚留篩中。撥去之法，以手工爲佳；以碗硬，恐易損碎其茶。其鈎者放置别器，另外製做。

其抖出之直者，視乎茶之等第，即用風車搧過，分爲正身和子口，然後揀擇。倘若毛茶太粗，宜先毛揀而後再分篩。

倘子口之茶從頭二篩篩出，輕重、粗細不均，黄、黑花相雜者，或未分篩之毛茶，從子口搧出者，皆俱於子口之處再行製做。製做子口茶之法：分出茶之等第，太粗者研細之，太輕者去除之。若又黄黑花雜甚者，則不得已以蘇木水蘇木水要濃紅，將茶葉放入水内僅浸二三分鐘，取出後或日曬或火焙染之，使其色澤純一。

其茶珠與茶鈎於製做茶珠處再製做之。製做珠鈎等法，以手輕輕揉捻茶珠與茶鈎，使其成片或成短條，再過篩、分等定第。經風車搧過，如有茶身略圓者，發揀工除去其枝梗、黄片，而後再經火焙。至均堆時，又覆火一次。均堆法詳後。

其粗片並末子置於製做片末處,如法分篩抛抖。其凝重者用篩先篩出;輕粗者,聚於篩面,以手將之掬去。其凝重者,以風車搧過,攤夏布於竹焙上火焙。用夏布者,取其疏達也。至均堆時再覆火。

〔**紅茶揀擇類**〕[16]

司揀人及揀茶處之巡察人,最宜注意防止揀茶工做茶頭故意將好茶變色做惡茶,並要防偷漏。至於緑茶之揀頭與好茶顔色雖稍有參差,但易於分別,且其發出、收歸皆經稱量,故其弊尚少。紅茶則茶頭與茶身相似。揀茶之婦女,積習成性,不知廉恥。因其司揀者,皆用當地人,揀茶女先以甜言巴結之。茶之發揀,一日數次。揀茶之婦女於發揀之時,多霸取三四盆放於自己位置,囑相善者看管。自己又往別家揀作。如此,有一人兼揀三四家之茶者。其茶頭做法,先以茶水噴濕地面,而後覆以布巾,亂拾茶葉,抛在巾内,至於所揀茶之好醜,則非所計,只謀茶頭多也。蓋茶已經焙炒乾燥,一經潮濕,則驟然鬆黄。且俗例於日暮時秤茶頭,以計工之勤惰及酬資多寡,故有一人兼得數人之酬資者。故於檢驗時須洞察之。但司驗與司揀者上下其手,難以查核。而若聽任彼等之所爲而寬恕之,則吃虧非小。故擇司揀之人,不可不慎。

紅茶要略類

紅茶取緊而成索,黑而有光澤者。頭篩茶即使是片末,皆須顔色純一。其茶忌葉粗鬆而不成索,其花色忌帶雜黄。倘遇有珠鈎等,均堆之後,因珠鈎礙眼而見製作粗糙,故此等茶葉,要再行製做。

紅茶篩法,要視茶葉之粗嫩加以酌定。茶粗者宜用一二等小篩,茶嫩者宜用一二等大篩。何歟? 凡葉粗則大,葉嫩則細;其葉既粗,復用大篩爲之,其葉必更粗;其葉既細,復用細篩爲之,則其葉必格外細小,以至幾成片末。

茶粗而大者,人皆惡其糙;小而細者,以其將成片末而不可取。故葉嫩者必製之使其略粗,則人見其糙,反好而悦之。是以葉粗者製之使其略幼,則人知其粗而不見其糙,故亦勉強取之。是以紅茶製法必須講究,非變通不可。

紅茶火焙等類

焙工之法：先燃熾炭火，必使其通紅，可添加柴頭或未燒透之木。不可使煙薰氣騰，或炭火爲灰所掩，有所偏旺偏弱，致火勢此熾彼衰；又或炭火通紅暴露，毫無灰掩掩灰以薄，不見火面爲度，竹焙燃燒殆盡；又或積灰厚至一寸而不除去，致使其火勢有亦如無。凡此數端，皆焙人之咎也。如此製茶，則茶葉或燒焦，或帶煙火味。故紅茶製作之做青、揀擇、分篩、搧颺、火焙等工序，都非常緊要。

火焙式様。取黄土鋪地，高約五寸，闊約三尺，其長度不必相等，視地方大小而酌定。於中間掘圓坎，直徑約一尺左右，深約七八寸，每坎相距數寸，挨次排列。其竹焙以竹片製作，如蜂腰式，中間狹窄，兩頭圓大，徑約兩尺左右，再以竹篾編織成蓋，竹焙内放入茶葉烘焙。

紅茶之篩與緑茶之篩相比，其邊稍矮，底部穿以竹片。蓋紅茶以取條索者爲要，故用底部穿以竹片之篩者，欲其無滯，易於抖出也。

紅茶總訣

紅茶以條、色、香、味四者爲要。其條索要結實勿鬆，兩頭皆圓，粗細均勻者爲上。其色在沖泡前如鐵板色者爲佳；開水泡開後其色如新鮮豬肝色並帶朱紅點者爲上等。茶色貴在純一，最忌花雜、枯槁、焦黄；以潤澤而耀眼鮮明者爲美，其味奥妙殊深。要之，應以甜滑生津而不澀，飲後雖時過而猶芬芳甘潤，有一種難以言狀之奇味，齒頰留香者爲最上。其次爲馥郁濃美，生津滌煩，除渴卻暑，消滯去脹者爲上等。紅茶之香出乎天然，亦賴製做之功及薰襲之法。所謂自然之香者，乃天然道地之美，其葉芬芳，香遍四座，清香馥郁，沁人心脾。飲之則齒頰留香，臟腑如霑甘露，令人難忘也。

製做之香：不論茶葉嫩否，端賴專心致志，如護奇珍。諸如剔除粗糙枝葉，火工、製做、收藏等各法皆需精益求精，毋有失當。故火工掌握得法，其香氣即能長久保存。蓋製作精美，則本香存而不失也。

薰襲之香：用茶葉稍粗，茶之本味不甚馥郁者。其法於茶炒焙後，以茉莉、玫瑰、珠蘭等半開之蓓蕾與茶葉相拌，然後加以密封蓋好。如此，三數日後，花之香味，便盡爲茶所吸收矣。

紅茶贅言

可詳述紅茶概況並略述其緣起。中國紅茶運往外洋，始起於俄羅斯。其初，由陸路經山東、北直隸等處出長城口外，一直運到"買賣城"地名[8]，與俄商交易。俄商或以銀兩購買，或以皮貨、絨毛、參茸等交易。其茶略過篩後，即裝箱，用竹篾等綑包，以駱駝、驢馬馱運。及海禁既開，外洋富商大賈，俱由海上航運而來。綠茶出口，皆由海路。紅茶除美國外，諸國皆喜飲，而尤以英國爲最。茶葉箱裝，分大號箱及二十五號箱兩種。大號箱初裝八十餘斤，現略有減少，改以七十二斤爲度。二十五號箱，以四十二斤爲準。大號箱之鉛罐約重七斤，二十五號箱之鉛罐，重四斤十二兩爲準。所用鉛罐，每百斤鉛，要摻五斤銅錫熔勻鑄成。木箱以經年雜木板製做者爲佳，取其無木質氣味也。惟箱之兩側及底部和蓋板，均以兩塊板併成者爲妙，如由三四塊板併成，則不夠堅牢；銜接處宜以竹釘加以貫合。

防弊類

紅綠茶製做處，用工既多，事尤繁雜，務須分工明確，各盡其職。其人事設總管、副總管，以下爲秤手、司帳、司銀、巡查、雜務、作頭、監篩、包工頭目、管焙、支莊賣茶秤手，此皆茶莊固定之職位。其餘如風車、篩務、看焙、管火色、司揀等各種上等工人，並散僱之日工、揀茶婦女等，都要選好。而總管及幫總其人，最不可不擇。

主事之人如得精明廉達之士，則能察諸人之賢否，授之以事。授事後，更須觀其勤惰，考其事功，以定升黜。事無巨細，務必親自考核。上自各執事，下至散工，皆事事留心，纖芥勿漏。如此，則必事半功倍，生意興旺，市利倍蓰。

若主事之人結黨營私，貪污自肥，凡事但求其一己之私利，所僱之人，又多係非親即故，庸碌無能之輩。其中即令有精明廉潔者，彼等亦必排擠誹謗之,使其不礙己,或克扣銀之成色,或克扣錢之數。舉凡營私舞弊,無惡不作。故司總之人選,最爲不可不慎。

所選司總雖屬廉明,但因事務繁瑣,所用諸人泰半係本地人,在分授其職後,單以一人之耳目,察衆人之賢否,亦屬甚難。故有幫總、巡察各職司負責稽察考核,方可無蒙蔽之患。是以巡察之任,其所賴實重,必須慎選其人。苟巡察等得其人,諸弊可去其半。惟對於司帳、秤手,及司銀等職位,司總務必須時加稽察,要注意司帳有否貪吞貨款?有否與人合謀營私?檢查司銀有無虧空及克扣等舞弊。

秤手必用本地人,以其語言相通,便於貿易。此亦要謹慎。蓋每歲茶市,數旬之間就過去,前來與之買賣者,其中或有本地人之親族朋友,故貨色評級高低,作價上下,斤兩參差,必須時刻留心,以防作弊。以上各端,利害關係最大。至於東家與司總務,必須專心體察,以防其弊。其利弊之小者,則責各司事人時加體察,事事檢點,約束散工,使其不懈。並宜密爲稽查,以防偷漏。茶莊之内,所僱用長工散役,日以數百計,其間良莠不一,常有偷竊之虞。如日懷一斤數兩茶葉俟晚間歇工時,懷挾帶出;或内外串通,先將茶葉捲於席、藏於袋,待五更人静時設計偷出。如未發覺其行爲,即會有再次、三次而不已。至他日茶葉做成後,雖追究茶葉總量低少,亦不可及。故防止偷漏,不可不慎密。

紅茶均堆裝箱類

紅茶已悉數製畢後,從頭篩至片末各等,皆大略過秤,安排等次,以便均堆。均堆之法,底下、兩側及後壁三面用光滑之木板釘妥,而後先按頭號篩茶,二號篩茶及三號篩茶依次排好,其次再排粗片末子;之後再順次排四號、五號等。順次倒入茶葉時,務要注意茶色能否配合。而每號茶葉均需薄攤排列,厚薄要勻。如右排妥完畢,則以鐵製鋤鈎自邊緣起,順次鈎拌均勻。裝茶之竹器,須先秤過,以求輕重一律,而後放茶於竹器内過秤,務求輕重一律,最後送交裝箱處裝箱。

裝箱之法,先裝茶半箱,用腳踏箱之四角,務使四角茶葉緊實。然後再倒入另外一半,仍加踏實,務使箱内茶葉四周平滿,無低陷尖高爲佳。

如右裝妥完畢後,再過秤;秤準後,封口釘箱,至此即告完成。

時要須知

早春茶。早春茶之製做、裝箱要速,訂價時其價錢稍爲有利即應發售,不可猶豫不決。如價錢下落太甚,必籌酌自己之資本及市面行情,苟資本少而不能持久,或雖能持久而預期日後也無利可圖時,亦應迅速出售爲佳。蓋僅損失些微資本,卻擺脱難以揮去之行情憂慮,心身得到安逸,尚能另求經營之道,可望"失諸東隅,收之桑榆"也。

二三春茶,亦應趕快製成,務須視早春市面,外洋信息及眼前行情之漲落,衡量出售之遲速。凡行情驟漲,則可觀大局速售,切勿居奇;若行情驟落,應細察其緣由,切勿只圖迅速脱手。孔子對子貢教曰:"人棄則取,人取則棄。"[9]得此八字要訣,籌酌變通,則生意之權衡,可思過半矣。

篩工資力宜惜類

篩工衆多,日達百數十人,如朝起稍晚,開工期間又經常停息,則徒耗工資,遲延時日。又早晨遲起,及夜猶未停工,此多耗蠟燭、燈油費用。總之,工作要勤,又要愛惜工人勞力。夫製茶多在夏季,如早起精神集中,氣温清涼,故人不覺其倦,製做必勤。至午時則限時休息,以維持體力。蓋休息片刻,其力可舒。不知者以休息爲誤工,而知者以之爲趕工。如朝不早起,終日不停工,繼之以夜,則不知者以之爲趕工,但知者以之爲誤工。何歟?蓋體力有限,在炎夏烈日之時,雖無事之人尚且困倦,況做事之人乎?如不能休息片刻,又繼之以夜,豈能堪哉!故宜愛惜工人之力。

裝運要略須知類

此一段略[10]

水色功用略類

凡緑茶水色,以清碧爲最上。所謂清碧,即如柳葉初舒之青翠顔色。歷一小時,以其色尚清澄者爲上,以渾濁紅黄者爲下。

品賞法。以湯匙舀取少許以氣吮吸,使其氣直透臍下,以芬芳清烈,留香齒頰,舌底生津,滿口甘甜者爲上,如有霉氣、惡臭觸鼻或其味澀口者爲下。

緑茶功用。能消滯、去痰熱、除煩渴、清頭目、醒昏睡、解食積及燒炙之毒。但以其性寒,故勿多飲。多飲則消脂肪,寒胃,瘦人。緑茶以嫩者爲良,粗者於人無益。

紅茶水色。紅茶水色要濃厚,不渾濁淺淡者爲佳。茶一入口即覺甜滑甘美,香澤之氣,緼緼滯留喉間者爲上。如澀舌澀唇,其味腥惡者次之。

紅茶功用與緑茶稍異,能中和消滯,解暑療煩,悦志醒睡,下氣利温,亦微有消脂之功。微醉時,宜稍飲以舒酒力。若酩酊大醉時,則不宜飲,蓋茶汁會將酒氣引入膀胱,恐爲患及腎。

凡煎茶之水,宜選其美者,隨各地脈之宜取之,如江南金山寺之〔南〕零水,無錫惠泉山之石泉水等。如其處無醴水甘泉,則擇清碧潔净之長流水爲好。

盛水煎湯之器皿亦宜選擇。茶與水品雖俱妙,若用帶惡臭氣味之銅、鐵、錫製之器皿煎之,飲後腥惡之氣繞滿齒頰,猶如“朝衣朝冠,坐於塗炭”。故煎湯之器皿,以銀器最妙,瓷器、陶器及紫銅器等次之。

茶、水、器三者雖然俱佳,如用敗木、污柴、腥草、惡葉、油炭等煎之,則其味惡,與用敗器者同;而苟柴薪雖美,若烹水之法不善,亦失其味。蓋水未沸時,揭蓋觀望,致煙火之氣流入器内。又如水既沸,任其煎而不顧者是也;而又或注茶葉以沸湯時,緩急不均者,亦失其味。蓋注湯急,則茶葉向外漂揚;注緩,則其葉難開,其味薄。凡此等類,皆能損失茶湯真性。故品茶之道,豈可言易哉?

注　釋

1　本叙之前,日本内務省勸農局原版還冠有日人織田完之撰寫的《緒言》一篇,因其對胡秉樞及其《茶務僉載》所以到日本和在日本出版有

所關涉,故本書在將本文回譯爲中文收編時,不予删除,移此作注,以供參考:

《茶務僉載》緒言　聞歐美諸洲不産茶,如紅茶、緑茶,俱仰中國、印度,以故有中印之富源,亦在於茶云。見本年一月自中國廈門港出口美國之茶表,淡水烏龍 4 473 260 斤,廈門烏龍 3 538 631 斤。一月一國尚且如此,應知全年向歐洲諸國出口之多也。由此觀之,中印之富源,亦在於茶説,並非妄言。而"其茶皆山野自生,其製法亦至簡易"這種我邦園圃所栽培之茶,其産額固有限,又其製只循固有之法,其用亦僅止於國内。近來生産的一種本色茶,雖然已稍向美國輸出,但尚未能適應歐洲諸國之嗜好。抑四國、九州之地,山野自生之茶尤多,野火燒之,猶長新茶,如蕨薇然。是以稱茶爲本邦"天然之富源"亦無不可。官員夙已有見於此,曾從中國僱請吴新林、凌長富等,遣送四國、九州摘取自生之茶,試製紅、緑各色,惜其品位未能適於歐美需用。頃,嶺南人秉樞胡氏,携自著之《茶務僉載》來稟官,曰:"貴國茶質之佳美,實非敝邦所能及,而不適歐洲人之所好,製法未備也,願爲貴邦傳其製法。"官納其言,讓胡氏試製,果得精良之品。自今以後,我山野自生之茶,悉效此法,與固有之傳統製法並存,使其品位益加精良,本邦生産之茶葉亦能適應歐美諸國需用,而使中國、印度不得獨擅其美也。今方開其端者,秉樞胡氏也。此書乃出於其多年實踐經驗之餘者,於各地製茶家,所裨益者不少。此官之所以特刊佈此書云。

明治十年六月織田完之撰

2　洋莊,則自明代而至於今:胡氏此語不十分確切。中國茶葉作爲商品由海路輸入西歐,的確是始於明代後期。但茶作爲中國和西方貿易的主要物資之一,中國設立固定商行專門負責與各國貿易,這還是至清朝取消海禁以後的事情。至於各國在中國内地和口岸開廠設棧,直接進行外銷茶收購加工的所謂"洋莊茶",則更遲主要是中英鴉片戰争以後興起的。

3　杏月:中國農曆二月的稱謂之一。三月叫"桃月"、四月叫"槐月"、五月叫"榴月"……二月的稱謂除"杏月"外,還有"仲春""早春""蘭花""建卯月"等等。

4　台郡:臺灣。

5　風車:即風機。

6　此句原置於*,今據文意校正。

7　粤垣:廣州。

8　買賣城:原中俄邊界的恰克圖。位庫倫(今蒙古國烏蘭巴托)北約"八百里"。清雍正五年(1727)與俄訂立"恰克圖條約",准予通商,嗣又禁止。至乾隆五十七年(1792),復立互市條約,并以此作兩國互市之地。後劃分邊界,因舊街市悉劃入俄境,中國内地商人就在中國一側别建新市於界,集中國土産貨物與俄商互市,稱爲"買賣城"。

9　此句翻閲孔子論著未見。但在中國古籍中,類似的記載,如"人棄我取,人取我與",在在可見。

10　此一段略:爲日本勸農局版原注。

校　記

①　"敘"字前,日本内務省勸農局刊本(簡稱勸農局本),還冠有書名,作"茶務僉載敘"。此前日人織田完之所撰的"緒言",和此後胡秉樞的"小引"及"目録",前面也皆加有書名;本書收編時删,他處也不再出校。

②　茶:本敘勸農局原文爲據龍封脩手抄隸書刊印,故皆書作"荼"。

③　緑茶罐箱裝藏類:勸農局本"目録"原文作"罐箱裝藏類",文中標題爲"緑茶鉛鑵箱板藏類",本書譯編統一改作爲"緑茶罐箱裝藏類"。

④　緑茶緣起類略:緣起,勸農局本作"緑起",徑改。

⑤　裝運要略須知類:勸農局本作"裝運要略",文中標題爲《裝運要略須知類》,據文題增補。

⑥　在"目録"後與"種植類"之間,勸農局本原文還多一行"茶務僉載","清國　嶺南　胡　秉樞著"十字。本書編者省。

⑦ 安徽:此一省名疑誤。因句首"緑茶以安徽婺源……爲第一,其次爲屯溪、平水、安徽、寧紹等處",重出的"安徽"當是屯溪一類的省下茶區名。有可能是"六安""徽州"之誤刊。

⑧ 緑茶採摘類:勸農局本作"採擇類",據文前目録增補。

⑨ 緑茶製做類:勸農局本作"製做類",據文前目録增補。

⑩ 别鑊:鑊,勸農局本作"罐",據前後文文義改。

⑪ "此茶"以下本段内容,勸農局本原文抬頭作另段。本書譯編時考慮其與上面内容的連貫性,移此合爲一段。

⑫ 緑茶製法宜精類:勸農局本作"製法宜精",據文前目録增補。

⑬ 熙雨:雨,勸農局本作"南",據前後文文義改。

⑭ 器用類略:勸農局本作"器用類",據文前目録增補。

⑮ 烏龍製做類:勸農局本作"烏龍製類",據文前目録增補。

⑯ 紅茶揀擇類:勸農局本原書脱此題,據文前目録增補。

茶史

◇清　佚名　撰

佚名《茶史》,《北京圖書館館藏古農書目録》著録作:"《茶史》一卷,佚撰者名,抄本二册,與《花史》三册合訂,共五册。""一卷"云云,查非抄本所書,疑是北京圖書館編目時添加的。嚴格説,此書不能算史,只是將所抄茶詩、茶詞和七種宋代茶書彙編成册罷了。不過,因其中有不少他書不見的資料,所以還有一定的價值。

本文輯成時間,原書目闕未定,爲本書編時加。在徵求意見時,有個别學者以本文所録内容均出明人以前著作,主張題作"明代抄本";也有人以北京圖書館將此本只作普本未列入善本,提出可能出之"清末民初"。我們經初步查考後認爲,此兩説似乎都有失偏頗。所謂所録茶書和詩詞,"均出明人以前著作",不完全正確,其中有些人,如沈龍,就屬明末清初人,其賦其詩,很可能是其入清以後的作品。至於收藏單位未將此鈔本作爲善本而"只作普本",這也不能成爲斷定其爲"清末民初"的鐵據。因此我們取所詢多數學者的意見,將本文輯成和手抄時間籠統定之爲"清",餘地似乎更大。本書以北京國家圖書館獨本作録,對收録的内容,除爲節省篇幅、減少重複,對所録的長詩和整本茶書予以删略以外,對有些詩詞舛差,也擇要據原文和有關版本稍加校注。

茶史

經采書目

三國志　墉城集仙録　洛陽伽藍記　清異録　宋史　青箱雜記　嬾真子　清波雜誌　癸辛雜識　舊唐書　博物志　李太白集　述異記　續博物志　玉泉子　西溪叢話　避暑録話　歸田録　澠水燕談録　墨客揮

犀　畫墁録　侯鯖録　金史　閩部疏　泉南雜誌　雁蕩山志　解脱集　鶴林玉露　研北雜志　夢溪筆談　東坡志林　物類相感志　楊升庵文集　雨航雜録　紫桃軒雜綴　紫桃軒又綴　六研齋筆記　巖棲幽事　金陵瑣事　露書　中朝故事　甫里先生集　芝田録　採茶録　新唐書　南村輟耕録　遊宦紀聞　墨莊漫録　偃曝談餘　清暑筆談　適園雜著　岱宗小稿　黄文節公文集　白氏長慶集　樊川文集　林和靖集　朱文公全集　宋元詩集　淮海集　匏翁家藏集　太白山人集　甫田集　文起堂集　黄凋集　隱秀軒集　東坡詞　吴歈小草　松圓浪淘集　汲古堂集　蘇文忠公全集　檀園集　譚子詩歸　黎陽王襄敏公集　歐餘漫録　太函集　梅宛陵集　欒城集　元豐類稿　雪濤閣談叢　范文正公集　容台集　因話録　鍾白敬遺稿　北夢瑣言　石林燕語　趙濤獻公文集　白玉蟾集唐文粹　晚香堂小品　幽草軒野語　趙半江集　程中權集　快雪堂集　吕涇野語録　瞿慕川集　珂雪齋遊居柹録　偶庵草　蔡君謨茶録　東溪試茶録　歐陽文忠公集　吕純陽集　暖姝由筆　漱石閒談　戒菴老人漫筆　歇菴集　馮元成選集　天爵堂文集　南遊合草　甲序　弇州山人續稿　聽雪齋詩草　李衛公别集　才調集　世經堂集　趙忠毅公詩集　正續全蜀藝文志　于肅愍公集　雞肋集　見只編　雪初堂集　合璧事類外集　徐文長三集　歸有園稿　明詩續選　焚書　魯文恪公集　七修類稿　雞樹館集　湧幢小品　岱志　多能鄙事　香草詩選　秣陵詩　劍南詩稿　程篁墩文集　鄭侯升集　瀛奎律髓　梅花草堂集　蠙衣生蜀草　亦園詩文略　光禄寺志　北苑别録　宣和北苑貢茶録　品茶要録　蔡襄茶録　東溪試茶録　負暄雜録　臆乘　友會談藂　睡菴詩稿三刻　筆塵　梅巖小稿　鹿裘石室集　袁中郎全集

陸羽《茶經》三卷、又《茶記》一卷　温庭筠《採茶録》一卷、《茶苑雜録》一卷不知作者　張又新《煎茶水記》一卷　毛文錫《茶譜》一卷　丁謂《北苑茶録》二卷　蔡襄《茶録》一卷　沈立《茶法易覽》十卷　吕惠卿《建安茶用記》二卷　章炳文《壑源茶録》一卷　劉異《北苑拾遺》一卷　宋子安《東溪茶録》一卷　熊蕃《宣和北苑貢茶録》一卷　宋黄儒《品茶要録》一卷　《宋史・藝文志》。《唐書》止載陸羽《茶經》三卷,温庭筠《採茶録》一卷,張又新《煎茶水記》一卷。

韋曜,字弘嗣,吴郡雲陽人也。少好學,善屬文。孫皓即位,封高陵亭侯,遷中書僕射,職省,爲侍中。皓每饗宴,無不竟日,坐席無能否,率以七升爲限。雖不悉入口,皆澆灌取盡。曜素飲酒不過二升,初見禮異,時常爲裁減或密賜茶荈以當酒。至於寵衰,更見偪彊,輒以爲罪。《三國志·吴書》

廣陵茶姥者,不知姓氏鄉里,常如七十歲人,而輕健有力,耳聰目明,頭髮鬒黑。晉元南渡之後,耆舊相傳見之百餘年,顏狀不改。每持一器茗往市鬻之,市人争買,自旦至暮所賣極多,而器中茶常如新熟而未嘗減少,人多異之。州吏以冒法繫之於獄,姥乃持所賣茗器,自牖中飛去。杜光庭《墉城集仙録》

尚書令王肅,瑯琊人,贍學多通。文辭美茂,爲齊秘書丞。太和十八年,背逆歸順。肅初入國,不食羊肉及酪漿等物,常飯鯽魚羹,渴飲茗汁。京師士子見肅一飲一斗,號爲"漏卮"。經數年已後,肅與高祖殿會,食羊肉酪粥甚多。高祖怪之,謂肅曰:"卿中國之味也。羊肉何如魚羹,茗飲何如酪漿?"肅對曰:"羊者是陸産之最,魚者乃水族之長,所好不同,並各稱珍。以味言之,甚是優劣。羊比齊魯大邦,魚比邾莒小國。惟茗不中與酪作奴。"高祖大笑。彭城王勰謂肅曰:"卿明日顧我,爲卿設邾莒之食,亦有酪奴。"因此號茗飲爲酪奴。時給事中劉縞,慕肅之風,專習茗飲。彭城王謂縞曰:"卿不慕王侯八珍,好蒼頭水厄。海上有逐臭之夫,里内有學顰之婦。以卿言之,即是也。"其彭城王家有吴奴。以此言戲之。自是朝貴宴會,雖設茗飲,皆恥不復食,惟江表殘民遠來降者好之。

後蕭衍子西豐侯蕭正德歸降時,元義欲爲之設茗,先問:"卿於水厄多少?"正德不曉義意,答曰:"下官生於水鄉,而立身以來,未遭陽侯之難。"元義與舉坐之客皆笑焉。北魏楊衒之《洛陽伽藍記》

樂天方入關齋,禹錫正病酒,禹錫乃餽菊苗虀、蘆菔鮓,换取樂天六班茶二囊以醒酒。《蠻甌志》

陸鴻漸採越江茶,使小奴子看焙。奴失睡,茶焦爍,鴻漸怒,以鐵繩縛奴投火中。《蠻甌志》

元和時,館閣湯飲待學士者,煎麒麟草。《鳳翔退耕傳》

覺林院志崇收茶三等,待客以驚雷莢,自奉以萱草帶,供佛以紫茸香,

蓋最上以供佛,而最下以自奉也。客赴茶者,皆以油囊盛餘瀝以歸。《蠻甌志》上四條並出馮贄《雲仙雜記》

兵部員外郎約,汧公李勉之子也,以近屬宰相子,而雅度玄機,蕭蕭沖遠。約天性惟嗜茶,能自煎,謂人曰:"茶須緩火炙,活火煎。活火,謂炭之焰者也。"客至不限甌數,竟日執持茶器不倦。趙璘《因話録》

太子陸文學鴻漸名羽。其先不知何許人,竟陵龍蓋寺僧姓陸,於堤上得一初生兒,收育之,遂以陸爲氏。聰俊多能,學贍辭逸,詼諧縱辯,蓋東方曼倩之儔與。性嗜茶,始創煮茶法。至今鬻茶之家,陶爲其像,置於煬器之間,云宜茶足利。其歌云:"不羨黄金罍,不羨白玉杯,不羨朝入省,不羨暮入台。千羨萬羨西江水,曾向竟陵城下來。"

察院兵察常主院中茶,茶必市蜀之佳者,貯于陶器,以防暑濕,御史躬親緘啟,故謂之茶瓶廳。並《因話録》

唐薛尚書能,以文章自負,累出戎鎮,常鬱鬱歎息,因有詩謝淮南寄天柱茶。其落句云:"麄官也似真抛卻,賴有詩句合得嘗",意以節鎮爲麄官也。孫光憲《北夢瑣言》

和凝在朝,率同列遞日以茶相飲,味劣者有罰,號爲"湯社"。

吴僧文了善烹茶,游荆南,高保勉白子季興,延置紫雲菴,日試其藝,保勉父子呼爲"湯神"。奏授華定水大師,上人目曰乳妖。

僞閩甘露堂前兩株茶,鬱茂婆娑。宫人呼爲清人樹,每春初,嬪嬙戲摘新芽,堂中設傾筐會。

饌茶而幻出物象於湯面者……煎茶贏得好名聲。[1]

進士于則謁外親於汧陽,未至十餘里,飯於野店,旁有紫荆樹,村民祠以爲神,呼曰"紫相公",則烹茶,因以一盃置相公前,策馬徑去。是夜夢峨冠紫衣人來見,自陳余則紫相公,主一方菜蔬之屬,隸有天平吏掌豐,辣判官主儉。然皆嗜茶,而奉祠者鮮以是品爲供。蚤蒙厚飲,可謂非常之惠,因口占贈詩,曰:"降酒先生風韻高,攪銀公子更清豪。碎身粉骨功成後,小碾當御金腳槽"之句。蓋則是日以小分鬚銀匙打茶,故目爲"攪銀公子"。則家業蔬圃中祠之,年年獲收。

皮光業最耽茗事……而難以療饑也。[2]並《清異録》

僞唐徐履掌建陽茶局,弟復治海陵鹽政,鹽檢烹煉之亭榜曰金鹵,履聞之,潔治敞焙舍,命曰玉茸。《清異録》

龍圖劉燁亦滑稽辯捷,嘗與内相劉筠聚會飲茗。問左右曰:湯滚也未?左右皆應曰:已滚。筠曰:"僉曰鯀哉!"燁應聲曰:"吾與點也。"吴處厚《青箱雜記》

王元道嘗言……因大奇之。[3]馬永卿《嬾真子》

長沙匠者造茶器,極精緻工直之厚,等所用白金之數,士夫家多有之,寘几案間,但知以侈靡相誇,初不常用也。司馬温公偕范蜀公遊嵩山,各攜茶往,温公以紙爲貼,蜀公盛以小黑合。温公見之,驚曰:"景仁乃有茶器?"蜀公聞其言,遂留合與寺僧。凡茶宜錫,竊意若以錫爲合,適用而不侈,貼以紙,則茶味易損,豈亦出雜以消風散,意欲矯時弊耶?《邵氏聞見録》云:温公嘗與范景仁共登嵩頂,由轘轅道,至龍門,涉伊水,至香山,憩石臨八節灘,凡所經從多有詩什,自作序曰:遊山録,攜茶遊山當是此時。

張芸叟曰:申公知人,故多得於下僚。家有茶羅子,一銀飾,一金飾,一棕欄。方接客,索銀羅子,常客也;金羅子,禁近也;棕欄,則公輔必矣。家人常挨排於屏間以候之,申公、温公同時人,而待客茗飲之器,顧飾以金銀分等差,益知温公儉德世無其比。《清波雜誌》

周公謹密云:長沙茶器精妙甲天下,每副用白金三百星或五百星,凡茶之具悉備,外則以大纓銀貯之。趙南仲葵丞相帥潭日,嘗以黄金千兩爲之,以進尚方。穆陵大喜,蓋内院之工所不能爲也。因記司馬公光與范蜀公遊嵩山,各攜茶以往,温公以紙爲貼,蜀公盛以小黑合,温公見之曰:景仁乃有茶器耶?蜀公聞之,因留合與寺僧而歸。向使二公見此,當驚倒矣。《癸辛雜識》

歐陽文忠公《感事》詩"煩心渴喜鳳團香",自注云,先朝舊例,兩府輔臣歲賜龍茶,一斤而已。余在仁宗朝,作學士,兼史館修撰,嘗以史院無國史,乞降一本,以備檢討,遂命天章閣録本付院,仁宗因幸天章,見書吏方録國史,思余上言,亟命賜黄封酒一瓶,果子一合,鳳團茶一斤,押賜中使語余云:上以學士校新寫國史不易,遂有此賜,然自後月一賜,遂以爲常,後余忝二府,猶賜不絶。《歐陽文忠公集》

《**茶述**》[4]　《合璧事類外集》

湯悦有《森伯頌》……誰能目之。

豹革爲囊……稱茶爲水豹囊。

胡嶠飛龍磵飲茶詩曰……後間道復歸。

陶秀實云：猶子彝……然彝亦文詞之有基址者也。

符昭遠不喜茶……亦可夾眼。

孫樵《送茶與焦刑部書》云……慎勿賤用之

茶至唐始盛……時人謂之茶百戲。

宣城何子華……允矣哉。[5]並《清異録》

李白《答族姪僧中孚贈玉泉仙人掌茶詩序》曰：余聞荆州玉泉寺近清溪諸山，山洞往往有乳窟，窟中多泉石交流。其水邊處處有茗草羅生，枝葉如碧玉，唯玉泉真公常采而飲之，年八十餘歲，顔色爲桃花。而此茗清香滑熟，異於他者，所以能還童振枯，扶人壽也。余游金陵，見宗僧中孚，示余茶數十片，拳然重疊，其狀如手，號爲仙人掌茶。蓋新出乎玉泉之山，曠古未覿，因持之見遺。兼贈詩，要余答之。後之高僧大隱，知仙掌茶發乎中孚禪子及青蓮居士李白也。……

德宗貞元九年春正月，初税茶，歲得錢四十萬貫，從鹽鐵使張滂所奏。茶之有税，自此始也。劉昫《唐書》

飲真茶，令人少眠。張華《博物志》

巴東有真香茗，其花白色如薔薇，煎服令人不眠，能誦無忘。任昉《述異記》

南人好飲茶，孫皓以茶與韋昭代酒，謝安詣陸納，設茶果而已。北人初不識，開元中，泰山靈巖寺有降魔師教禪者以不寐人多作茶飲，因以成俗。唐人陸鴻漸爲茶論，並煎炙之法，造茶具二十四事，以都統籠貯之。常伯熊者，因廣鴻漸之法，伯熊飲茶過度，遂患風氣，或云北人未有茶，多黄病，後飲，病多腰疾偏死。李石《續博物志》

昔有人授舒州牧，李德裕謂之曰："到彼郡日，天柱峯茶，可惠三角。"其人獻之數十斤，李不受退還。明年罷郡，用意精求，獲數角投之，德裕閲而受，曰："此茶可以消酒食毒。"及命烹一甌沃於肉食内，以銀合閉之。詰

旦因視，其肉已化爲水，衆服其廣識。《玉泉子》

陶穀云……龍岥是顧渚之別境。

吴僧梵川……持歸供獻。

有得建州茶膏……轉遺貴臣。

顯德初……建人也。[6]並《清異録》

宋榷茶之制，擇要會之地，爲榷貨務六。茶有二類，曰片茶，曰散茶，片茶蒸造，實捲模中串之。唯建、劍則既蒸而研，編竹爲格，置焙室中，最爲精潔，他處不能造。有龍鳳、石乳、白乳之類十二等，以充歲貢及邦國之用，其出處，袁、饒、池、光、歙、潭、嶽、辰、澧州、江陵府、興國臨江軍，有仙芝、玉津、先春、緑芽之類二十六等，兩浙及宣、江、鼎州、又以上中下或第一至第五爲號。散茶出淮南歸州、江南荆湖，有龍溪、雨前、雨後之類十一等，江浙又有以上中下或第一至第五爲號者。《宋史・食貨志》

"建州臘茶，北苑爲第一"，其最佳者曰社前，次曰火前，又曰雨前，所以供玉食，備賜予。太平興國始置，大觀以後製愈精，數愈多，胯式屢變，而品不一，歲貢片茶二十一萬六千斤。建炎以來，葉濃楊勍等相因爲亂，園丁已散，遂罷之。紹興二年，蠲末起大龍鳳茶一千七百二十八斤，五年，復減大龍鳳及京鋌之半。十二年，興榷場，遂取臘茶爲榷場本，凡胯、截、片、鋌，不以高下多少，官盡榷之，申嚴私販入海之禁。明年，以失陷引錢，復令通商，自是上供龍鳳、京鋌茶料。凡製作之費，篚笥之式，令漕司掌之。蜀茶之細者，其品視南方已下，惟廣漢之趙坡，合州之水南，峨嵋之白芽，雅安之蒙頂，土人亦珍之，但所産甚微，非江、建比也。舊無榷禁，熙寧間，始置提舉司，收歲課三十萬，至元豐中，累增至百萬。上《宋史・食貨志》

朱崖地産苦薆，民或取葉以代茗。《宋史・崔與之傳》

建州龍焙面北，謂之北苑，有一泉極清澹，謂之御泉。用其池水造茶，即壞茶味。唯龍團勝雪、白茶二種，謂之水芽。先蒸後揀，每一芽，先去外兩小葉，謂之烏帶；又次取兩嫩葉，謂之白合；留小心芽置於水中，呼爲水芽。聚之稍多，即研培爲二品，即龍團勝雪、白茶也。茶之極精好者，無出於此，每胯計工價近三十千。其他茶雖好，皆先揀而後蒸研，其味次第減也。茶有十綱,第一第二綱太嫩,第三綱最妙,自六綱至十綱,小團至大團而止。第一名曰試新,第二名曰貢新,第三名有十六色:龍團勝雪、白茶、萬壽龍芽、御苑玉芽、上林第一、乙夜清供、龍鳳英華、玉除清賞、承平雅玩、啟沃承恩、雲葉、雪英、蜀葵、金錢、玉華、千金。第四有十二色:無比壽芽、宜年寶玉、玉清慶雲、無疆萬龍、萬春銀葉、玉葉長春、瑞雪翔龍、長壽玉圭、香口焙、興國岩、上品揀芽、新收揀芽。第五次有十二色:太平嘉瑞、龍苑報春、南山應瑞、興國岩小龍、又小鳳、續入額、御苑玉芽、萬壽龍芽、無比壽芽、瑞雲翔龍、先春太平嘉瑞、長壽玉圭。已下五綱,皆大小團也。姚寬《西溪叢語》

葉石林云:北苑茶正所產爲曾坑,謂之正焙;非曾坑爲沙溪,謂之外焙。二地相去不遠,而茶種懸絶。沙溪色白,過於曾坑,但味短而微澀,識茶者一啜如别涇渭也,余始疑地氣土宜不應頓異如此,及來山中,每開闢徑路,刳治巖竇,有尋丈之間,土色各殊,肥瘠緊緩燥潤亦從而不同。並植兩木於數步之間,封培灌溉略等,而生死豐瘁如二物者,然後知事不經見不可必信也。草茶極品,唯雙井、顧渚,亦不過多有數畝。雙井在分寧縣,其地屬黄氏魯直家也。元祐間,魯直力推賞於京師,族人交致之,然歲僅得一二斤爾。顧渚在長興縣,所謂吉祥寺也,其半爲今劉侍郎希范家所有,兩地所産歲亦止五六斤。近歲寺僧求之者多,不暇精擇,不及劉氏遠甚。余歲求於劉氏,過半斤則不復佳,蓋茶味雖均,其精者在嫩芽,取其初萌如雀舌者謂之槍,稍敷而爲葉者謂之旗,旗非所貴,不得已取一槍一旗猶可,過是則老矣,此所以難得也。《避暑録話》

歐陽公修云:臘茶盛於劍建,草茶盛於兩浙。兩浙之品,日注爲第一。自景祐已後,洪州雙井白芽漸盛,近歲製作尤精,囊以紅紗,不過一二兩,以常茶十數斤養之,用辟暑濕之氣,其品遠出日注上,遂爲草茶第一。《歸田録》

王闢之云:建茶盛於江南……何至爲此多貴。[7]《澠水燕談録》

蔡君謨善别茶……乃服。[8]

王荆公爲小學士時,嘗訪君謨,君謨聞公至,喜甚,自取絶品茶,親滌器烹點以待公,冀公稱賞。公於夾袋中取消風散一撮,投茶甌中併食之,

君謨失色。公徐曰:“大好茶味。”君謨大笑,且嘆公之真率也。彭乘《墨客揮犀》

蔡君謨,議茶者莫敢對公發言。建茶所以名重天下,由公也。後公製小團,其品尤精於大團。一日,福唐蔡葉丞秘教召公啜小團,坐久,復有一客至。公啜而味之曰:“非獨小團,必有大團雜之。”丞驚呼,童曰:“本碾造二人茶,繼有一客至,造不及,乃以大團兼之。”丞神服公之明審。《墨客揮犀》

張芸叟舜民云:有唐茶品以陽羡爲上供,建溪北苑未著也。貞元中,常衮爲建州刺史,始蒸焙而研之,謂研膏茶。其後稍爲餅樣其中,故謂之一串。陸羽所烹,惟是草茗爾。迨至本朝,建溪獨盛,採焙製作,前世所未有也,士大夫珍尚鑒别,亦過古先。丁晉公爲福建轉運使,始制爲鳳團,後又爲龍團,貢不過四十餅,專擬上供,雖近臣之家,徒聞之而未嘗見也。天聖中,又爲小團,其品迥加於大團,賜兩府,然止於一觔,唯上大齋宿,八人兩府共賜小團一餅,縷之以金,八人折歸,以侈非常之賜,親知瞻玩,賡唱以待,故歐陽永叔有龍茶小録,或以大團問者,輒方刲寸,以供佛供仙家廟已,而奉親並待客享子弟之用。熙寧末,神宗有旨建州製密雲龍,其品又加於小團矣。然密雲之出,則二團少粗,以不能兩好也。予元祐中,詳定殿試是年秋,爲制舉考第官,各蒙賜三餅,然親知誅責,殆將不勝。宣仁一日嘆曰:“指揮建州,今後更不許造密雲龍,亦不要團茶,揀好茶喫了,生得甚好意智?”熙寧中,蘇子容使虜,姚麟爲副,曰:“盍載些小團茶乎?”子容曰:“此乃供上之物,儔敢與虜人?”未幾,有貴公子使虜,廣貯團茶,自爾虜人非團茶不納也,非小團不貴也,彼以二團易蕃羅一匹,此以一羅酬四團,少不滿,則形言語,近有貴貂〔使〕邊[1],以大團爲常供,密雲爲好茶。《畫墁録》

趙德麟令畤云:皋盧,茶名也,皮日休云“石盆前皋盧”。《侯鯖録》

金茶,自宋人歲供之外,皆貿易於宋界榷場。泰和五年十一月,尚書省奏,茶,飲食之餘,非必用之物,比歲上下競啜,農民尤甚,市井茶肆相屬,商旅多以絲絹易茶,歲費不下百萬,是以有用之物而易無用之物也。若不禁,恐耗財彌甚。遂命七品以上官,其家方許食茶,仍不得賣及饋獻,不應留者,以斤兩立罪賞。七年,更定食茶制。八年七月,言事者以茶乃宋土草芽,而易中國絲綿錦絹有用之物,不可也。國家之鹽,貨出於鹵水,歲取不竭,可令易茶,省臣以爲所易不廣,遂奏令兼以雜物博易。宣宗元光二年三月,省臣以國蹙財竭,奏曰:金幣錢穀,世不可一日闕者也,茶本出於宋地,非飲食之急,而自昔商賈以金帛易之,是徒耗也。泰和間,嘗禁止之,後以宋人求和乃罷。兵興以來,復舉行之,然犯者不少衰,而邊民又窺利越境私易,恐因洩漏軍情或盜賊入境,今河南、陝西凡五十餘郡,郡日食茶率二十袋,袋直銀二兩,是一歲之中,妄費民銀三十餘萬也。奈何以吾有用之貨而資敵乎?乃制親王、公主及見任五品以上官素蓄者存之,禁不得賣、饋,餘人並禁之,犯者徒五年,告者賞寶泉一萬貫。《金史・食貨志》

茶之品莫貴於龍鳳,謂之團茶,凡八餅重一斤。慶曆中,蔡君謨爲福建路轉運使,始造小片龍茶以進,其品絶精,謂之小團。凡二十餅重一斤,其價直金二兩。然金可有而茶不可得,每因南郊致齋,中書樞密院各賜一餅,四人分之,宫人往往縷金花於其上,蓋其貴重爲此。《歸田録》

黄魯直謂荀中令,喜焚香,故名縮砂湯曰荀令湯。朱雲喜直言切諫,苦口逆耳,故名三稜湯曰朱雲湯。《墨莊漫録》

葉石林夢得云:故事,建州歲貢大龍鳳團茶各二斤,以八餅爲斤。仁宗時,蔡君謨知建州,始别擇茶之精者爲小龍團,十斤以獻。斤爲十餅,仁宗以非故事,命劾之,大臣爲請,因留而免劾。然自是遂爲歲額。熙寧中,賈青爲福建轉運使,又取小團之精者爲密雲龍,以二十餅爲斤,而雙袋謂之雙角團茶。大小團袋皆用緋,通以爲賜也。密雲獨用黄,蓋專以奉玉食,其後又有爲瑞雲祥龍者。宣和後,團茶不復貴,皆以爲賜,亦不復如向日之精,後取其精者爲銙茶,歲賜者不同,不可勝記矣。葉夢得《石林燕語》

李溥爲江淮發運使,每歲奏計,則以大船載東南美貨,結納當途,莫知紀極。章獻太后垂簾時,溥因奏事,盛稱浙茶之美,云:"自來進御,惟建州餅茶,而浙茶未嘗修貢。本司以羨餘錢買到數千斤,乞進入内。"自國門挽船而入,稱進奉茶綱,有司不敢問,所貢餘者悉入私室。溥晚年以賄敗,竄謫海州,然自此遂爲發運司歲例,每發運使入奏,舳艫蔽江,自泗州七日至京。余出使淮南時,見有重載入汴者,購得其籍,言兩浙牋紙三船,他物稱

是。彭乘《墨客揮犀》

飲茶，或云始於梁天監中，事見於《洛陽伽藍記》，非也。按《吴志》韋曜傳，“孫皓時每宴饗，無不竟日，坐席無能否，飲酒率以七升爲限，雖不悉入口，皆澆濯取盡，曜素飲酒不過三升，初見禮異時，或爲裁減或密賜茶荈以當酒”。如此言，則三國時已知飲茶，但未能如後世之盛耳，逮唐中世榷利遂與醓酒相抗，迄今國計賴爲多。上官融《友會讀橐》

顧文薦《負暄雜録》論建茶品第云：唐陸羽《茶經》……謂揀芽也。宣和庚子歲……必爽然自失矣。其茶歲分十餘綱……逮至夏過半矣。歐陽公詩云“建安三千五百里，京師三月嘗新茶”，蓋御茶園自九窠十二隴至小山，凡四十六所，唯龍遊窠、小苦竹、張坑、西際又爲禁園之先也。此熊蕃敘録及諸家雜記採其说云。[9]

方萬里回云：茶之興味，自唐陸羽始，今天下無貴賤，不可一餉不啜茶。且其榷與鹽、酒並爲國利，而士大夫尤嗜其品之高者。盧仝一歌至飲七碗，以奇語豪思發茶之神工妙用，然“手閲月團三百片”，則必不精。達官送一處士，茶雖佳，亦不至如是之多。啜茶者皆是也，知茶之味者亦鮮矣。《瀛奎律髓》

楊伯嵒云：茶之所産，陸經載之詳矣，獨異美者名未備。謝氏論曰：茶比丹丘之仙茶，勝烏程御舞（荈）之不止，味同露液，白況霜華，豈可爲酪蒼頭，便應代酒從事。陽衒之作《洛陽伽藍記》曰“亦有酪奴”，指茶爲酪粥之奴也。杜牧之詩“山實東西秀，茶稱瑞草魁”，皮日休詩“千盆前皋盧”，曹鄴詩“劍外九華英”，施肩吾詩“茶爲滌煩子，酒爲忘憂君”。見於詩文者，若越茗若㵸，謂之皋盧，北苑白葉，希絶品也，豫章曰白露，曰白芽、南劍，曰石花，曰線芽，東川曰獸目，湖常俱曰紫筍，壽州曰黄芽，福州曰生芽，曰露芽，丘陽曰含膏外，此尤夥。頗疑似者不書，若蟾背、鰕目、龍舌、蟹眼瑟瑟、慶霖靄、鼓浪、湧泉、琉璃眼、碧玉池，又皆茶事中天然偶字也。楊伯嵒《臆乘》

國朝《光禄寺志》廬州府六安州茶三百斤，計三百六十袋，每年收六百八十斤。此項該州用黄絹袋裝盛，每袋二斤，印封，本寺收貯後庫，每月進三十袋，如頒賜不足，則報買金磚茶補之。

建寧府建安縣一千三百六十斤,内探春二十七斤,先春六百四十三斤,次春二百六十二斤,紫筍二百二十七斤,薦新二百一斤。崇安縣九百九十斤,内探春三十二斤,先春三百八十斤,次春一百五十斤,薦新四百二十八斤。並《寺志》

王敬美曰:余始入建安,見山麓間多種茶而稍高大,枝幹槎枒,不類吴中産。問之,知爲油茶,非蔡君謨貢品也。已歷汀、延、邵,愈益彌被山谷,高者可一二丈,大者可拱把餘。以冬華,以春實,榨其實爲油,可燈,可膏,可釜。閩人大都用之,然獨汀之連城爲第一。閩之人能别其品。王世懋《閩部疏》

陳懋仁曰:清源山茶,青翠芳馨,超軼天池之上。南安縣英山茶,精者可亞虎丘,惜所産不若清源之多也。閩地氣暖,桃李冬花,故茶較吴中差早。《泉南雜志》朱諫《雁蕩山志》浙東多茶品,而雁山者稱最,每春清明日摘茶芽進貢,一槍一旗而白毛者,名曰白茶。穀雨日採摘者名曰雨茶,此上品也。其餘以粗細鬻賣取價。宜以滚湯泡飲,久炙則無清色香味。一種紫茶,葉紫色,其味尤佳,而香氣尤清,難種而薄收,土人厭人求索,園圃中故少植。間有,亦必爲識者取去。

四川總志:獸目山彰明治北五里,有茶品格有高,土人謂之獸目茶。茶出峨嵋山,初苦而終甘。　烏茶,天全,六番招討使司出。瀘州産茶,《茶經》瀘茶味佳,飲之療風。

蒙頂茶,名山縣蒙山上青峯甘露井側産茶,葉厚而圓,色紫赤,味略苦,春末夏初始發,苔蘚庇之,陰云覆焉。相傳甘露太師自嶺表攜靈茗播五頂,舊志稱蒙頂茶受陽氣全,故芬香。唐李德裕入蜀得蒙餅以沃於湯餅上,移時盡化,以驗其真。傳雅州蒙山上有露芽,故蔡襄有歌曰"蒙芽錯落一番新"、白樂天詩"茶中故舊是蒙山"、吴中復謝人惠茶詩"吾聞蒙山之顛多秀山,惡草不生生淑茗",謂此茶也。《雅州志》

雷鳴茶,蒙山有僧病冷且久,遇老父曰:仙家有雷鳴茶,俟雷發聲乃茁,可併手於中頂採摘。服未竟病瘥,精健至八十餘,入青城山,不知所之。今四頂茶園不廢,惟中頂草木繁重,人跡希至。《雅志》

太湖茶,瓦屋山太湖寺出茶,味清洌甚佳,詩人詠之曰:品高李白仙人

掌，香引盧仝玉腋風。《雅志》杜應芳補續《全蜀藝文志》《動植紀異譜》

袁中郎宏道遊杭敘述云，龍井泉既甘澄，石復秀潤。余與石簣陶望齡汲泉烹茶於此。石簣因問：龍井茶與天池孰佳？余謂：龍井亦佳，但茶少則水氣不盡，茶多則澀味盡出。天池殊不爾。大約龍井茶頭茶雖香，尚作草氣，天池作荳氣，虎丘作花氣，唯岕非花非木，稍類金石氣，又若無氣，所以可貴。岕茶葉粗大，真者每斤至二千餘錢，余竟之數年僅得數兩許。近日徽人有送松蘿茶者，味在龍井之上，天池之下。《解脱集》

楊龍光夢衮論清福云：茶能滌煩去膩，止渴消食。宜精舍，宜雲林，宜磁瓶，宜竹灶，宜幽人雅士，宜衲子僊朋，宜永晝清潭，宜寒宵几坐，宜松月下，宜花鳥間，宜清流白石，宜緑蘚蒼苔，宜素手汲泉，宜紅粧掃雪，宜船頭吹火，宜竹裡飄煙。《岱宗小稿》

馮開之夢禎祭酒云：李于鱗攀龍爲吾浙按察副使，徐子與中行以岕茶最精者餉之，比看子與昭慶寺，問及，則已賞皂隶役矣。蓋岕茶葉大多梗，于鱗北士不遇宜矣。紀之以發一粲。陳季象説。《快雪堂集漫録》

嘉靖十六年正月間孫曲水南京得團茶一餅，形如象棋子，大徑寸餘，厚二三分，色黑如舊墨[2]，黯黯而輕，面有戲珠盤龍，中一方圍圖書云："萬壽龍芽"四真字，真宋物也。徐充《暖姝由筆》

徐子擴充云：高祖爲青州府同知時，曾伯祖斷事遜，隨任魏知府疑魏觀嘗因客次以茶爲題令賦詩曰："春風拂拂長金芽，不比尋常萬木（一作百草）花，賜與蒼生能止渴（賜與一作寄語），何須多占（一作住）玉川家。"時年十三。《暖姝由筆》

羅景綸云：陸羽《茶經》，裴汶《茶述》，皆不載建品。唐末，然後北苑出焉。本朝開寶間，始命造龍團以別庶品，厥後丁晉公漕閩，乃載之《茶録》。蔡忠惠又造小龍團以進。東坡詩云，武夷溪邊粟粒芽，前丁後蔡相籠加，吾君所乏豈此物，致養口體何陋邪。茶之爲物，滌昏雪滯，於務學勤政，未必無助，其與進荔枝桃花者不同。然充類至義，則亦宦官宫妾之愛君也。忠惠直道高名，與范、歐相亞，而進茶一事，乃儕晉公，君子之舉措，可不謹哉。《鶴林玉露》

紹興進茶，自宋降將范文虎始。

李仲賓學士言：交趾茶如緑苔，味辛烈，名之曰登。二條陸友《研北雜志》

宋真宗章獻明肅劉皇后，性警悟，曉書史。真宗崩，遺詔尊后爲皇太后，仁宗尚少，太后稱制，雖政出宫闈，而號令嚴明。内外賜與有節，舊賜大臣茶，有龍鳳飾，太后曰"此豈人臣可得"，命有司別制入香京鋌以賜之。《宋史》

茶之品莫貴於龍鳳，謂之團茶，凡八餅重一斤。慶曆中，蔡君謨爲福建路轉運使，始造小片龍茶以進，其品精絶，謂之小團，凡二十餅重一斤，其價直金二兩。然金可有，而茶不可得，每因南郊致齋，中書樞密院各賜一餅，四人分之，宫人往往縷金花於其上，蓋其貴重爲此。[10]歐陽修《歸田録》

沈存中括云：茶芽古人謂雀舌、麥顆，言其至嫩也。今茶之美者，其質素良，而所植之土又美，則新芽一發，便長寸餘，其細如針。唯芽長爲上品，以其質幹土力皆有餘故也，如雀舌、麥顆者，極下材耳，乃北人不識，誤爲品論。予山居有茶論，賞茶詩云："誰把嫩香名雀舌，定來北客未曾嘗。不知靈草天然異，一夜風吹一寸長。"

古人論茶，唯言陽羡、顧渚、天柱、蒙頂之類，都未言建溪。然唐人重串茶黏黑者，則已近乎建餅矣。建茶皆喬木，吴、蜀、淮叢發而已。品自居下，建茶勝處曰郝源、曾坑，其間又岔根、山頂二品尤勝。李氏時號爲北苑，置使領之。《夢溪筆談》

蘇子瞻云：近時世人好蓄茶與墨，閒暇出二物校勝負，云茶以白爲尚，墨以黑爲勝。予既不能校，則以茶校墨，以墨校茶，未嘗不勝也。

真松煤遠煙，馥然自有龍麝氣，初不假二物也。世之嗜者如滕達道、蘇浩然、吕行甫，暇日晴暖，研墨水數合，弄筆之餘少啜飲之。蔡君謨嗜茶，老病不能復飲，則把玩而已。看茶而啜墨，亦事之可笑者也。

唐人煎茶用薑，故薛能詩云"鹽損添常戒，薑宜煮更誇"。據此，則又有用鹽者矣。近世有用此二物者，輒大笑之。然茶之中等者，若用薑煎，信佳者。鹽則不可。

王燾集外台秘要，有代茶飲子一首云，格韻高絶，惟山居逸人，乃當作之。予嘗依法治服，其利鬲調中，信如所云，而其氣味，乃一味煮散耳，與茶了無干涉，薛能詩云"麄官乞與真抛卻，賴有詩情合得嘗"。又作烏嘴茶

詩云:“鹽損添常戒,薑宜煮更誇”,乃知唐人之於茶,蓋有河朔脂麻氣也。並《東坡志林》

周煇云:先人嘗從張晉彦覓茶,張答以二小詩:“内家新賜密雲龍,只到調元六七公。賴有家山供小草,猶堪詩老薦春風”,“仇池詩裡識焦坑,風味官焙可抗衡。鑽餘權貴亦及我,十輩遣前公試烹”。時總得偶病,此詩俾其子代書,後誤刊在《于湖集》中。焦坑産庾嶺下,味苦更,久方回甘,“浮石已甘霜後水,焦坑試新雨前茶”,坡南還回至章貢顯聖寺詩也。後屢得之,初非精品,特彼人自以爲重,包裹鑽權倖,亦豈能望建谿之勝。

自熙寧後,始貴密雲龍,每歲頭綱修貢,奉宗廟及供玉食外,賚及臣下無幾,戚里貴近丐賜尤繁,宣仁一日慨歎曰:“令建州今後不得造密雲龍,受他人煎炒不得也,出來道我要密雲龍,不要團茶,揀好茶吃了,生得甚意智?”此語既傳播於縉紳間,由是密雲龍之名益著。淳熙間,親黨許仲啟官麻沙,得《北苑修貢録》序以刊行,其間載歲貢十有二綱,凡三等四十又一名,第一綱曰龍焙貢新,只五十餘夸,貴重如此。獨無所謂密雲龍,豈以貢新易其名,或別爲 ·種,又居密雲龍之上耶?葉石林云,熙寧中,賈青爲福建轉運使,取小團之精者爲密雲龍,以二十餅爲斤而雙袋,謂之雙角,大小團袋皆緋,通以爲賜,密雲龍獨用黄云。《清波雜誌》

雙井用山谷迺重。蘇魏公嘗云,平生薦舉不知幾何人,唯孟安序朝奉,歲以雙井一甕爲餉,蓋公不納苞苴,顧獨受此,其亦珍之耶。《清波雜誌》

蘇子由云:北苑茶冠天下,歲貢龍鳳團,不得鳳凰山原潭水則不成。《欒城集》

強淵明帥長安,求辭蔡京,京曰:公至“彼且吃冷茶”。蓋謂長安籍妓,步武小行遲,所度茶必冷也。初不曉所以,後叩習彼風俗者方知之。《清波雜誌》

東坡論茶云:除煩去膩……亦不爲害也。此大是有理,而人罕知者,故詳述云。[11]

《大唐新語》曰:右補闕毋景博學有著述才,性不飲茶,著《茶飲序》云:釋滯消壅,一日之利暫佳;瘠氣侵精,終身之累則大。獲益則功歸茶力,貽禍則不謂茶災,豈非福近易知,禍遠難見者乎?

唐茶,東川有神泉、昌明,白公詩使"緑昌明"是也。

東坡云:予去杭十七年,復與彭城張聖塗、丹陽陳輔之同來。院僧梵英葺治堂宇,比舊加嚴潔,茗飲芳烈。"此新茶耶?"英曰:"茶新舊交,則香味復。"予嘗見知琴者,言琴不百年,則桐之生意不盡,緩急清濁,常與雨暘寒暑相應,此理與茶相近,故並記之。

東坡與司馬温公論茶墨,温公曰:"茶與墨政相反,茶欲白,墨欲黑;茶欲重,墨欲輕;茶欲新,墨欲陳。"子曰:"二物之質誠然,然亦有同者。"公曰:"謂何?"子曰:"奇茶妙墨皆香,是其德同也;皆堅,是其性同也。譬如賢人君子,妍醜黔晰之不同,其德操韞藏實無以異。"公笑以爲是。《侯鯖録》

芽茶得鹽,不苦而甜。《物類相感志》

馮元成時可云:温州乳柑冬酸而春甘,騫林茗葉先濁而後清,假令初嘗即置,終於不知味矣。君子之難識亦如此。騫林出太和山,黄内使曾以餉予,諸婢食之,惡其苦澀,委諸菜畦。其後有朝士索之,曰此茶寶也,清喉潤肺。侍御者以爲奇品,初以湯泡,不勝苦澀,再泡至三泡,三泡則清香徹口舌間,隱隱有甘味。余試之果然。其後内使見惠,諸婢珍而重襲之。余嘆曰:夫物有藉重於先容,矧士耶?衣錦懷玉,無介紹而投,遇彼按劍白眼之客,未有不以爲騫林之初葉也。《稗談》

楊用修慎《蒙茶辯》云:世以山東蒙陰縣山所生石蘚謂之蒙茶……乃《論語》所謂"東蒙主"耳。[12]《補續全蜀藝文志》,又見《七修類稿》

太和騫林葉茶,初泡極苦澀,至三四泡清香特異,人以爲茶寶也。《湧幢小品》

凡收茶不可與川椒相近,椒極能奪茶味。《多能鄙事》

岱志云:茶薄産崖谷間,山僧間有之,而城市則無也。山人採青桐芽曰女兒茶,泉崖陰趾茁如波稜者曰仙人茶,皆清香異南茗,黄芽時爲茶亦佳,松苔尤佳。

山東之蒙山,乃《論語》所謂"東蒙主"耳。《七修類稿》

世傳烹茶有一横一豎,而細嫩於湯中者,謂之旗槍茶。《麈史》謂茶之始而嫩者爲一鎗,寖大而展爲一旗,過此則不堪矣。葉清臣《煮茶述》曰"粉鎗末旗",蓋以初生如針而有白毫,故曰"粉鎗",後大則如旗矣。此與世傳之説不同,亦如《塵史》之意。然皆在取列也,不知歐陽公新茶論曰“鄙哉穀雨鎗與旗”,王荆公又曰“新茗齋中試一旗”,則以不取也。或者二公以雀舌爲旗槍耳,世不知雀舌乃茶之下品,今人認作旗槍,非是,故昔人有詩云“誰把嫩香名雀舌,定應北客未曾嘗。不知靈草天然異,一夜春風一寸長”,或二公又有別論亦未可知,姑記之。《七修類稿》

馮元成云:茶一名櫝……況人乎?[13]《稗談》

茈莉,一曰笭箵茶籠也,犧,木杓也,瓢也。永嘉中,餘姚人虞洪入瀑布山採茗,遇一道士云:吾丹丘子,祈子他日甌犧之餘,乞相遺也。故知神仙之貴茶久矣。

《茶經》:用水以山爲上,江爲中,井爲下。山勿太高,勿多石,忽太荒遠,蓋潛龍巨虺所蓄毒多於斯也。又其瀑湧湍漱者氣最悍,食之令頸疾。惠泉最宜人,無前患耳。

江水取去人遠者,井取汲多者,其沸如魚目,微有聲爲一沸,緣邊如湧泉連珠爲二沸,騰波鼓浪爲三沸。過此水老不可食也。沫餑,湯之華也,華之薄者曰沫,厚者曰餑,皆《茶經》中語,大抵蓄水惡其停,煮水惡其老,皆於陰陽不適,故不宜人耳。

茶爲名見《爾雅》,又《神農食經》。《食經》“茶茗久服,令人有力悦志”。《華佗食論》“苦茶久食益力益思”。然謂茶悦志則可,謂益力則未。大抵此物於咽嗌宜,於脾胃不宜;於飲酒人宜,於服藥人不宜;於少壯人宜,於衰老人不宜;於渴宜,於睡不宜。《稗談》

羽著《茶經》後爲李季卿所謾,更著《毀茶論》,因更名疾,字季疵,言爲季所疵也,實有慍意。語稱胸中磊塊,酒能消之,茶獨不然,謂賢於酒乎。《稗談》

蔡君謨謂:范文正公採茶歌“黄金碾畔緑塵飛,碧玉甌中翠濤起”。今茶絶品色甚白,翠緑乃下者,請改爲“玉塵飛”“素濤起”如何?然茶白色甚少,惟虎丘茶爲然,天池松蘿皆翠緑,清源雁蕩次之,其他皆黄濁不足稱。

六經無茶字,楊升菴云“即誰謂荼苦之荼字也”,後轉音爲茶。然荼是一物,荼以苦故名同爾,茶稱雀舌、麥顆,取嫩也。又有新芽一發,便長寸餘,其粗如針,最爲上品。

雅州蒙頂茶有火前茶,謂禁火以前採者,天池謂雨前,謂穀雨以前採者。蒙頂有五花茶,顧渚有三花茶。蒙山有五頂,出中頂者號上清茶,治冷疾。覺林僧收茶上者謂驚雷莢,以聞雷時折也。一聞雷聲即採,稍遲氣泄盡矣。我朝貢茶以建寧爲上,名探春,又先春,又次春,又紫筍,始用芽茶龍鳳團皆罷矣。

茶性最寒,惟顧渚茶獨温和,飲之宜人,厥名紫筍,他茶久置則有痕跡,惟此茶置久清若始烹。聞此地有湧金泉以造茶時溢,茶畢即涸,蒙頂茶亦温,若得一兩,以本處水煎,即得袪宿疾。出中峯者始妙,然人跡罕到,故不易得。

唐時仕官十日一休沐,故稱上澣、中澣、下澣,出沐賜茶,沐歸賜酒,至節日及中和日賜大酺三日。中和日二月朔日也。

南州出皋蘆,葉狀如茗,大如手掌,名曰苦薆,交廣最重,以爲佳設,風味甚不及茶,服之亦能消痰清膈,使人徹夜不睡。亦名瓜蘆。

曹定菴嘗謂茶湯不及菊湯,菊湯不及白蕩漸近自然。余謂衆味莫如白粥,諸飲莫如白湯,貴真貴淡,與人交亦然。

人嗜茶者腹多生瘕,謂斛茗瘕。狀如牛脾,有口,非吐不出。古人稱茶水厄,戒也;稱酪奴,賤也。《稗談》

余性嗜茶,得陸羽《茶經》甚暢,及觀其自傳,信奇士也。羽初生,父母棄於水濱,僧積公舉而育之,既長,不知本姓,因筮卦得鴻漸於陸,遂以爲姓字。傳中自言與人宴處,意有所失,不言而去,及與人爲信,雖冰雪千里,虎狼當道不避也。上元初,結廬苕溪,閉關對書,不雜非類。名僧高士,談讌永日,常扁舟往山寺,紗巾藤鞋,裋褐犢鼻,誦佛經,吟古詩,杖擊林木,手弄流水,夷猶徘徊,自曙達暮。楚人方之接輿。禄山亂中原,爲《四悲詩》。劉展窺江淮,作《天之未明賦》。其文多奇語,烹茶必手自煎,飲者靡不暢。積公嗜茶,非漸供不向口,羽出遊江淮,積公四五載絶茶味,代宗召積公入内供奉,命宫人善茶者以餉積公,一啜不復嘗。上乃訪召羽入,置别室,俾煎茶賜師,師一舉而盡,上使問之,曰:"此必出羽手。"余家有侍兒桂,善爲茗。向著《煎茶記》引其名,邢子願讀而異之,桂爲茗,真郢人齗鼻也。惜哉其往矣，余遂罷茶味如積公，然余非不愛茶者，其於酒一滴不沾唇，然非不知酒者。往余記中語"酒引人自遠，茗引人自高"，近復與客語云"酒引人黑甜之境，可侣莊生化蝶；茗引人虚白之天，可覿普賢乘象"，客爲之一莞。《稗談》

于文定公慎行云：《爾雅》釋木云："檟，苦茶。"郭璞注：早採爲茶，晚採爲茗，此茶之始也。自漢以前，不見於書，想所謂檟者即是矣。

温嶠上表貢茶一千斤，茗三百斤。六朝北人猶不食茶，至以酪與之較，惟江南人食之耳。至唐貞元間，始從張滂之請歲收茶税四十萬緡，利亦夥矣。宋元以來，茶目遂多，然皆蒸乾爲末，如今香餅之類乃以入貢，非如今之食茶，止采而烹之也。

西戎食茶，不知起於何時，本朝以茶易番馬，制其死命，番人以茶爲藥，百病皆瘥。不得則死，此亦前代所未有也。上並《筆麈》

郭子章《續刻茶經序》云：予少病渴，酷嗜茶筵，仕建州，州故有北苑茶，知鑒於宋仁宗蔡君謨所謂龍茶上品是已。因訪之，根株敗絶，碑碣臥莽壤中，而土人到今貢茶不歇。予言之監司，罷其役，而覈其山賦市他山茶以進，則無如武夷接笴，接笴在建州上矣。既繇閩入吴烹虎丘天池，出武夷上司権於湖，湖小溪直通天目諸山，山僧以茶貺予，似武夷，已將作三祖陵隣六州六之巖茶埒於天目，予謂淮南、吴、閩諸茶，盡此五者，鼎甌中不能頃刻去也。已入蜀，或言蜀無良茗，或言霧中良，予至錦官，市霧中煮之，不甚强人意。尋出試嘉州，登凌雲山，山九峯相向，予字之曰小九嶷，寺僧飲予茶，色似虎丘，味逼武夷，而泛緑含黄，清馥郅冽，伯仲天目、六安。予摘其芽，僧旋焙之，歸以飲藩臬諸公，亡不稱良。亡何，予同年張仁卿，以龍安司李攝嘉州。予語嘉之嘉，無嘉於淩雲茶。張君至嘉，報予曰：誠如君喻，顧《茶經》未及載，予欲續雕陸經，子爲闡淩雲之幽，以補竟陵之缺，予惟經之缺，微獨淩雲也。經曰：杭州下，蘇州又下，建州未詳，今三州名甲宇内，豈山川清淑之氣，當竟陵時，未茁爲茶耶，亦微獨茶也，后稷教民稼，始不過晉秦間，乃今三吴貢白粲供上膳。先蠶教民蠶，始亦未即及南隅，乃今霅川、閩中三繭，佐北郊供純服。固知地利興廢有時，要亦人事齊乎。予因之有感矣。夫人績學强德，邁跡自身，即僻壤下邑，闇然日章，如陸經未載諸茶,吾輩亟收之,偲逸也。脱自暴棄,斧斤戕賊,即生齊魯之鄉、出孔孟門牆,孰亦必與草木同腐。是則北苑已矣。《蟫衣生蜀草》

馮開之《快雪堂漫録》:藏茶法二,徐茂吴桂云:藏茶法,實茶大甕底。置箬封固。倒放,則過夏不黄,以其氣不外洩也,樂子晉云,當倒放有蓋缸内,缸宜砂底,則不生水而常燥,時常封固,不宜見日,見日則生翳,損茶味矣。藏又不宜熱處,新茶不宜驟用,過黄梅,其味始足。

品茶　昨同徐茂吴至老龍井買茶,山民十數家各出茶,茂吴以次點試,皆以爲贋,曰,真者甘香而不冽,稍冽便爲諸山贋品,得一二兩以爲真物,試之,果甘香若蘭,而山人及寺僧反以茂吴爲非,吾亦不能置辨,僞物亂真如此。茂吴品茶,以虎丘爲第一,常用銀一兩餘購其斤許,寺僧以茂吴精鑒,不敢相欺,他人所得,雖厚價亦贋物也。子晉云:本山茶葉微帶黑,不甚清翠,點之色白如玉,而作寒荳香,宋人呼爲白雲茶,稍緑便爲天池物,天池茶中雜數莖虎丘,則香味迥别,虎丘其茶王種耶?岕茶精者,庶幾妃后,天池龍井,便爲臣種,餘則民種矣。

炒茶並藏法　鍋令極浄,茶要少,火要猛,以手拌炒令軟浄,取出攤匾中,略用手揉之,揉去焦梗,冷定復炒,極燥而止,不得便入瓶,置浄處,不可近濕。一二日再入鍋炒,令極燥,攤冷,先以瓶用湯煮過,烘燥,燒栗炭透紅,投瓶中,覆之令黑,去炭及灰,入茶少分,投入冷炭,又入茶將滿,實宿箬葉封固,厚用紙包,以燥浄無氣味磚石壓之,置透風處,不得傍牆壁及泥地。如欲頻取,宜用小瓶。上並出《快雪堂集漫録》

李戒菴詡云:昔人論茶,以槍旗爲美,而不取雀舌、麥顆,蓋芽細則易雜他樹之葉而難辨耳。槍旗者,猶今稱壺蜂翅是也。《戒菴老人漫筆》

張元長大復云:松蘿茶有性而無韻,正不堪與天池作奴,況岕山之良者哉!但初瀹時,嗅之勃勃有香氣耳。然茶之佳處,故不在香,故曰虎丘作荳氣,天池作花氣,岕山似金石氣,又似無氣。嗟乎,此岕之所以爲妙也。

茶性必發於水,八分之茶,遇水十分,茶亦十分矣;八分之水,試茶十分,茶只八分耳。貧人不易致茶,尤難得水。歐文忠公之故人有饋中泠泉者,公訝曰:"某故貧士,何得致此奇貺?"其人謙謝,不解所謂。公熟視所饋器,徐曰:"然則水味盡矣。蓋泉冽性駛,非扃以金銀,味必破器而走。

故曰貧士不能致此奇貺也。”然予聞中泠泉故在郭璞墓,墓上有石穴罅,取竹作筒,釣之乃得。郭墓故當急流間,難爲力矣,況必金銀器而後味不走乎? 貧人之不能得水亦審矣。予性蠢拙,茶與水皆無揀擇而云然者,今日試茶,聊爲茶語耳。

洞十從天臺來,以雲霧茶見投,亟煮惠水潑之,勃勃有荳花氣而力韻微怯,若不勝水者,故是天池之兄,虎丘之仲耳。然世莫能知,豈山深地迴,絶無好事者嘗識耶? 洞十云: 他山焙茶多夾襍,此獨無有。果然,即不見知,何患乎? 夫使有好事者一日露其聲價若他山,山僧競起雜之矣。是故實衰於知名,物敝於長價。

潑茶須用小壺,則香密而味全,壺小則甌不得獨大矣。

王祖玉貽一時大彬壺,平三耳而四維上下虚空,色色可人意。今日盛洞山茶酌已飲,倩郎問此茶何似? 答曰: 似時彬壺。余驪然洗盞,更酌飲之。

馮開之夢禎先生喜飲茶而好親其事,人或問之,答曰: 此事如美人,如鼎彝,如古法書名畫,豈能宜落人手? 聞者嘆美之。然先生對客談輒不止,童子滌壺以待,會盛談,未及著茶,時傾白水而進之,先生未嘗不欣然,自謂得法,客亦不敢不稱善也,世號“白水先生”。

記天池茶云: 夏初天池茶,都不能三四碗,寒夜潑之,覺有新興。豈厭常之習,某所不免耶? 將岕之不足,覺池之有餘乎? 或笑曰,子有岕癖。當不然,癖者豈有二嗜歟? 某曰: 如君言,則魯西以羊棗作膾,屈到取芰而飲之也。孤山處士,妻梅子鶴,可謂嗜矣。道經武陵溪,酌桃花水,一笑何傷乎?

記紫筍茶云: 長興有紫筍茶,土人取金砂泉造之乃勝,而泉不常有,禱之然後出。事已輒涸。某性嗜茶,而不能通其説。詢往來貿茶人,絶未有知泉所在者,亦不聞茶有紫筍之目,大都矜稱廟後,洞山漲沙止矣。宋有紫茸玉,豈是耶? 東坡呼小龍團,便知山谷諸人爲客,其貴重如此,自思之政堪與調和,鹽醯作伴耳。然莫須另有風味,在古人當不浪説也,爐無炭茶與水各不見長書,此爲雪士一笑。

記武夷茶云: 武夷諸峯皆拔立不相攝,多産茶,接筍峯上大王次之,幔亭又次之。而接筍茶絶少不易得,按:陸羽經云"凡茶,上者生爛石,中者生礫壤,下者生黄土",夫爛石已上矣,況其峯之最高最特出者乎?大王峯下削上鋭中,周廣盤欝,諸峯無與並者。然猶有土滓接筍突兀直上絶不受滓水石相蒸而茶生焉,宜其清遠高潔稱茶中第一乎。吾聞其語鮮能知味也。經又云,嶺南生福州,建州、韶州、象州,註云,福州生閩方山,其建、韶、象未詳,往往得之,其味極佳,豈方山即今武夷山耶?世之推茗社者,必首桑苧翁,豈欺我哉。

記茶史云:趙長白作茶史,考訂頗詳要,以識其事而已矣。龍團、鳳餅、紫茸、驚芽决不可施於今之世。予嘗論,今之世,筆貴而越失其傳,茶貴而越出其味,此何故?茶人皆具口鼻,穎人不知書字,天下事未有不身試之而出者也。

記茶云:松蘿之香馥馥,廟後之味閒閒,顧渚撲人鼻孔,齒頰都異,久而不忘。然其妙在造,凡宇内道地之産,性相近也,習相遠也。吾深夜被酒,發張震封所貽顧渚,連啜而醒,書此。

記秋葉云:飲茶故富貴事,茶出富貴人政不必佳,何則矜名者不旨其味,貴耳者不知其神,嚴重者不適其候。馮先生有言,此事如法書、名畫、玩器、美人,不得著人手,辨則辨矣。先生嘗自爲之,不免白水之誚,何居。今日試堵先生所貽秋葉,色香與水相發而味不全,民窮財盡,巧僞萌生,雖有盧仝、陸羽之好,此道未易恢復也。甲子春三日聞雁齋筆談。

張元長大復聞雁齋筆談云,茶性必發於水,八分之茶,遇水十分,茶亦十分矣;八分之水,試茶十分,茶只八分耳。貧人不易致茶,尤難得水。歐文忠公之故人有饋中泠泉者,公訝曰:"某故貧士,何得致此奇貺?"其人謙謝,不解所謂。公熟視所饋器,徐曰:"然則水味盡矣。蓋泉洌性駛,非扃以金銀,味必破器而走。故曰貧士不能致此奇貺也。"然予聞中泠泉故在郭璞墓,墓上有石穴罅,取竹作筒,釣之乃得。郭墓故當急流間,難爲力矣。況必金銀器而後味不走乎?貧人之不能得水亦審矣。予性蠢拙,茶與水皆無揀擇而云然者,今日試茶,聊爲茶語耳。

天下之性未有淫於茶者也。雖然,未有負於茶者也。水泉之味,華香之質,酒瓺、米樻、油盎、醯罍、醬缶之屬,茶入之,輒肖其物。而滑賈奸之馬腹,破其革而取之,行萬餘里,以售之山棲卉服之窮酋,而去其羶薰膿結滯膈煩心之宿疾,如振黄葉,蓋天下之大淫,而大貞出焉。世人品茶而不味其性,愛山水而不會其情,讀書而不得其意,學佛而不破其宗,好色而不飲其韻,甚矣。夫世人之不善也。顧邃之恠茶味之不香爲作《茶説》,就月而書之,是夕船過魯橋,月色水容,風情野態,茶煙樹影,笛韻歌魂,種種逼人死矣。集稱茶説。

茶既就筐,其性必發於日,而遇知己於水。然非煮之茶灶、茶爐,則亦不佳,故曰飲茶富貴之事也。趙長白自言"吾生平無他幸,但不曾飲井水耳",此老於茶,可謂能盡其性者。今亦老矣也,甚窮,大都不能如曩時事,猶摹挲萬卷中,作《茶史》,故是天壤間多情人也。

松蘿茶,有性而無韻,正不堪與天池作奴,況岭山之[illegible]者哉。但初潑時,嗅之勃勃有香氣耳。然茶之佳處,故不在香,故曰虎丘作荳氣,天池作花氣,岭山似金石氣,又似無氣。嗟乎,此岭之所爲妙也。

料理息庵,方有頭緒,便擁爐静坐其中,不覺午睡昏昏也。偶聞兒子書聲,心樂之,而爐間翏翏如松風響,則茶且熟矣。三月[illegible]雨,井水若甘露,競扃其户而以瓶罌相遺,何來惠泉,乃厭張生之饞口,詢之家人輩,云舊藏得惠水二器,寶雲泉一器,亟取二味品之,而令兒子快讀李禿翁《焚書》,惟其極醒、極健者,因憶壬寅五月中,著屐燒燈,品泉於吴城王弘之第,謂壬寅第一夜,今日豈減此耶?上並《聞雁齋筆談》

楊用修曰:東坡有密雲龍,山谷有裔雲龍,皆茶名也。

傅巽七誨,峘陽黄梨,巫山朱橘,南中茶子,西極石蜜,茶子觸處有之,而永昌産者味佳,乃知古人已入文字品題矣。並《楊升庵文集》

馮元成時可云:雁山五珍,謂龍湫茶,觀音竹,金星草,山樂官,香魚也。茶一槍一旗而白毛者,名明茶,紫色而香者,名立茶,其味皆似天池而稍薄。《雨航雜録》

張元長云:洞十從天臺目來,以雲霧茶見投,亟煮惠水潑之,勃勃有荳花氣,而力韻微怯,若不勝水者,故是天池之兄,虎丘之仲耳。然世莫能知,豈山深地迥,絶無好事者嘗識耶?洞十云:他山焙茶多夾雜,此獨無有,果然,即不見知,何患乎?夫使有好事者一日露其聲價若他山,山僧競起雜之矣。是故實衰於知名,物敝於長價。雲霧乃天目之東嶺,曰天臺當誤。

松蘿之香馥馥,廟後之味閒閒,顧渚撲人鼻孔,齒頰都異,久而不忘。然其妙在造,凡宇内道地之產,性相近也,習相遠也。

趙長白作《茶史》,考訂頗詳,要以識其事而已矣。龍團鳳餅,紫茸驚芽,決不可用於今之世。予嘗論今之世,筆貴而越失其傳,茶貴而越出其味,此何故? 茶人皆具口鼻,穎人不知書字,天下事未有不身試之而出者也。飲茶故富貴事,茶出富貴人政不必佳,何則矜名者不旨其味,貴耳者不知其神,嚴重者不適其候,馮先生有言,此事如法書、名畫、玩器、美人,不得著人手,辨則辨矣。先生嘗自爲之,不免白水之誚,何居。今日試堵先生所貽秋葉,色香與水相發而味不全,民窮財盡,巧僞萌生,雖有盧仝、陸羽之好,此道未易恢復也。《梅花草堂集》

袁小修中道云: 游鹿苑,從樵人處乞得茶數片,以試,水亦佳,蓋鹿苑以茶名,所謂清溪水,鹿苑茶也。寺院既凋敝,僧遂不復種茶,而絕壁上遺種猶存,惟樵人採薪,間得數兩耳。《珂雪齋遊居杮録》

李日華《竹嬾茶衡》曰[14]

蓄精茗奇泉,不輕瀹試,有異香,亦不焚爇,必俟天日晴和,簾疏几净,展法書名畫則薦之,貴其得味,則鼻端拂拂,與口頰間甘津,並入靈府,以作送導也。若濫以供俗客,與自已無好思而輒用之,謂之殄天物,與棄於溝渠不殊也。

泰山無茶茗,山中人摘青桐芽點飲,號女兒茶。又有松苔極饒奇韻。《紫桃軒雜綴》

茶正以味洗人昏思,而好奇者貴其無色,責其有香,然有香可也,有辛辣之氣不可也;無色可也,無色而並致無味不可也。凡事著意處太多,於物必不得其正,獨茶也乎哉。

《蠻甌志》記陸羽令奴子採越江茶,看焙失候,茶焦,羽怒,縛奴投火中。余謂季疵定無此過。

茶生爛石者上,砂礫雜者次,程宣子《茶夾銘》云: 石筋山脈,鍾異於茶。今天池僅一石壁,其下種茶成畦,陽羨亦耕而植之,甚則以牛退作肥,豈復有妙種乎?

茶性不移植,移即不生,然唐詩人曹松移顧渚茶植於廣州西樵山,至

今蕃滋,何也?《紫桃軒又綴》

茶以芳冽洗神,非讀書談道,不宜褻用。然非真正契道之士,茶之韻味,亦未易評量。余嘗笑時流持論貴嘶聲之曲,無色之茶,嘶近於啞,古之繞梁遏雲,竟成鈍置。茶若無色,芳冽必減,且芳與鼻觸,冽以舌受,色之有無,目之所審,根境不相攝,而取衷於彼,何其謬耶。

虎丘以有芳無色擅茗事之品,顧其馥鬱不勝蘭芷,與新剥荳花同調。鼻之消受,亦無幾何。至於入口,淡於勺水,清泠之淵,何地不有,乃煩有司章程,作僧流棰楚哉。

古人好奇飲,中作百花熟水,又作五色飲,及冰蜜、糖藥種種之飲,予以爲皆不足尚。如值精茗,適乏細斸松枝,瀹湯漱咽而已。

余方立論,排虎丘茗,爲有小芳而乏深味,不足傲睨松蘿、龍井之上。乃聞虎丘僧盡拔其樹,以一傭待命,蓋厭苦官司之横索,而絶其本耳。余曰:快哉,此有血性比丘,惟其眼底無塵,是以舌端具劍。《六研齋筆記》

陳眉公繼儒曰:採茶欲精,藏茶欲燥,烹茶欲潔。

茶見日而味奪,墨見日而色灰。

品茶,一人得神,二人得趣,三人得味,七八人是名施茶。

吴人於十月採小春茶,此時不特逗漏花枝,而尚喜月光晴暖,從此蹉過,霜凄雁凍,不可復堪。《巖棲幽事》

楊龍光山居纂云:長白不産茶,而石上有花作碧緑色,一名石衣,蓋雨餘濕熱之氣所結,掃下用水浄洗,淘去土氣,烹泉點之,色如金,性冷去疾,今蒙茶亦此類也。《岱宗小稿》

薛岡云:岕與松蘿興,而諸茶皆廢,宜其廢也,昔人謂茶能换骨通靈,啜岕久之,而知非虚語。越茶種最多,有最佳者,然不得做法,往往使佳茗埋没於土人之手,可恨可惜。若吾鄉寧波之米谿、五井、太白、桃花山諸茶,使遇大方,當不在松蘿下。武夷茶有佳者,人不盡知。茶品之惡,莫惡於六安,而舉世貴賤皆啜之,夫亦以其聲價不甚高貴,人易與乎?此正見俗情。

虎丘真茶最寡,止宜新,岕亦宜新,唯松蘿可久蓄。岕宜春後採,松蘿秋採者更佳,以是知茶品無過於松蘿。新安閔希文,居秦淮,以茗擅譽,最得烹啜之方,世無與比,一種茶經其點瀹,色香味皆與人殊,茶若聽其所使者。予每過之,頓將塵腸淘洒一潔,如蟬幾欲仙蜕。希文清士,宜與茶宜,十步之間,乃有歙人踵希文而起,沾沾自喜,西子之顰可效乎?《天爵堂筆餘》

吕涇野鷲峯東所語云:十月十七日夜,先生召胡大器進見,賜茶,大器出席,周旋取茶,因謂曰:"汝回奉親敬長,便只是這周旋取茶道理,無别處求也。"鄭若曾問:"人莫不飲食,鮮能知味者何?"先生曰:"飲食知味處便是道。"人各且思之。胡大器對:"不以饑渴害之。"曰:"然。"適茶至,鄭讓汪威,先生曰:"此便是知味處,汝要易見道,莫顯於此。"鄭曰:"如此何謂知味?"曰:"威長,汝遜之故也,不如此,只是飲茶而已。"

一日,先生同諸公送一人行,有一人方講格物致知之説,其時甚渴,適有茶至,此人遂不遜諸公,先取茶飲,先生曰:格物正在此茶。《吕涇野先生語録》。吕柟,字仲木,高陵人。

雲泉沈道人云:凡茶肥者甘,甘則不香;茶瘦者苦,苦則香,此又茶經、茶訣、茶品、茶譜之所未發。周暉《金陵瑣事》

周吉父暉云:我朝之飲茶,最得茶之真味。漢唐宋元之人,謂之食而不知其味可也,陸季疵著爲《茶經》,在今日不足以爲經矣。《幽草軒野語》

姚叔祥士麟云:茶於吴會爲六清上齊,乃自大梁迤北,便食鹽茶,至關中,則熬油,極妙,用水烹沸,點之以酥,持敬上客,余曾螫口,至於嘔地。若永順諸處,至以茱萸、草果與茶擂末烹飲,不啻煎劑矣。茶禁至潼關始厲,雖十襲筐箱,香不可掩,至於河湟、松茂間,商茶雖有芽茶、葉茶之别,要皆自茶倉堆積粗大如掌,不翅西風揚葉,顧一入番部,便覺籠上似有雲氣,至焚香膜拜,迎之道旁,蓋以番人乳酪腥膻是食,病作匪茶不解,此中國以茶馬制其死命也。定例番族納馬,以馬眼光照人,見全身者,其齒最少,照半身者十歲,又取毛附掌中,相黏者爲無病,上馬給茶一百二十觔,中馬七十斤,下馬五十斤,而商引芽茶,每引三錢,葉茶每引二錢,茶皆産自川中,而私茶闌出者極刑處死。高皇帝愛婿歐陽倫至以私茶事發處死,不惜也。《見只編》

郎瑛云,洪武二十四年,詔天下産茶之地,歲有定額,以建寧爲上,聽茶户採進,勿預有司。茶名有四:探春、先春、次春、紫笋,不得碾揉爲大小龍團。此抄本聖政記所載,恐今不然也。不預有司,亦無所稽矣。此真聖政,較宋取茶之擾民,天壤矣。

西茶易馬考

洪武四年正月,詔陝西漢中府産茶地方,每十株,官取一株,無主者令守城軍士薅種採取,每十分,官取八分,然後以百斤作爲二包,爲引,以解有司收貯,候西番易馬。後又令四川保寧等府,亦照陝西取納。二十三年,因私茶之弊,更定其法,而於甘肅洮河、西寧各設茶馬司,以川陝軍人歲運一百萬斤,至彼收貯,謂之官茶。私茶出境者斬,關隘不覺察者處以極刑;民間所蓄,不得過一月之用,多皆官買,私易者藉其園。仍制金牌之額,篆文曰:皇帝聖旨,其下左曰:今當差發,右曰:不信者死。番族各給一面。洮州火把、藏思、裹日等族,牌六面,納馬二千五十匹;河州、必里衛二州七站西番二十九族,牌二十一面,納馬七千七百五匹;西寧曲先、阿端、罕馬、安定四衛,巴哇、申藏等族,牌一十六面,納馬三千五十匹。每匹上馬給茶一百二十斤,中馬七十斤,下馬五十斤,一面收貯内府,三年一次,差大臣賫牌前去調聚各番,比對字號,收納馬匹,共一萬四千五十一匹。自是洮河、西寧一帶,諸番既以茶馬羈縻,而元降萬户把丹,授以平涼千户,其部落悉編軍民,號爲土達,又立哈密爲忠順王,復統諸番,自爲保障,則祖宗百年之間,甘肅西顧之憂無矣。自正統十四年,北虜寇陝,土達被掠,邊方多事,軍夫不充,止將漢中府歲辦之數,並巡獲私茶,不過四五萬斤以易馬,其於遠地一切停止。至成化九年,哈密之地,又爲吐魯番所奪,屢處未定,都御史陳九疇建議欲制西番,使還城池,須閉關絶其貢易,蓋以彼欲茶不得,則發腫病死矣;欲麝香不得,則蛇蟲爲毒,禾麥無矣。殊不知貢易不通,則命死一旦,彼安得不救也哉,遂常舉兵擾我甘肅,破我塞堡,殺我人民。邊臣苦於支敵之不給,而茶亦爲其所掠也。弘治間,都御史楊一清撫調各番,志復茶法,華夷並稱未奉金牌,不敢辦納,此蓋彼既恐其相欺,而此則商販無禁,坐得收利,特假是爲以之詞耳。故尚書霍韜有曰:必須遣間諜告諸戎曰:中國所以閉關絶易,非爾諸戎罪也。吐魯番不道,滅我哈密,蹂我疆埸,故閉關制其死命。予則又曰:仍當請其金牌,招番辦納,嚴禁商販,無使有侵。至於轉輸,如舊用軍,計地轉達,不使有長役之苦,收買之價,比民少增,致使有樂趨之勤,其斯爲興復久遠之計也。或者曰:方今西番侵攪邊民,自宜極救之不暇,又復興此迂遠之事乎?余則曰:制服西戎之術,孰有過於茶爲之一法。何也?自唐回紇入貢,以馬易茶,至宋熙寧間,有茶易虜馬之制,所謂摘山之利而易充廄之良,戎人得茶,不能爲我之害;中國得馬,實爲我利之大,非惟馬政軍需之資,而駕馭西番,不敢擾我邊境矣。計之得者,孰過於此哉。並《七修類稿》

郭子章《續刻茶經序》云……是則北苑已矣。[15]

姚園客旅云:龍井茶不多,虎丘則薦紳分地而種,人得數兩耳。岕茶葉微大,有草氣,見丁長孺,試其佳者,與松蘿不相伯仲。松蘿、天池,皆掐梗掐尖,謂梗澀尖苦也。天池,武夷多贋者,天池則近山數十里概名焉,若山上之真者,與松蘿、岕山、虎丘、龍井、武夷、清源可稱七雄。然而岕山如齊桓,實伯諸侯,天池如晉文,清源味稍輕,如宋王襄,蒙山生於石上,重之者能化痰,然須藉别茶以取味,亦若東周天子耳。《露書》

長沙喜飲熏茶,茶葉先以草熏之而後烹,云病者飲此尤效。《露書》

李德裕居廟廊日,有親知奉使於京口,李曰:"還日,金山下揚子江泠水與取一壺來。"其人舉棹日醉而忘之,泛舟上石城下方憶,及汲一瓶於江中,歸京獻之。李公飲後,嘆訝非常,曰:"江表水味有異於頃歲矣,此水頗似建業石頭城下水。"其人謝過不敢隱也。有親知授舒州牧,李謂之曰:"到彼郡日,天柱峯茶,可惠三數角",其人獻之數十斤,李不受,退還。明年罷郡,用意精求,獲數角投之,贊皇閲之而受,曰:此茶可消酒肉毒。乃命烹一甌,沃於肉食,以銀盒閉之,詰旦,同開視其肉,已化爲水矣,衆伏其廣識也。《中朝故事》

李德裕在中書常飲惠山井泉……浮議弭焉。[16]《芝田録》

代宗時李季卿刺湖州,至維揚,逢陸鴻漸。抵揚子峯,將食,李曰:"陸君别茶聞,揚子南零水又殊絶,今者二妙千載一遇。"命軍士往取之。水至,陸以勺揚之曰:"江則江矣,非南零,似臨岸者。"使者曰:"某棹舟深入,見者累百,敢有紿乎?"陸傾之至半,又以勺揚之曰:"自此南零者矣。"使者蹶然曰:"某自南零賫至岸,舟蕩,覆過半,因挹岸水增之。"處士之鑒,神鑒

也。温庭筠《採茶録》

陸龜蒙魯望自著《甫里先生傳》曰：先生嗜荈，置園於顧渚山下，歲入茶租十許，薄爲甌犧之實。自爲品第書一篇。繼《茶經》陸羽撰、《茶訣》皎然撰之後，南陽張又新嘗爲《水説》，凡七等，其二曰惠山寺石泉，三曰虎丘寺石井；其六曰吴松江。是三水距先生遠不百里，高僧逸人時致之，以助其好。性不喜與俗人交。或寒暑得中，體性無事時，乘小舟，設篷席，賫一束書、茶灶、筆床、釣具，櫂頭郎而已。《甫里先生集》

陸羽嗜茶，著《茶經》三篇，言茶之源、之法、之具尤備，天下益知飲茶矣。時鬻茶者至陶羽形置煬突間，祀爲茶神。有常伯熊者，因羽論復廣著茶之功，御史大夫李季卿宣慰江南，次臨淮，知伯熊善煮茶，召之，伯熊執器前，季卿爲再舉杯。至江南，又有薦羽者，召之，羽衣野服，挈具而入，季卿不爲禮，羽愧之，更著《毁茶論》。其後尚茶成風，時回紇入朝，始驅馬市茶。宋祁《唐書・隱逸傳》

李德裕在中書嘗飲惠山泉，自毗陵至京置遞鋪，有僧人詣謁，德裕好奇，凡有遊其門者，雖布素皆接引。僧白德裕曰："相公在中書，昆蟲遂性，萬匯得所，水遞一事，亦日月之薄蝕也。微僧竊有惑也，敢以上謁欲沮，此可乎？"德裕頷之，曰："大凡爲人未有無嗜者，至於燒汞亦是所短，况三惑博塞弋弈之事，弟子悉無所染，而和尚不許弟子飲水，無乃虐乎？爲上人停之，即三惑馳騁，怠慢必生焉。"僧人曰："貧道所謁相公者，爲足下通常州水脈，京都一眼井與惠山泉脈相通。"德裕大笑曰"真荒唐也"。曰："相公但取此泉脈。"德裕曰："井在何坊曲？"曰："昊天觀常住庫後是也。"因以惠山一罌，昊天一罌，雜以八罌，一類十罌，暗記出處，遣僧辨析。因啜嘗，取惠山、昊天，餘八瓶同味，德裕大加奇嘆，當時停水遞，人不告勞，浮議乃弭。《玉泉子》

蔡君謨云：辛卯秋汴渠涸於宿州界上，岸旁得一泉，甘美清涼，絶異常水，其鄉人言水漲則不見，冬涸則其泉涓涓，深可愛。余以水品中不在第三，然出没不常，不可以定論也。陸友《研北雜志》

湖州長興州金沙泉，唐時用此水造紫筍茶進貢。泉不常出，有司具牲牢祭之，始得水，事訖即涸。宋季屢加浚治，泉迄不出。至元十五年，歲戊

寅,中書省遣官致祭,一夕水溢,可溉田千畝,遂賜名瑞應泉。陶宗儀《南村輟耕録》

張世南云,谷簾三疊,廬阜勝處,惟三疊,於紹熙辛亥歲,始爲世人覽。宣和初,有徐長老,棄官修浄業,名動天聽,被旨祝髮,住圓通,號青谷止禪師。當時已觀此泉,圖於勝果寺之壁。蓋未出之先,緇黄輩已見,特秘而不發耳。從來未有以瀹茗者。紹定癸巳,湯制幹仲能主白鹿教席,始品題,以爲不讓谷簾。嘗有詩寄二泉於張宗瑞曰:"九疊峯頭一道泉,分明來處與雲連。幾人竟嘗飛流勝,今日方知至味全。鴻漸但嘗唐代水,涪翁不到紹熙年。從兹康谷宜居二,試問真岩老詠仙。"張賡之曰:"寒碧朋尊勝酒泉,松聲遠壑憶留連。詩於水品進三疊,名與谷簾真兩全。畫壁煙霞醒作夢,茶經日月著新年。山靈似語湯夫子,恨殺屏風李謫仙。"九疊屏風之下,舊有太白書堂,及有詩云"吾非濟代人,且隱屏風疊"之句。

揚子江心水,號中泠泉,在金山寺傍,郭璞墓下。最當波流險處,汲取甚艱,士大夫慕名求以瀹茗,操舟者多淪溺。寺僧苦之,於水陸堂中,穴井以紿游者。往歲連州太守張思順,鹽江口鎮日,嘗取二水較之,味之甘冽,水之輕重,萬萬不侔。乾道初,中泠别湧一小峯,今高數丈,每歲加長。鸛棲其上,峯下水益湍,泉之不可汲,更倍昔時矣。玉女泉,在丹陽縣練湖上觀音寺中。本一小井,舊傳水潔如玉。思順以淳熙十三年,沿檄經由,專往訪索。僧慼頞而言:此泉變爲昏墨,已數十年矣!初疑其始,乃就往驗視,果爲墨汁。嗟愴不足,因賦詩題壁曰:觀音寺裡泉經品,今日唯存玉乳名。定是年來無陸子,甘香收入柳枝瓶。明年攝邑,六月出迎客,復至寺,再汲,泉又變白。置器中,若雲行水影中。雖不極清,而味絶勝。詰其故,蓋紹興初,宗室攢祖母柩於井左,泉遂壞,改遷不旬日,泉如故,異哉!事物之廢興,雖莫不有時,亦由所遭於人如何耳。宗瑞,思順之子也。《游宦紀聞》

無錫惠山泉水,久留不敗,政和甲子歲,趙霆始貢水於上方,月進百樽,先是以十二樽爲水式,泥卵置泉亭中,每貢發以之爲則。靖康丙午罷貢,至是開之,水味不變,與他水異也。寺僧法皞言之。《墨莊漫録》

蘇東坡云:時雨降,多置器廣庭中,所得甘滑不可名,以瀹茶、煮藥皆美而有益,正爾食之不輟,可以長生。其次井泉甘冷者,皆良藥也,乾以九二化離,坤以六二化坎,故天一爲水。吾聞之道士,人能服井花水者,其熱與石硫黄鐘乳等,非其人而服之,亦能發背腦爲疽。蓋嘗觀之,又分至日取井水,儲之有方,後七日輒生物如雲母,故道士謂水中金,可養煉爲丹,此固嘗見之者。此至淺近,世獨不能爲,況所玄者乎?《志林》

周煇云:煇家惠山,泉石皆爲几案物。親舊東來,數聞松竹平安信,且時致陸子泉茗碗,殊不落莫。然頃歲亦可致於汴都,但未免瓶盎氣。用細砂淋過,則如新汲時,號拆洗惠山泉。天台竹瀝水,斷竹稍屈而取之,盈甕。若雜以他水,則亟敗。蘇才翁與蔡君謨比茶,蔡茶精,用惠山泉,蘇劣,用竹瀝水煎,遂能取勝。此説見江鄰幾所著《嘉祐雜志》。果爾,今喜擊拂者,曾無一語及之,何也。《清波雜志》

元祐六年七夕日,東坡時知揚州,與發運使晁端彦、吴倅、晁無咎,大明寺汲塔院西廊井,與下院蜀井二水較[③]其高下,以塔院水爲勝。《墨莊漫録》

朱平涵國禎云……更名學士泉。

禁城中外海子……黄學士之言真先得我心。

南中井泉凡數十餘處……

俗語:"芒種逢壬便立霉"……而香洌不及遠矣。

又雪水……用之亦可。[17]

天下第四泉,在上饒縣北茶山寺。唐陸鴻漸寓其地,即山中茶,酌以烹之,品其等爲第四。邑人尚書楊麟讀書於此,因取以爲號。一曰胭脂井,以土赤名。上七條並《湧幢小品》

周暉吉父云:萬曆甲戌季冬朔日盛時,泰仲交踏雪過余尚白齋中,偶有佳茗,遂取雪煎飲。又汲鳳皇、瓦官二泉飲之,仲交喜甚。因歷舉城内外泉之可烹者。余慫恿之曰:"何不紀而傳之?"仲交遂取雞鳴山泉、國學泉、城隍廟泉、府學玉兔泉、鳳皇泉、驍馬衛倉泉、冶城忠孝泉、祈澤寺龍泉、攝山白乳泉、品外泉、珍珠泉、牛首山龍王泉、虎跑泉、太初泉、雨花台甘露泉、高座寺茶泉、净明寺玉華泉、崇化寺梅花水、方山八卦泉、静海寺獅子泉、上莊宫氏泉、德恩寺義井、方山葛仙翁丹井、衡陽寺龍女泉,共二十四處，皆序而贊之，名曰《金陵泉品》。余近日又訪出謝公墩鐵庫井，鐵塔寺倉百丈泉、鐵作坊金沙井、武學井、石頭城下水、清涼寺對山蓮花井、鳳台門外焦婆井、留守左衛倉井、即鹿苑寺井也，皆攜茗一一試過，惜不得仲交試之耳。《金陵瑣事》

李君實日華云，光福西三里鄧尉山，有七寶泉，甘洌踰惠山遠甚，倪雲林汲後，無復有垂綆者。《紫桃軒雜綴》

周煇以惠泉餉人，患瓶盎氣，用細沙淋之，謂之拆洗惠泉。

五台山冬夏積雪，山泉凍合，冰珠玉溜，晶瑩逼人，然遇融釋時，亦可勺以煮茗，其味清极，元遺山詩云："石罅飛泉冰齒牙，一杯龍焙雪生花。車塵馬足長橋水，汲得中泠未要誇"，信絶境境未易到也。

吴江第四橋水，陸羽制伯芻俱品爲第六，以其匯天目諸泉，釀味不薄。橋左右有溝道深五丈，乃龍卧處，將取時須幕瓶口，垂綆至深，方得之，不然，水面常流耳。《紫桃軒又綴》

武林西湖水，取貯五石大缸，澄澱六七日。有風雨則覆，晴則露之，使受日月星之氣。用以烹茶，甘醇有味，不遜慧麓。以其溪谷奔注，涵浸凝渟，非復一水，取精多而味自足耳。以是知，凡有湖陂大浸處，皆可貯以取澄，絶勝淺流。陰井昏滯腥薄，不堪點試也。《六研齋筆記》

洞庭張山人云：山頂泉輕而清，山下泉清而重，石中泉清而甘，沙中泉清洌，土中泉清而厚，流動者良於安静，負陰者勝於向陽，山削者泉寡，山秀者有神，真源無味，真水無香。陳繼儒《巖棲幽事》

陳眉公云：金山中泠泉，又曰龍井，水經品爲第一。舊嘗波險中汲，汲者患之。僧於山西北下穴一井以給游客，又不徹堂前一井，與今中泠相去又數十步，而水味迥劣。按泠一作零，又作灑，《太平廣記》李德裕使人取金山中泠水，蘇軾、蔡肇並有中泠之句。雜記云："石碑山北謂之北泠，釣者餘三十丈，則中泠之外，似有南泠、北泠者"。《潤州類集》云："江水至金山，分爲三泠。"今寺中亦有三井，其水味各别，疑似三泠之説也。《偃曝餘談》

閩

姚園客旅云：井水多鹹，去余家數步，曰孝武井，雖在人居之間，而水獨甜洌，可與惠泉爭價。取以烹茶，色味俱佳，汲者無虚日。

草堂前爲百花潭，潭實在錦江中，潭水稍深於上下，上下水比潭中水皆輕四兩，想潭底有湧泉，味獨醇濃耳。成都烹茶者皆取水於兹。

庚子除夜，泊舟白帝城下，縱飲口渴，命童子汲江水，飲之，味甚醇甜，中泠惠水，頓減聲價，豈以雪消日暖，釀兹神品邪？

餘不溪，在德清城東門内，孔愉放龜餘不溪，即其地，今有祠溪干。不音柎，花蒂也。六朝沈氏沿溪種桃，花落溪中，故云餘不。一説不音浮，謂此水清，别處則否。至今土人繅絲者，皆操舟至此，載水濯絲，獨白，蜀稱錦水，此可稱絲水。

半月泉，在德清城北，水甘而味佳，蘇長公倅武林，請假來游，題詩其上云："請得半日假，來游半月泉。何人施大手，劈破水中天。"余亦有詩云："半規禪定水，七尺珊瑚竿，欲釣水中月，來從松杪看。"一僧求書，書此與之。書未竟，范東生曰：此半月泉詩乎？《露書》

烏程閔康侯元衢貯梅水法云：徐長谷先生水品搜羅甘洌，庶幾盡矣，然必取之殊鄉異地，不免煩勞，即不憚其勞，而假手遠求，未必無欺僞也。矧陵谷變遷，中泠之泉，已非其舊荆谿之井，直在深淵，取必於地，不若求諸天時而已。如清明本日之水，黄梅時節之雨，又十月上旬，名棄落水，及臘中之水，並此時雪水，俱爲可啜，貯之日用，真取之左右逢源者也。然梅水尤佳，收貯之法，以三甕貯滿，列於坐隅，如今日在首列者，取出幾何，即注他水幾何封固，次取他甕，亦如前法，三甕既畢，越信宿矣。則首取者隨已釀丹如舊，周而復始，用之不窮，非若他時所貯者，挹之而易竭也。然甕愈多愈妙，但以三爲率耳。偶閲坡翁《志林》，亦論此水之美，余因道其詳，以爲煮茗者之一助，又收藏欲密，不可投入塵埃，尤不可飛入蚊蚋，一入即生倒頭蟲而水敗矣。《歐餘漫録》

四川總志，金魚井，敘州府城南，黄庭堅酷喜茶，令人遍汲水泉試之，惟此水品爲第一。月岩井，在凌雲山下，清泠芳洌，煮茗尤佳，凌雲山在富順治西。

袁小修中道云：須日華至園，取所攜惠泉點茶，日華云，泉水貯之已久將壞，時以甕數注之，則復鮮，雖彌年亦如新，此泉所以貴也。《珂雪齋遊居柹録》

徐子擴充云：中泠泉，舊在揚子江心金山郭璞墓之中流，聞常有水泡泛起，光瑩如珠者是也，以舟方可接得。今寺僧鑿井於山，加石欄，建亭於上，誑人曰："此中泠泉也"，免官府取水，操舟遠汲之危，此市僧之巧計。余嘗其水，絶淡無味，其實非也，不稱品題之目。潮溪陳子兼《捫虱新話》云，凡所在古跡近僧處，必經改易，意恐過客尋訪，憚于陪接耳。歐陽公嘗嘆庶子泉昔爲流溪，今山僧填爲平地，起屋其上。問其泉，則指一井曰：此庶子泉也。以此知山僧不好古，其來尚矣。《暖姝由筆》

薛千仞岡云，嘗取黄河水瀹茗，妙甚，因將河水及揚子江心水，與吾鄉它山泉較輕重，不爽毫厘，惟惠泉獨重二兩。若張秋之阿井水更重於惠泉，雖味劣不可瀹茗，而以之煎膠能療疾病，乃知水以體重者爲佳。《天爵堂筆餘》

何宇度云，百花潭水，較江水差重，取以烹茶，其味自别。《益部談資》

張元長大復云……今日豈減此耶？[18]

記登惠山云：瓊州三山庵有泉味類惠山，蘇子瞻過之，名曰惠通，其説云：水行地中，出没數千里外，雖河海不能絶也。二年前有餉惠水者，淡惡如土，心疑之，聞之客云，有富者子亂決上流，幾害泉脈，久乃復之，味如故矣。泉力能通數千里之外，乃不相渾於咫尺之間，此惠之所以常貴也歟。李文饒置水驛，以汲惠泉而不知脈在長安昊天觀下鮮能知味，大抵然耳。今日與鄒公履、茹紫房、陳元瑜登惠山酌泉，飲之，因話其事，顧謂桐曰，凡物行遠者必不雜，豈惟水哉，時丙午(萬曆)冬仲十二日，月印梁溪，風謖謖著聽松上，公履再命酒數酌，頹然别去。

記喜泉云：早起發惠泉，將爇火烹之，味且敗，意殊悶悶。而王辰生來告，朱方黯所得近業小有花木可觀，清泉瀹然出屋下，甘泠異常，石甃其古。聞之喜甚，當遣奴子乞之，名曰喜泉，它日過方黯齋中，當作一泉銘以貽好事者，我之心浄，安往不得歡喜哉。病居士記。

又曰：朱方黯宅有喜泉，每齋中惠水竭輒取之，其味故在季孟間，而炊者不知惜，以供盥濯，貴耳賤目，古今智愚一也。《聞雁齋筆談》

羅景綸大經，廬陵人論茶瓶湯候云：余同年李南金云……一甌春雪勝醍醐。[19]《鶴林玉露》

蘇廙仙芽傳第九卷載作湯十六法……所以爲大魔。[20]

茶寮記 陸樹聲

園居敞小寮於嘯軒埤垣之西……不減凌煙。[21]

平泉先生自著九山散樵傳云,性嗜茶,著茶類七條,所至攜茶灶拾墮薪汲泉煮茗,與文友相過從上見《適園雜著》

晨起取井水新汲者,傳净器中熟數沸,徐啜徐漱,以意下之,謂之真一飲子,蓋天一生水,人夜氣生於子,平旦穀氣未受,胃藏沖虚,服之能蠲宿滯,淡滲以滋化源。陸樹聲《清暑筆談》

煎茶法,先用有焰炭火滚起,便以冷水點住,伺再滚起,再點,如此三次,色味皆進。《多能鄙事》

大明水記 歐陽修

世傳陸羽《茶經》……或作丹陽觀音寺井,漢江金州中零水,歸州玉虚洞香溪水,商州武關西洛水。[22]

浮槎山水記

浮槎山……[23]上並出《歐陽文忠全集》

中泠泉考 孫國敉

中泠泉,一曰零,一曰灑,故有南零北灑,州志云,江水至金山,分爲三泠是也。昔張又新、劉伯芻皆品以第一泉,迄陸鴻漸後,乃謂廬山康王谷水第一,而屈南零居第七。今金山僧豈不知中泠泉所在,漫以金山井當之,且藉泉爲市,而輦泉及豉於舴艋中,羣執手版,逆諸貴人樓船,逼取勞貲,其實味同斥鹵,大爲中泠短氣,毋惑乎許次紓之著茶録曰金山頂上井,恐已非中泠古泉,或陵谷變遷,當必湮没,不然,何其醨薄不堪酌也。而不知真中泠泉故在石排山,米元章賦云"浮玉掩露,石簰落潮",蓋排亦謂之簰云。山畔有郭璞墓,墓畔其石皆嵢岈硿礲,色深黝,類太湖靈壁,然山體短而悍,夏日江漲,則石没於濤,濤色渾濁,中有一泓泠然者最當湍流險處,上湧而出,毫不爲渾濁所掩,凡深三十餘丈,故命之曰中泠。惟秋日水落石出,從金山以扁舟渡郭墓,以一足趾點石稜,摭於中泠泉之石骨而汲焉。視故石上水痕,殆減丈許,視鸕鷀祭魚,蛟鼉吐沫,亦歷歷有遺跡,始知古人造語之確。曰：江心夾石渟淵,僅六言耳,而爲中泠泉寫照貽盡。僧苦汲者險,遂別鑿井以篡之,此不可以欺李贊皇,而況陸鴻漸乎,善乎鴻漸之鑒水也。唐代宗朝,李季卿刺湖州,至維揚,逢鴻漸,索其試茶,且言揚子南零水更殊絶,命一謹信者,挈瓶操舟,詣南零汲水,至,陸以杓揚其水曰:"江則江矣,非南零者,似臨岸之水",既而傾諸盆,至半遽止之,而更以杓揚之,曰:"自此南零者矣。"使大駭服,曰:"某至南零賫至岸,舟蕩覆半,懼其尠,挹岸水益之。處士之鑒,神鑒也。"此一公案也。迄我明而有田藝蘅《煮茶小品》亦曰,揚子固江也,其南泠則夾石渟淵,特入首品,余嘗試之,果與山泉無異,此又一公案也。所謂與山泉無異者,正用鴻漸茶經"山水上,江水次"而核之者也。蘇眉山嘗有三江味别之論,而蔡氏非之,乃古有五行之官,水官得職,始能辨其性味,合中有分,重中有輕,濁中有清,皆剖若犀劃,故有師曠、易牙、王卲、張華以及張、劉、陸、李諸君子品天下水,性味不同,真妙得古水官之遺法,不直爲舌本設也。夫天下清濁真贋之當辨者,獨一水品也歟哉,余乃用前人六言足之以紀其事曰：江心夾石渟淵,中有泠然一泉。秋老始窺濯濯,漲余悵憶涓涓。蘇家符竹晨汲,郭墓菱花夜懸。自我尋源勒史,山僧載月空旋。倘山僧以厲己而去其籍乎,則有余文及詩之三尺在。《雞樹館集》

煎茶七類　徐渭

一人品……不減湊煙。[24]

鬥茶文　薛岡

王伯良,方仲舉,皆新安人,各自任所畜松蘿茶最精,馬金部眉伯請于七月七日鬥之。仲舉負,罰具酒,同座客有蔣子厚、汪遺民,人皆賦詩,余得文,其辭曰：貪夫鬥積,武人鬥剛,謀家鬥略,敵國鬥強。凡鬥之道,殺機攸藏,余不樂近,矧與俱觴。歲末乙丑,再詣都門,金部眉伯爲余開樽,余不宜酒,乞茗滌煩,於是遣清風之使,啟都統之籠,斥鳳髓與雀舌,拔松蘿於伍中。余方欲啜,二客交陳,咸述斯茶之甲,拆我家山之春,六班昔著,九難今聆,王伯良已稱换骨,方仲舉自譽通靈,座如聚訟,辨質罕停,眉伯奮曰,君宜屏囂,明届七夕鬥巧之宵,易而鬥茗,於我團焦,請別以口,味於何逃,吾將爲子陳瓦鐺,煨榾柮,汲洌井,除林樾,宫時之壺具施,咸宣之杯畢發,遲吾子旗摇太白,鑰揮緑沉,火攻逞夫田氏,水陳背以淮陰,勝者舉酒,負者罰金,二客唯唯,謹識以心。是日落晡,秋燈未灼,二茗俱臻,衆客弗約,伯良既悍,仲舉不弱,發茗接兵,方氏頓卻,輸金取酒,以佐歡謔。茶品鬥竟,未鬥茶量,余與諸子,顧一命將,分道而進,無許退讓,衆乃堅壁,不敢仰望,縱余鯨吞,形神欣暢,爾輩釀王,穢暍以釀,盍吸玉津,一洗五臟。余少病悸,蟻鬥驚牛,夫何老憊,與鬥者游。疇知嘻笑之鬥,鬥雖力而無憂,殺機不起,凶鋒亦收,方托之以展懷舒額,亦假是而追朋隨儔。眉伯兹舉,豈將陟森伯而黜歡伯,移虎丘而易糟丘。法當賜若以余甘之姓,封茗爲不夜之侯,因思文人好勝,莫不鬥靡誇多,未經比試,均一松蘿,倘敕眉伯,持衡而過,操觚之人,其如爾何。《天爵堂集》

烹茶記　馮時可

新構既成,於内寢旁設茶灶,令侍婢名桂者典茗事。所進茗香潔甚適口,余問何以能然,曰:"余進茗於主人日三五,而滌器日數十也,余手不停滌,目不停視,蟹眼魚目,以意送迎,其壢斯哉。余又品水而試之,則惠泉不若堯封也,惠泉易奪味,易育蟲,堯封則否。"余以問客,客曰:"若所語誠不誣,夫惠泉汲者衆,汲衆則污,堯封汲者寡,寡則清。又惠泉在山麓,其受氣暖,堯封在山巔,其受氣寒,寒則肅而不敗,氣暖則融而易變,非精於茗事者何能察此。"余取試之,果然。他日客叢至,令進茶,不如前。余以詰婢,對曰:"主人不聞乎? 江蘺澗芷,以珮騷人;熊蹯象膚,以享豪舉,用物各有所宜也。今彼塵披垢和,紛紛臭駕者,寧與此味相宜。使主人游從果,一一眠雲,跂石高流,如芝如蘭,入清浄味中三昧者,而某不以佳茗進,則安所諉其咎哉!"余無以責。居數日,有故太史至,稱詩而語煙霞,婢亟進良茗,曰:"此雖軒冕,能自超超,誠主人茶侶。"竟日坐灶旁,茶煙隱隱出竹柳外,客覽之,大暢而别,請余記其語。

茶寮記

酒與茗,皆濁世尤物也。酒能澆人磊塊,而茗能釋人昏滯;酒引人自遠,而茗引人自高;酒能使形神親,而茗能使形神肅;酒德爲春,茗德爲秋。然酒有酒禍,惟茗爲不敗,故高流重之,曰暖露,曰香液,曰乳花,皆其佳目。而水厄、酪奴,特慢戲語耳。茗飲盛於我吴,然烹點清絶,千百家不一二,余往得其法於陽羨書生,而家少姬最精其事,日舉茗汁供大士,次飲稿砧,所使一二婢,亦粗領略,大率候火,候湯,蟹眼魚目,沫餑適均,即注以餉客,與常味迥别,因爲敞小寮於院西,長日倦極,眠床待飲,耳聆其聲颼颼,若春濤,若秋雨,隱隱梧竹間,余乃起坐薦沉水,張青桐,呼少君共酌,因語之曰:"此非眠,云企石人未易享受,今日偕汝足稱小隱,何必遠避鹿門?"少君頗能酒,笑謂麴生何必不佳,清尊紫蟹,誰其堪伴,要之雲霞泉石間,二妙並不可缺,吾何能左右袒? 余無以難,漫爲之記。《石湖稿》

葉嘉傳

葉嘉……至唐趙贊始舉而用之。[25]

烹雪頭陀傳　楊夢衮字龍光

烹雪頭陀者,姓湯,名點,字瀹之,蒙山人也。其先有雀舌氏者,受知於神農,神農爲食經,雀舌氏列名其中。雀舌氏之孫曰點,性情冷,不好爲煩膩,簞食瓢飲,晏如也,所至士大夫渴慕之。晉王濛絶好點,客至必使點出見客,點不論客食未,輒與之縱譚,一往一復,一吞一吐,頗有流唐漂虞,滌殷盪周之意。士大夫患之,曰:今日乃爲瀹之所苦,此吾輩一厄也。點於是舍去,而與唐之諸公游。玉川先生盧仝者,最好點,點一日謁仝七進而七納之,歡然恨相得晚也。旁觀者皆私疑點數數,且怪仝僻,不近人情,仝方且習習兩腋風生,曰,諸君憒憒,乃作長歌贈點,而點之名日彰矣。點最相知者則有陸羽。羽字鴻漸,吴人,自少耽嗜點,凡點之性情風韻,及生平所寄跡之地,一一爲之譜而傳之。點好游佳山水,如揚子中泠、惠山、虎丘、丹陽、大明、淞江,以及廬山之康王谷、新安之九龍潭、西湖之龍井、武夷之珠簾、歷下之趵突、蔣山之八功德、攝山之珍珠泉,點無一處不到,到之處羽無一處不與之盤桓。揚清挹潤,競爽争奇,言之津津有味,不啻金蘭之契,針芥之投,膠漆之固也。好事者於是家弓旌而人杖履,日奉點周旋矣。點清甚,非俗人所知,點亦不求其知,客愛點者,唯是磐石叢篁之下,棋枰酒斝之旁,擁竹爐對坐,煙裊裊起松梢間,令人意致自遠。又或澄湖一鏡,攜點夷猶於中流,船頭使童子對灶吹火,點滚滚口若懸河,良久松風澗雨,灑然逼人矣。蔡君謨嘗以點進於朝,點之名遂無翼而飛,不脛而走,至今縉紳學士相遇坐,定必首及之。

野史氏曰:點以清名重,乃説者疑其臞而瘠,近之不甚宜人,今世之垂膝過腹之夫,腥羶逆鼻,彼皆宜人者哉?鵷雛鸑鷟,實非琅玕不食,淵非清泠不飲,童子牽牛而出,則蹄涔亦可以脹其腹,宜其不知點也。《岱宗小稿,十九友傳》

《茶賦》 **顧況** (稽天地之不平兮)《文苑英華》

搜神記

漢孝武時宣城人,入武夷山採茗,逢一毛人長丈餘,引客入山採茗,贈懷中橘而去。

異苑曰:陸重母孀居,每以茶爲薦宅中古塚。重兄弟以塚何靈,將發掘,母固止之,獲免。夜夢人云:"居此三百年,今蒙恩澤。"及晨,獲錢二十萬。

南有嘉茗賦 **梅堯臣** (南有山原兮)《梅宛陵集》

煎茶賦 **黄庭堅** (洶洶乎如澗松之發清吹)《黄山谷文集》

煎茶賦並序 **沈龍**

酒鄉香國,時時有人往還。香國如桃花源,時開時合;而酒鄉自劉將軍開後,便通中國,獨茶天未有開闢手。茶天在青微西,或云青微天即茶天也。酒有劍俠氣,香有美人氣、文士氣;獨茶如禪,未許常人問津。顧況有《茶賦》,黄庭堅有《煎茶賦》,已是數百年一傳,此後絶無聞焉,正如六祖去後,衣鉢竟絶,至如盧仝牛飲耳。偶有客至横雲山茶,而惠山汲水船適至,遂作小賦。

汲新泉於樹杪,採新茗於雨前。合命花灶,松頂濤翻,掃石徑之秋雲,乞活火於坡仙。雪意消而山空,微香散而鶴還。亂花中之藥氣,捲深竹之晴煙。於是開别館,揭風簾,事供奉,命短鬟紅袖,窄窄素手春寒,矜弓彎之絶小,又欲進而詎前。其甘如薺,其氣勝蘭。其味也甘露雨,其白也秋空天。花點波動,月印杯穿。杏樹桃花之深洞,奇種不到;竹林草堂之古寺,無此幽閒。於焉昏睡竟失,繁憂畢殫,神空而道可學,味淡而禪獨參。忽疑義之盡晰,俄欲辨而忘言。如白玉蟾拈花而三嗅,如江貫道撫琴而不彈。此味無令人之可共,何不攷古人而就班。乃問詩人誰識其玄,或云子厚,或云青蓮,乃浩然、摩詰之皆不可,而獨分一餅於陶潛。若夫畫中三昧,誰得其傳,曰有同味,恕先在焉。偕倪迂而漱齒,分黄癡以餘甘。猶一人之未降,則庶幾乎巨然,其餘者人莫不飲,而知味之竟鮮,至如美人,孰媸孰妍,分一杯於道藴,乃羣議之貼然,更賜緑珠以餘瀝,而以供奉命易安。雖文君之妖艷,不能一滴之破慳也。若夫藤花紫筍,味鮮蕨肥,苦荳新甘,就兹妍景,結社峯顛。高衲韻士,松風滿龕,就陰陰之疏影,聽活活之流泉,暝煙合池上,孤月出東山。人静無籟,山空不喧。名理爛熟,古道羣諳。任微言而比投水,縱高論之若河懸。於斯時也,松火怒發,石瀨渟涵,雲漿浸舌,瞠眼青天。心清涼而若雪,胸空闊而無粘。渺若輕雲之歸海,净若片月之還山。誰知此者,我當與之讀茶賦,而續涪翁之嫡傳。《雪初堂集》

代武中丞謝新茶表　劉禹錫

臣某言中使竇國晏奉宣聖旨,賜臣新茶一斤,猥降王人,光臨私室,恭承慶賜,跪啟緘封,臣某中謝伏以方隅入貢,采擷至珍,自遠貢來,以新爲貴,捧而觀妙,飲以滌煩,顧蘭露而慙芳,豈柘漿而齊味。既榮凡口,倍切丹心,臣無任云云。

爲田神玉謝茶表　韓翃

臣某言,中使至,伏奉手詔,兼賜臣茶一千五百串,令臣分給將士以下。臣慈曲被,戴荷無階。臣某中謝臣智謝理戎,功慙盪寇。前恩未報,厚賜仍加。念以炎蒸,恤其暴露。旁分紫筍,寵降朱宮。味足蠲邪,助其正直,香堪愈病,沃以勤勞。飲德相勸,撫心是荷,前朝饗士,往典犒軍,皆是循常,非聞特達。顧惟荷增幸,忽被殊私。吴主禮賢,方聞置茗。晉臣愛客,才有分茶。豈如澤被三軍,仁加十乘。以欣以忭,感戴無階。臣無任云云。并《文苑英華》

茶磨銘見《侯鯖録及談苑》　黄庭堅

楚雲散盡,燕山雪飛,江湖歸夢,從此祛機。

茶夾銘　李載贄

唐右補闕綦毋旻著代茶飲序云:“釋滯消壅,一日之功蹔佳;瘠氣耗精,終身之害斯大。獲益則歸功茶力,貽害則不謂茶災。”予讀而笑曰:“釋滯消壅,清苦之益寔多;瘠氣耗精,情欲之害最大。獲益則不謂茶力,自害則反謂茶殃,是恕己責人之論也。”乃銘曰:

我老無朋,朝夕唯汝。世間清苦,誰能及子? 逐日子飲,不辨幾鍾。每夕子酌,不問幾許。夙興夜寐,我顧與子終始。子不姓湯,我不姓李,總之一味清苦到底。《焚書》

茶壺銘　張大復

非其物勿吞,非其人勿吐。腹有涯而量無涯,吾非斯之與而誰伍。《梅花草堂集》

金堂南山泉銘並序　浦國寶

蘭陵錢治嘗作南山泉記實仁宗天聖四年,距今蓋一百二十有一年也。錢又誇大其言,以謂陸羽作《茶經》第水之品三十,張又新《煎茶記》又增其七,毛文錫作《茶譜》,又增至二十有八。金堂南山泉當不在蘭溪第二水下,然前之三人足跡曾不一履此地,宜皆不爲所賞鑑,故此泉淹没而無聞焉,可嘆也!先朝時家恬户嬉,一時人士往往多以卜泉試茗相誇爲樂事。至靖康後,天下騷然,苦兵生民困於征徭,邑中之黔,惴然方以貨泉,供億縣官不給,爲恐泉之甘否,何暇議耶?黄君才叔,此方之修整士也。紹興辛巳,於南山之南,手披荆棘,鋤其荒穢,卓江山景物之會,作室十數楹,極幽居之勝。而嵓竇之間,泉之湮者,復達引之庭除,其聲涓涓。遇暇日,余率二三賓朋,登君之堂,洗心滌慮,便覺煩暑坐變清涼,酌爲茗飲,則又芬甘可愛,誠如治之言者,余是以知物之廢興通塞,亦自有時,何獨一泉耶?是不可不銘,銘曰:

峽水東注,鶴峯北峙。幽幽南山,爲國之紀。有洌彼泉,出於嵒底。清新香潔,酌之如醴。吾儕小人,豈曰知味。宜茶而甘,即爲佳水。近世錢治,蓋當品第方之蘭溪,不在第二,陸羽既遠,無復爲紀,日新文錫兹亦已矣。今之易牙,未知孰是。一泉小物,隱而弗示。不有獎鑑,孰發其閟。勒銘山阿,以告吾類。《全蜀藝文志》

宣城蒼坑茶贊　梅鼎祚

茶之用,至於今而始真。昔之末碾湯浮,龍圖鳳箔,非其質矣。吾邑華陽山,有蒼坑密壠,故産茶。至於今孫伯揆父子采焙,而始顯伯揆事事清絶。其製茶則倣大方之於松蘿也,色香味三者具矣,而名價迺復倍之。醍醐生于酥酪,精於酥酪,物理固然,亦由人勝。茶二品,一曰春雷甲,一曰秋露英,然春爲勝焉,秋則園主靳,固有抱蔓之慮,價益翔。壬子萬曆春伯揆屬余爲之贊,以貽同好。適增湯社一段故事耳,恨不使陸鴻漸、蔡君謨諸君見之。

瑞草先春,驚雷甲坼。惟華之陽,土長泉洌。物生有滋,甘芳昌越。騎火手焙,授法自歙。縹碧茸茸,色若初茁。精氣所挺,爲石巖白。香出空中,還與鼻接;玄味自然,了非在舌。不可思議,默焉妙契。爰報乳恩,供佛禪悦,活烹淺注,以次待客。《鹿裘石室集》

茶中雜詠並序　皮日休

和茶具十詠　陸龜蒙、皮日休

睡後茶興憶楊同州　白居易

昨晚飲太多，嵬峨並上聲連宵醉。今朝殘又飽，爛熳移時睡。睡足摩挲眼，眼前無一事。信腳繞池行，偶然得幽致。婆娑綠蔭樹，斑駁青苔地。此處置繩床，傍邊置茶器。白瓷甌甚潔，紅爐炭方熾。沫下麴塵香，花浮魚眼沸。盛來有佳色，咽罷餘芳氣。不見楊慕巢，誰人知此味。《長慶集》

題茶山在宜興　杜牧

山實東吳秀，茶稱瑞草魁。剖符雖俗吏，修貢亦仙才。泉嫩黄金湧，山有金沙泉。修貢出，罷貢即絶。牙香紫璧裁。垂遊難自剋，俯首入塵埃。節　《樊川集》

答族姪僧中孚贈玉泉仙人掌茶　李白　（嘗聞玉泉山）《李翰林集》

峽山嘗茶　皮日休見《湖南廣總志》　（簇簇新英摘露光）

送陸羽　皇甫曾[26]

方虚谷《瀛奎律髓》云：茶之盛行，自陸羽始。止是碾磑茶爾，其妙處在於別水味。盧仝所謂"手閱月團三百片"，恐團茶不應如是之多，多則必不精也。今則江茶最富爲末茶，湖南、西川、江東、浙西爲芽茶、青茶、烏茶，惟建寧甲天下爲餅茶。廣西修江亦有片茶，雙井、蒙頂、顧渚、壑源一時不可卒數。南人一日之間，不可無數杯；北人和採酥酪雜物，蜀人又特入白土，皆古之所無有也。羽死，號爲茶神，故取此一首爲茶詩之冠。

故人寄茶　曹鄴　（劍外九華英）

憶茗芽憶平泉雜詠　李德裕

谷中春日暖，漸憶掇茶英。欲及清明火，能消醉客酲。松花飄鼎泛，

蘭氣入甌輕。飲罷閒無事,捫蘿谿上行。《李衛公别集》

故人寄茶

劍外九華英上《才調集》作曹鄴。邀作招,竹作月,流作沉,讀作肘。

茶山詩　袁高

禹貢通遠俗,所圖在安人。後王失其本,職吏不敢陳。亦有奸佞者,因兹欲求伸。動生千金費,日使萬姓貧。我來顧渚源,得與茶事親。甿輟耕農耒,採之實苦辛。一夫且當役,盡室皆同臻。捫葛上欹壁,蓬頭入荒榛。終朝不盈掬,手足皆鱗皴。悲嗟遍空山,草木爲不春。陰嶺芽未吐,使者牒已頻。心争造化力,先走挺塵均。選納無晝夜,搗聲昏繼晨。衆工何枯槁,俯視彌傷神。皇帝尚巡狩,東郊路多堙。周迴繞天涯,所獻逾艱勤。況減兵革困,量兹固疲民。未知供御餘,誰合分此珍。顧省忝邦守,又慙復因循。茫茫滄海間,丹憤何由申。唐文粹

蕭員外寄新蜀茶　白居易　(蜀茶寄到但驚新)

謝李六郎中寄新蜀茶　(故情周匝向交情)

山泉煎茶有懷　(坐酌泠泠水)

睡後茶興憶楊同州　(昨晚飲太多)

走筆謝孟諫議寄新茶　盧仝　(日高丈五睡正濃)

五言月夜啜茶聯句

泛花邀坐客,代飲引情言。陸士修醒酒宜華席,留僧想獨園。張薦不須攀月桂,何假樹庭萱。李崿御史秋風勁,尚書北斗尊。崔萬流華净肌骨,疏瀹滌心原。顔真卿不似春醪醉,何辭緑菽繁。僧清晝素瓷傳静夜,芳氣滿閒軒。陸士修

和章岷從事門茶歌　范仲淹《范文正集》（年年春自東南來）

蕭灑桐廬郡　十絶之六

蕭灑桐廬郡，春山半是茶。新雷還好事，驚起雨前芽。

次謝許少卿寄臥龍山茶趙抃　《趙清獻公文集》（越芽遠寄入都時）

嘗新茶呈聖俞　歐陽修　（建安三千里《合璧事類外集》起句作“爲何建安三千里”）

次韻再作　（吾年向老世味薄）

雙井茶　（西江水清江石老）

送龍茶與許道人　（潁陽道士青霞客）

和梅公儀嘗茶

溪山擊鼓助雷驚，逗曉靈芽發翠莖。摘處兩旗香可愛，貢來雙鳳品尤精。寒侵病骨惟思睡，花落春愁未解酲。喜共紫甌吟且酌，羨君蕭灑有餘清。上併出《歐陽文忠集》

蝦蟆碚當作培，今土人寫作皆，字音佩　（石溜吐陰崖）《歐陽文忠公集》

和原父揚州題時會堂二首造貢茶所也　（積雪猶封蒙頂樹）《歐陽文忠集》

汲水煎茶　蘇軾　（活水仍需活火烹）

楊誠齋云：七言八句，一篇之中，句句皆奇；一句之中，字字皆奇。古今作者皆難之。如東坡《煎茶詩》云：“活水仍需活火烹，自臨釣石取深清”,第二句,七字而具五意:水清,一也;深處取清者,二也;石下之水,非有泥土,三也;石乃釣石,非常之石,四也;東坡自汲,非遣卒奴,五也。“大瓢貯月歸春甕,小杓分江入夜瓶”,其狀水之清美極矣。“分江”二字,此尤難下。“雪乳已翻煎處脚,松風仍作瀉時聲”,此例語也,尤爲詩家妙法,即杜少陵“紅稻啄餘鸚鵡粒,碧梧棲老鳳凰枝”也。“枯腸未易禁三碗,卧聽山城長短更”,又翻卻盧仝公案。仝喫到七碗,坡不禁三碗。山城更漏無定,“長短”二字有無窮之味。本集詩雪乳作茶雨,山城作荒村

試院煎茶　(蟹眼已過魚眼生)

月兔茶　(環非環)

和錢安道寄惠建茶　(我官於南今幾時)

惠山謁錢道人烹小龍團登絶頂望太湖　(踏遍江南南岸山)

和蔣夔寄茶　(我生百事常隨緣)

問大冶長老乞桃花茶栽東坡　(周詩記苦茶)

怡然以垂雲新茶見餉報以大龍團仍戲作小詩　(妙供來香積)

新茶送僉判程朝奉以饋其母有詩相謝次韻答之

縫衣付與溧陽尉,捨肉懷歸潁谷封。聞道平反供一笑,會須難老待千鍾。火前試焙分新胯,雪裏頭綱輟賜龍。從此升堂是兄弟,一甌林下記相逢。

次韻曹輔寄壑源試焙新芽

仙山靈雨濕行雲,洗遍香肌粉末勻。明月來投玉川子,清風吹破武陵

春。要知玉雪心腸好,不是膏油首面新。戲作小詩君一笑,從來佳茗似佳人。

到官病倦未嘗會客毛正仲惠茶乃以端午小集石塔戲作一詩爲謝

我生亦何須,一飽萬想滅。胡爲設方丈,養此膚寸舌。爾來又衰病,過午食輒噎。繆爲淮海帥,每愧廚傳缺。爨無欲清人,奉使免内熱。空煩赤泥印,遠致紫玉玦。爲君伐羔豚,歌舞菰黍節。禪窗麗午景,蜀井出冰雪。坐客皆可人,鼎器手自絜。金釵候湯眼,魚蟹亦應訣。遂令色香味,一日備三絶。報君不虚授,知我非饕啜。

種茶　(松間旅生茶)

南屏謙師妙於茶事,自云得之於心,應之於手,非可以言傳學到者。十月二十七日聞軾游壽星寺,遂來設茶,作此詩贈之　(道人曉出南屏山)

次韻董夷仲茶磨

前人初用茗飲時,煮之無問葉與骨。浸窮厥味臼始用,復計其初碾方出。計窮功極至於磨,信哉智者能創物。破槽折杵向牆角,亦其遭遇有伸屈。歲久講求知處所,佳者出自衡山窟。巴蜀石工強鐫鑿,理疏性軟良可咄。予家江陵遠莫致,塵土何人爲披拂。

魯直以詩饋雙井茶次韻爲謝

(江夏無雙種奇茗)　《歸田録》草茶以雙井爲第一。晝舫宿太湖,北渚貢茶故事。

寄周安孺茶　(大哉天宇内)

元翰少卿寵惠谷簾水一器龍團二枚仍以新詩爲貺歎味不已次韻奉和

巖垂疋練千緑落,雷起雙龍萬物春。此水此茶俱第一,共成三絶景中人。《文忠全集》

煎茶　丁謂　(開緘試雨前)

建茶呈使君學士　李虚己　(石乳標奇品)

和伯恭自造新茶　余襄公

郡庭無訟即仙家,野圃栽成紫筍茶。疏雨半晴回暖氣,輕雷初過得新芽。烘褫精謹松齋静,採擷縈迂澗路斜。江水對煎萍髣髴,越甌新試雪交加。一槍試焙春尤早,三碗搜腸句更嘉。多藉彩牋貽雅唱,想資詩筆思無涯。上并《瀛奎律髓》

和子瞻煎茶　蘇轍　(年來病懶百不堪)

次韻李公擇以惠泉答章子厚新茶二首

無錫銅瓶手自持,新芽顧渚近相思。故人贈答無千里,好事安排巧一時。蟹眼煎成聲未老,兔毛傾看色尤宜。槍旗攜到齊西境,更試城南金線奇。金線泉在齊州城南

新詩態度靄春雲,肯把篇章妄與人。性似好茶常自養,交如泉水久彌親。睡濃正想羅聲發,食飽尤便粥面勻。底處翰林長外補,明年誰送雪溪春。

宋城宰韓秉文惠日鑄茶

君家日鑄山前住,冬後茶芽麥粒粗。磨轉春雷飛白雪,甌傾錫水散凝酥。溪山去眼塵生面,簿領埋頭汗匝膚。一啜更能分幕府,定應知我俗人無。

次前韻

龍鸞僅比閩團釅,鹽酪應嫌比俗麄。採愧吴僧身似臘,點須越女手如酥。舌根遺味輕浮齒,腋下清風稍襲膚。七碗未容留客試,瓶中數問有餘無。

茶灶　梅堯臣　（山寺碧溪頭）

宋著作寄鳳茶　（春雷未出地）

七寶茶　和范景仁王景彝殿中雜題三十八首並次韻之三十二

七物甘香雜蕊茶,浮花泛緑亂於霞。啜之始覺君恩重,休作尋常一等誇。

答建州沈屯田寄新茶　（春芽研白膏）

王仲儀寄鬥茶　（白乳葉家春）

答宣城張主簿遺鵶山茶次其韻　（昔觀唐人詩）

晏成續太祝遺雙井茶五品茶具四枚近詩六十篇因以爲謝

始於歐陽永叔席,乃識雙井絶品茶。次逢江東許子春,又出鷹爪與露牙。鷹爪斷之中有光,碾成雪色浮乳花。晏公風流丞相族,以此五色論等差。遠走犀兵至蓬巷,青蒻出篋封題加。紋柘冰瓷作精具,靈味一啜驅昏邪。神還氣王讀高詠,六十五篇金出沙。已從鍛鍊出至寶,終老不變傳幽遐。自惟平昔所得者,何異瓦礫空盈車。滌心洗腑強爲答,愈苦愈拙徒興嗟。

穎公遺碧霄峯茗

到山春已晚,何更有新茶。峯頂應多雨,天寒始發芽。採時林狖静,蒸處石泉嘉。持作衣囊秘,分來五柳家。

李仲求寄建溪洪井茶七品云愈少愈佳,未知嘗何如耳,因條而答之。

（忽有西山使）

吴正仲遺新茶《律髓》云：三四即盧仝至尊之餘，合王公何事便到仙人家也。此詩聖俞五十二居母憂時作，所以用"悲哀草土臣""聊跪北堂親"，乃奠酹之意也　(十片建溪春)

茶磨二首

(楚匠斫山骨)

盆是荷花磨是蓮，誰礱麻石洞中天。欲將雀石成雲末，三尺蠻童一臂旋。得自三天洞吴氏

嘗茶　和公儀

都藍攜具向都堂，碾破雲團北焙香。湯嫩水輕花不散，口乾神爽味偏長。莫夸李白仙人掌，且作盧仝走筆章。亦欲清風生兩腋，從教吹去月輪旁。

吕晉叔著作遺新茶

四葉及王遊，共家原坂嶺。歲摘建溪春，争先取晴景。大窠有壯液，所發必奇穎。一朝團焙成，價與黄金逞。吕侯得鄉人，分贈我已幸。其贈幾何多，六色十五餅。每餅包青蒻，紅籤纏素縈。屑之雲雪輕，啜已神魄惺。會待嘉客來，侑談當晝永。

得雷太簡自製蒙頂茶　(陸羽舊茶經)

時會堂二首依韻和劉原甫舍人揚州五題之一自注歲貢蜀岡茶似蒙頂茶能除疾延年

今年太守采茶來，驟雨千門禁火開。一意愛君思去疾，不緣時會此中杯。雨發雷塘不起塵，蜀崑岡上暖先春。煙牙才吐朱輪出，向此親封御餅新。

次韻和永叔嘗新茶雜言　(自從陸羽生人間)

次韻和再拜

建溪茗株成大樹，頗勝楚越所種茶。先春喊山掐白萼，亦異鳥觜蜀客

夸。烹新鬥硬要咬盞,不同飲酒争畫蛇。從揉至碾用盡力,只取勝負相笑呀。誰傳雙井與日注,終是品格稱草芽。歐陽翰林百事得精妙,官職況已登清華。昔得隴西大銅碾,碾多歲久深且窊。昨日寄來新鬻片,包以籙箬纏以麻。唯能膹啜任腹冷,幸免酩酊冠弁斜。人言飲多頭顫挑,目欲清醒氣味嘉。此病雖得優醉者,醉來顛蹈禍莫涯。不顧清風生兩腋,但顧對竹兼對花。還思退之在南方,嘗説稍稍能啖蟆。古之賢人尚若此,我今貧陋休相嗟。公不遺舊許頻往,何必絲管喧咬哇。

得福州蔡君謨密學書並茶

尺題寄我憐衰翁,刮青茗籠藤纏封。茶開片銙碾葉白,亭午一啜驅昏慵。

顔生枕肱飲瓢水,韓子飯齏居辟雍。雖窮且老不媿昔,遠荷好事紓情悰。節《梅苑陵集》

建溪新茗　梅堯臣

(南國溪陰暖)方回《瀛奎律髓》云:喬雲龍小餅,先朝以爲近臣之異賜。建茶爲天下第一,廣西修江胯茶次之。南渡後宫禁嬪御日所飲用即此品。胯茶修四寸,博三寸,許人亦罕有芽。茶則多品矣。

依韻和杜相公謝蔡君謨寄茶

天子歲嘗龍焙茶,茶官催摘雨前芽。團香已入中都府,鬥品争傳太傅家。小石冷泉留早味,紫泥新品泛春華。吴中内史才多少,從此蒓羹不足誇。

《律髓》云:因茶而薄蓴羹,是亦至論。陸機以蓴羹對晉武帝羊酪,是時未尚茶耳。然張華《博物志》已有"真茶令人不寐"之説。

謝王彦光提刑見訪並送茶　陸游

遖英帷幄舊儒臣,肯顧荒山野水濱。不怕客嘲輕薄尹,要令我識老成人。飄回鼓轉春城暮,酒冽橙香一笑新。遥想解酲須底物,隆興第一壑源春。

三遊洞前巖下小潭水甚奇取以煎茶

苔徑芒鞵滑不妨,潭邊聊得據胡床。巖空倒看峯巒影,磵遠中含藥草香。汲取滿瓶牛乳白,分流觸石珮聲長。囊中日鑄傳天下,不是名泉不合嘗。

過武連縣北柳池安國院煮泉試日鑄、顧渚。茶院有二泉,皆甘寒。傳云唐僖宗幸蜀,在道不豫,至此飲泉而愈,賜名報國靈泉云

滴瀝珠璣翠壁間,遭時曾得奉龍顔。欄傾甃缺無人管,滿院松風晝掩關。一

行殿淒涼跡已陳,至今無老記南巡。一泓寒碧無今古,付與閒人作主人。二

我是江南桑苧家,汲泉閒品故園茶。只應碧缶蒼鷹爪,可壓紅囊白雪芽。日鑄以小餅臘紙、丹印封之,顧渚貯以紅藍縑囊,皆有歲貢。　三

同何元立蔡肩吾至東丁院汲泉煮茶

一州佳處盡徘徊,惟有東丁院未來。身是江南老桑苧,諸君小住共茶盃。一

雪芽近自峨嵋得,不減紅囊顧渚春。旋置風爐清樾下,它年奇事記三人。二

睡起試茶

笛材細織含風漪,蟬翼新裁雲碧帷。端溪硯璞斫作枕,素屏畫出月墮空江時。朱欄碧甃玉色井,自候銀缾試蒙頂。門前剥啄不嫌渠,但恨此味無人領。

九日試霧中僧所贈茶

少逢重九事豪華,南陌雕鞍擁鈿車。今日蜀中生白髮,瓦爐獨試霧中茶。

試茶

蒼爪初驚鷹脱鞲,得湯已見玉花浮。睡魔何止避三舍,歡伯直知輸一

篝。日鑄焙香懷舊隱,谷簾試水憶西遊。銀缾銅碾俱官樣,恨欠纖纖爲捧甌。

飯罷碾茶戲書

江風吹雨暗衡門,手碾新茶破睡昏。小餅戲龍供玉食,今年也到浣花村。

烹茶

麴生可論交,正自畏中聖。年來衰可笑,茶亦能作病。噎嘔廢晨飧,支離失宵瞑。是身如芭蕉,寧可與物競。兔甌試玉塵,香色兩超勝。把玩一欣然,爲汝烹茶竟。

試茶

北窗高臥鼾如雷,誰遣香茶挽夢回。緑地毫甌雪花乳,不妨也道入閩來。

晝臥聞碾茶

小醉初消日未晡,幽窗催破紫雲腴。玉川七碗何須爾,銅碾聲中睡已無。

夜汲井水煮茶

病起罷觀書,袖手清夜永。四鄰悄無語,燈火正淒冷。山童亦睡熟,汲水自煎茗。鏘然轆轤聲,百尺鳴古井。肺腑凜清寒,毛骨亦蘇省。歸來月滿廊,惜踏疏梅影。

效蜀人煎茶戲作長句

午枕初回夢蝶床,紅絲小磑破旗槍。正須山石龍頭鼎,一試風爐蟹眼湯。巖電已能開倦眼,春雷不許殷枯腸。飯囊酒甕紛紛是,誰賞蒙山紫筍香。

北巖采新茶用忘懷録中法煎飲欣然忘病之未去也

槐火初鑽燧,松風自候湯。攜籃苔徑遠,落爪雪芽長。細啜靈襟爽,微吟齒頰香。歸時更清絶,竹影踏斜陽。

試茶

強飯年來幸未衰,睡魔百萬要支持。難從陸羽毀茶論,寧和陶潛止酒詩。乳井簾泉方徧試,柘羅銅碾雅相宜。山僧剥啄知誰報,正是松風欲動時。

喜得建茶

玉食何由到草萊,重奩初喜坼封開。雪霏庾嶺紅絲磑,乳泛閩溪緑地材。舌本常留甘盡日,鼻端無復鼾如雷。故應不負朋遊意,手挈風爐竹下來。

雪後煎茶

雪液清甘漲井泉,自攜茶灶就烹煎。一毫無復關心事,不枉人間住百年。《劍南詩集》

閏正月十一日吕殿丞寄新茶新,最早者。生處地向陽也　**曾鞏**

偏得朝陽借力催,千金一銙過溪來。曾坑貢後春猶早,海上先嘗第一杯。

寄獻新茶　(種處地靈偏得日)

方推官寄新茶　(採摘東溪最上春)

嘗新茶　丁晉公《北苑新茶詩序》云:茶芽採時如䴵麥之大者(麥粒收來品絶倫)

蹇磻翁寄新茶二首

（龍焙嘗茶第一人）

（貢時天上雙龍去）《元豐類稿》

大雲寺茶詩《吕真人集》：洞賓詭爲回處士遊大雲寺。僧請處士啜茶茗，舉丁晉公詩曰"花隨僧筯破，雲逐客甌圓"。處士曰句雖佳，未盡茶之理，乃書詩曰云云

玉蕊一鎗稱絶品，僧家造法極功夫。兔毛甌淺香雲白，蝦眼湯翻細浪俱。

斷送睡魔離几席，增添清氣入肌膚。幽叢自落溪嵓外，不肯移根入上都。《吕真人集》

焦千之求惠山泉詩　蘇軾

兹山定空中，乳水滿其腹。遇隙則發見，臭味實一族。淺深各有值，方圓隨所蓄。或爲雲洶湧，或作綫斷續。或鳴空洞中，雜佩間琴筑。或流蒼石縫，宛轉龍鸞蹙。瓶罌走四海，真僞半相瀆。貴人高宴罷，醉眼亂紅緑。赤泥開方印，紫餅截圓玉。傾甌共歎賞，竊語笑僮僕。豈如泉上僧，盥灑自挹掬。故人憐我病，蒻籠寄新馥。欠伸北窗下，晝睡美方熟。精品厭凡泉，願子致一斛。

杜近遊武昌以菩薩泉見餉

君言西山頂，自古流白泉。上爲千牛乳，下有萬石鉛。不愧惠山味，但無陸子賢。願君揚其名，庶託文字傳。寒泉比吉士，清濁在其源。不食我心惻，於泉非所患。嗟我本何有，虚名空自纏。不見子柳子，餘愚汙溪山。

蝦蟆培

蟆背似覆盂，蟆頤如偃月。謂是月中蟆，開口吐月液。根源來甚遠，百尺蒼崖裂。當時龍破山，此水隨龍出。入江江水濁，猶作深碧色。稟受苦潔清，獨與凡水隔。豈惟煮茶好，釀酒應無敵。

閤門水朝堂嘉祐元年九月九日宿齋歐陽永叔張叔之孫之翰會賦

宫井固非一,獨傳甘與清。釀成光禄酒,調作太官羹。上舍銀瓶貯,齋廬玉茗烹。相如方病渴,空聽轆轤聲。

魯直復以詩送茶云願君飲此勿飲酒　晁補之

相茶真似石韞璧,至精那可皮膚識。溪芽不給萬口須,往往山毛俱入食。雲龍正用餉近班,乞與麄官成靦顔。崇朝一碗坐官局,申旦形清不成宿。平生樂此臭味同,故人貽我情相燭。黄侯發軔日千里,天育收駒自汧渭。車聲出鼎細九盤,如此佳句誰能似。遣試齊民蟹眼湯,扶起醉頭湔腐腸。頗類它時玉川子,破鼻竹林風送香。吾儕幽事動不朽,但讀離騷可無酒。

再用發字韻謝毅父送茶

開門覩雉不敢發,滯思霾胸須澡雪。煩君初試一槍旗,救我將隳半輪月。不應種木便甘棠,清風自是萬夫望。未須乘此蓬萊去,明日論詩齒頰香。

張傑以龍茶换蘇帖

寄茶换字真佳尚,此事人間信亦稀。它日封廚失雙牘,應隨癡顧畫俱飛。

和答魯敬之祕書見招能賦堂烹茶二首

玉泉吟鼎月隳輪,如射風標兩絶塵。只欠何郎窗畔雪,戎葵爲我作餘春。

一碗分來百越春,玉溪小暑卻宜人。紅塵它日同回首,能賦堂中偶坐身。

次韻提刑毅甫送茶

魚羔煮餅漸宜秦,愁絶江南一味真。健步遠梅安用插,鷓鴣金盞有餘春。《雞肋集》

答許覺之惠椰子茶盂 黄庭堅

碩果不食寒林梢，割而棄之爲懸匏。故人相見各貧病，猶可烹茶當酒肴。

鄒松滋寄苦竹泉蓮子湯

松滋縣西竹林寺，苦竹林中甘井泉。巴人謾説蝦蟆焙，試裹春芽來就煎。

新收千百秋蓮菂，剥盡紅衣擣玉霜。不假參同成氣味，跳珠碗裡緑荷香。

謝公擇舅分賜茶三首

（外家新賜蒼龍璧）

（文書滿案惟生睡）

細題葉字包青箬，割取丘郎春信來丘子進外家壻。拚洗一春湯餅睡，亦知清夜有蚊雷。

戲答荆州王充道烹茶二首

茗碗難加酒碗醇，暫時扶起藉糟人。何須忍垢不濯足，苦學梁州陰子春。

龍焙東風魚眼湯，箇中即是白雪鄉。更煎雙井蒼鷹爪，始耐落花春日長。

謝黄從善司業寄惠山泉 （錫谷寒泉橢石俱）

雙井茶送子瞻 （人間風日不到處）

省中烹茶懷子瞻用前韻

閤門井不落第二，竟陵谷簾定誤書。思公煮茗共湯鼎，蚯蚓竅生魚眼珠。置身九州之上腴，争名燄中沃焚如。但恐次山胸磊隗，終便平聲酒舫石魚湖。元次山《石魚湖歌》曰：石魚湖，似洞庭，夏水欲滿君山青。疾風三日作大浪，不能廢人運酒舫。

以雙井茶送孔常父

校經同省並門居，無日不聞公讀書。故持茗碗澆舌本，要聽六經如貫珠。心知韻勝舌知腴，何似寶雲與真如。湯餅作魔應午睡，慰公渴夢吞江湖。

謝送碾賜壑源揀芽　（斋雲從龍小蒼璧）

以小團龍茶半挺贈無咎並詩用前韻爲戲　（我持玄圭與蒼璧）

博士王揚休碾密雲龍同事十三人飲之戲作

斋雲蒼璧小盤龍，貢包新樣出元豐。王郎坦腹飯床東，太官分物來婦翁。棘圍深鎖武成宮，談天進士雕虚空。鳴鳩欲雨唤雌雄，南嶺北嶺宮徵同。午窗欲眠視濛濛，喜君開包碾春風，注湯官焙香出籠。非君灌頂甘露碗，幾爲談天乾舌本。

答黄冕仲索煎雙井並簡揚休

江夏無雙乃吾宗，同舍頗似王安豐。能澆茗碗湔祓我，風袂欲把浮丘翁。吾宗落筆賞幽事，秋月下照澄江空。家山鷹爪是小草，敢與好賜雲龍同。不嫌水厄幸來辱，寒泉湯鼎聽松風。夜堂朱墨小燈籠。惜無纖纖來捧碗，唯倚新詩可傳本。　並黄文節公集

即惠山煮茗　蔡襄

此泉何以珍，適與真茶遇。世物兩稱絶，於予獨得趣。鮮香筯下雲，甘滑杯中露。尚能變俗首，豈特湔塵慮。晝静清風生，飄蕭入庭樹。中含古人意，來者庶冥悟。

茶坂雲谷二十六詠之二十二 **朱熹**

攜籯北嶺西,采擷供茗飲。一啜夜窻寒,跏趺謝衾枕。

嘗茶次寄越僧靈皎 林逋 （白雲峯下兩槍新）

瓶懸金粉師應有,筯點瓊花我自珍。清話幾時搔首後,願和松色勸三巡。

監郡吴殿丞惠以建茶吟一絶以謝之 林逋 （石碾輕飛瑟瑟塵）

謝人寄蒙頂新茶 文同 （蜀土茶稱盛）

謝人送壑源絶品云九重所賜也 曾幾

三伏汗如雨,終朝霑我裳。誰分金掌露,來作玉溪涼。別甑軟炊飯,小爐深炷香。麯生何等物,不與汝同鄉。元注：別甑炊香飯供養於此人,禪家語也。

迪姪屢餉新茶

吾家今小阮,有使附書頻。喚起南柯夢,持來北焙春。顧予多下駟,況復似陳人。不是能分少,其誰遣食新。

敕廚羞煮餅,掃地供爐芬。湯鼎聊從事,茶甌遂策勲。興來吾不淺,送似汝良勤。欲作柯山點,當今阿造分。元注：俗所謂衢,點也。造姪妙於擊拂。

述姪餉日鑄茶

寶胯自不乏,山芽安可無。子能來日鑄,吾得具風爐。夏木囀黄鳥,僧窻行白駒。談多唤坐睡,此味政時須。

逮子得龍團勝雪茶兩胯以歸予其直萬錢云

移人尤物衆談誇,持以趨庭意可嘉。鮭菜自無三九種,龍團空取十千茶。烹嘗便恐成災恠,把玩那能定等差。賴有前賢小團例,一囊深貯只傳家。

李相公餉建溪新茗奉寄

一書説盡故人情,閩嶺春風入户庭。碾處曾看眉上白元注:茶家云碾茶須碾著眉上白乃爲佳,分時爲見眼中青。飯羹正晝成空洞,枕簟通霄失杳冥。無奈筆端塵俗在,更呼活水發銅瓶。《律髓》云:茶以碾而白爲上品。摘處佳人指甲黄,碾時童子眉毛緑,未極茶之妙也。此第三句得之矣。

與周紹祖分茶　陳與義　(竹影滿幽窗)

陪諸公登南樓啜茶家弟出建除體詩諸公既和予因次韻

建康九醖美,侑以八品珍。除瘴去熱惱,與茶不相親。滿月墮九天,紫面光璘璘。平生酪奴謗,脈脈氣未申。定論得公詩,雅好知凝神。執持甘露碗,未覺有等倫。破睡及四座,愧我非嘉賓。危樓與世隔,萬事不及唇。成公方坐嘯,嘗此玉花勻。收杯未要忙,再試晴天雲。開口得一笑,玆遊念當頻。閉眼歸默存,助發梨棗春。

賞茶　戴昺

自汲香泉帶落花,漫燒石鼎試新茶。緑陰天氣閑庭院,卧聽黄蜂報晚衙。

謝徐璣惠茶　徐照

建山惟上貢,采擷極艱辛。不擬分奇品,遥將寄野民。角開秋月滿,香入井泉新。静室無來客,碑黏陸羽真。

吴傅朋送惠山泉兩瓶並所書石刻　曾幾

錫谷寒泉雙玉瓶,故人捐惠意非輕。疾風驟雨湯聲作,淡月疏星茗事成。新歲頭綱須擊拂,舊時水遞費經營。銀鈎蠆尾增奇麗,并作晴窗兩眼明。

次黄叔粲茶隱倡酬之作　戴昺

美人隱於茶,性與茶不異。苦澀知餘甘,淡薄見真嗜。肯隨世俱昏,寧墮衆所棄。靈雨滋山腴,迅雷起龍睡。野草未敢花,春芽早呈瑞。鬥水須占一,焙火不落二。趣深同誰參,雋永時自試。蔥姜勿容溷,瓜蘆定非類。標名寓玄思,微吟寫清致。成我君子交,從彼俗容恚。嚼芳憩泉石,包貢免郵置。遼遼玉川翁,千載共風味。

茶　秦觀

茶實嘉木英,其香乃天育。芳不愧杜蘅,清堪掩椒菊。上客集堂葵,圓月探奩盝。玉鼎注漫流,金碾響丈竹。侵尋發美鬯,猗旎生乳粟。經時不銷歇,衣袂帶紛鬱。幸蒙巾笥藏,苦厭龍蘭續。願君斥異類,使我全芬馥。

茶臼

幽人耽茗飲,刳木事搗撞。巧制合臼形,雅音侔柷椌。虛室困亭午,松然明鼎窗。呼奴碎圓月,搔首聞錚鏦。茶仙賴君得,睡魔資爾降。所宜玉兔搗,不必力士扛。願偕黄金碾,自比白玉缸。彼美製作妙,俗物難與雙。《淮海後集》

次韻謝李安上惠茶　秦觀

故人早歲佩飛霞,故遣長鬚致茗芽。寒橐遽收諸品玉,午甌初試一團花。著書懶復追鴻漸,辨水時能效易牙。從此道山春困少,黄書剩校兩三家。

茶歌　白玉蟾　（柳眼偷看梅花飛）

謝木舍人送講筵茶　楊萬里誠齋　（吴綾縫囊染菊水）

重嘗新茶　曾鞏

麥粒收來品絶倫，葵花制出樣争新。一杯永日醒雙眼，草木英華信有神。

無名　鄭遇（嫩芽香且靈）

丁謂（建水正寒清上合璧事類外集）

病中夜試新茶簡二弟戲用建除體　程敏政

建溪新茗如環鈎，土人食之除百優。呼童滿注雪乳脚，使我坐失平生優。朝來定與兩難弟，執手共瀹青瓷甌。腹稿已破五千卷，舉身恨不登危樓。玉川成仙幾百載，清氣渺渺散不收。典衣開懷只沽酒，閉門卻笑長安游。

齋所謝定西侯惠巴茶　程敏政

元戎齋祓近青坊，分得新茶帶酪香。雪乳味調金鼎厚，松濤聲瀉玉壺長。甘於馬湩疑通譜，清讓龍團别制方。吟吻渴消春晝永，愧無裁答付奚囊。

冬夜燒筍供茶教子弟聯句

坐擁寒爐夜氣清篁墩，烹茶燒筍散閒情敏亨。品從雀舌分佳味壎，價許龍孫得貴名塏。七碗喜催詩興發塏，百壺真謝酒權輕壎，疏窗已上梅花月敏亨，更取瑶琴鼓再行篁墩。《程篁墩文集》

嚴稚荆送新茶作歌答之　鄭明選《鄭侯升集》

暮春三月風日嘉，顧渚初生紫筍茶。故人贈我三百片，片片半卷黄金芽。呼童汲水燒活火，碧窻飛颺青煙斜。須臾肅肅風雨響，石鼎細沸生銀花。玉碗擎來好顔色，嫩緑輕浮如瑟瑟。乍拈入口華池香，毛竅蕭森百煩滌。此茶一串錢百緡，土物年年貢至尊。大官日進八珍飽，一啜始覺神飛飜。我生茶癖過盧陸，獨苦名茶常不足。一朝澆我藜莧腸，呋捧區區小人腹。

愛茶歌　吴寬　（湯翁愛茶如愛酒）

遊惠山入聽松庵觀竹茶爐庵有皮日休醒酒石

與客來嘗第二泉，山僧休怪急相煎。結庵正在松風裏，裹茗還從穀雨前。玉碗酒香揮且去，石床苔厚醒猶眠。百年重試筠爐火，古杓争憐更瓦全。

謝吴承翰送悟道泉有序

成化己亥春，予偕李太僕貞伯游東洞庭山，宿吴鳴翰宅。明日偕過翠峯寺。寺有悟道泉，飲之甘美，相與題詩而去，今二十年矣。一日鳴翰弟承翰，使人舁巨瓮以泉見餉，予嘉其意，以詩謝之。於是太僕公與鳴翰皆物故矣。

試茶憶在廿年前，碧瓮舁來味宛然。踏雪故穿東澗屐，迎風遥附太湖船。題詩寥落憐諸友，悟道分明見老禪。自愧無能爲水記，遍將名品與人傳。

姪奕勺泉烹茶風味甚勝

碧甃泉清初入夜，銅爐火暖自生春。巨區舟楫來何遠，陽羡槍旗瀹更新。妙理勿傳醒酒客，佳名誰與坐禪人。洛陽城里多車馬，卻笑盧仝半飲塵。

題王浚之茗醉廬

昔聞爾祖王無功，曾向醉鄉終日醉。醉鄉茫茫不可尋，後世惟傳醉鄉記。君今复作醉鄉遊，醉處雖同遊處異。此間亦自有無何，依舊幕天而席地。聊將七碗解宿酲，飲中别得真三昧。茅廬睡起紅日高，書信先回孟諫議。陸羽盧仝接蹟來，仍請又新論水味。不從衛武歌柳詩，初筵客散多威儀。無功先生安得知,醉鄉從來分兩岐。

飲陽羨茶

今年陽羨山中品,此日傾來始滿甌。穀雨向前知苦雨,麥秋以後欲迎秋。莫夸酒醴清還濁,試看旗槍沉載浮。自得山人傳妙訣,一時風味壓南州。吴大本嘗論煎茶法。

謝朱懋恭同年寄龍井茶

諫議書來印不斜,忽驚入手是春芽。惜無一斛虎丘水,煮盡二斤龍井茶。顧渚品高知已退,建溪名重恐難加。飲餘爲比公清苦,風味依然在齒牙。

謝馮副郎送惠山泉

何處泉滿腹,惠山横翠屏。山遠不能移,誰移此泓渟。客從山下來,遺我泉兩瓶。磊磊石子在,中涵數峯青。宛如清曉汲,尚帶魚龍腥。煎茶水有記,陸羽著茶經。舌端辨清濁,豈但如渭涇。兹泉列第二,不甘讓中泠。幸蒙蘇子詠,將詩作泉銘。至今山游者,争仰漪瀾亭。遠餉逾千里,瓿甋載吴舲。後人不好事,此事久已停。大甕封泥頭,所重惟醽醁。一朝俄得此,高屋驚建瓴。陽羨茶適至,新品攢寸莛。雖非龍鳳團,勝出蔡與丁。二物偶相值,活火仍熒熒。蟹眼泡漸起,羊腸車可聽。煎烹既如法,傾瀉勝蘭馨。連飲渴頓解,更使塵目醒。瓶底有餘瀝,照見髮星星。嗟此一段奇,何意當衰齡。不須茶始飲,飲水心常惺。未足酬雅意,聊用報山靈。匏翁《家藏集》

和章水部沙坪茶歌有跋　楊慎

玉壘之關寶唐山,丹危翠險不可攀。上有沙坪寸金地,瑞草之魁生其間。方芽春茁金鴉觜,紫笱時抽錦豹斑。相如凡將名最的,譜之重見毛文錫。洛下盧仝未得嘗,吴中陸羽何曾覓。逸味盛誇張景陽,白兔樓前錦里旁。貯之玉碗薔薇水,擬以帝台甘露漿。聚龍雲,分麝月,蘇蘭薪桂清芬發。参隅迢遞渺天涯，玉食何由獻金闕。君作茶歌如作史，不獨品茶兼品士。西南側陋阻明揚，官府神仙多蔽美。君不聞，夜光明月投人按劍嗔，又不聞，擁腫蟠木先容爲上珍。

往來在館閣，陸子淵謂予曰："沙坪茶信絶品矣，何以無稱於古？"余曰："毛文錫《茶譜》云：'玉壘關寶唐山有茶樹，懸崖而生，筍長三寸五寸，始得一葉兩葉。'晉張景陽《成都白兔樓詩》云：'芳茶冠六清，逸味播九區。'此非沙坪茶之始乎？"

沙坪茶興冬夕擁爐即事二首之二　**補續全蜀藝文志載二詩**

霜氣侵中月瞰牕，荆薪代燭勝銀釭。不聊詩鼎因佚喜，卻掩禪扉效老龐。蝦眼龍團醒思退，蠅聲蚓竅睡魔降。坐沉不覺寒更盡，百八晨鐘起隔江。

茶園鋪午飯　魯鐸竟陵人

茶園徙倚問山靈，乞取春英入夜瓶。我本陸家同里閈，袖中新注有茶經。

夜起煮茶　孫一元　（碎擘月團細）《太白山人集》

採茶詞　高啟

雪過溪山碧雲暖，幽叢半吐旗槍短。銀釵女兒相應歌，筐中摘得誰最多。歸來清香猶在手，高品先將呈太守。竹爐新焙未得嘗，籠盛販與湖南商。山家不解種禾黍，衣食年年在春雨。

安氏表甥以岕茶見遺走筆答之　俞憲

朱方火初殞，金氣應候發。野色清孤齋，秋聲澹疏樾。寂寂夜景沉，相對惟皓月。此時非茗飲，何以消餘渴。之子熟茶經，品茶自卓越。羅山産旗槍，名共山突兀。採摘穀雨前，火焙法不汨。屢曝量陰晴，珍藏等珠玥。銖兩亦既難，頃筐向予謁。負鼎竹外烹，頃刻煙霏歇。不待七碗嘗，清風起超忽。涼月況滿除,明河耿未没。三人足欣賞,旦氣浩無閼。以兹感嘉惠,泠然透心骨。題詩一贈君,親愛胡能竭。出《黄淵集》稍節

煎茶詩贈王履約　文徵明

嫩湯自候魚生眼,新茗還誇緑展旗。穀雨江南佳節近,惠泉山下小船歸。山人紗帽籠頭處,禪榻風花繞鬢飛。酒客不通塵夢醒,卧看春日下松扉。

邵二泉司徒以惠山泉餉白岩先生,適吴宗伯寧庵寄陽羨茶亦至,白岩烹以飲客,命余賦詩

諫議印封陽羨茗,衛公驛送惠山泉。百年佳話人兼勝,一笑風簷手自煎。閑興未誇禪榻畔,月明還到酒樽前。品嘗只合王公貴,慚愧清風被玉川。

煮茶　(絹封陽羨月)《甫田集》

虎丘採茶二絶　張獻翼幼于長洲人

竹間茶灶緑煙迷,採遍空山日已西。野寺清風何處起,生公台畔白公堤。

穀雨春風滿劍池,東吴瑞草正參差。一杯不讓金莖露,消盡相如病渴時。《文起堂集》

謝僧餉茶　李流芳

深山攜短笠,宿火焙靈芽。採自野人手,分來詩老家。一甌吟正苦,再潑景初斜。坐對中庭緑,桐今半月華。《檀園集》

蒙頂石花茶　王越

聞道蒙山風味嘉,洞天深處飽煙霞。冰綃碎剪先春葉,石髓香粘絶品花。蟹眼不須煎活水,酪奴何敢鬥新芽。若教陸羽持公論,當是人間第一

茶。《王襄敏公集》

試新茶　汪道昆

消渴鬬吾疾,清芬待爾功。無才評陸羽,有癖過盧仝。但得萌芽異,何須製作工。當罏聊自試,習習欲凌風。

松蘿試新茶

籃輿彭澤令,茗碗趙州禪。新摘香逾嫩,先嘗味更鮮。已知出羣品,聊以供諸天。司馬俄鬬疾,繩床任醉眠。《太函集》

和東坡居士煎茶歌　王世貞

洪都鶴嶺太粗生,北苑鳳團先一鳴。虎丘晚出穀雨候,百門百品皆爲輕。慧水不肯甘第二,擬借春芽冠春意。陸郎爲我手自煎,松颸寫出真珠泉。君不見蒙頂空勞薦巴蜀,定紅輸卻宣瓷玉。羶根麥粉填調飢,碧紗捧出雙峨眉。搊箏炙管且未要,隱囊筠榻須相隨。最宜纖指就一吸,半醉倦讀離騷時。

醉茶軒歌爲詹翰林東圖作　（糟丘欲頹酒池涸）

茶灶　爲胡元瑞題　緑夢館二十詠之十

蟹眼猶未發,雀石已芬敷。自吹還自啜,不愛文君罏。

茶泉　姚元白市　隱園十八詠之二

先從陸羽品,旋向君謨門。蟹眼初潑時,靈犀已潛透。

送陸楚生入陽羨採茶

由來陸羽是茶神,著得茶經字字真。莫道青山無宿業,耳孫仍作採山人。一

陽羨春芽玉萬株,新焙得似虎丘無。縱令王肅無情思,不與諸傖喚酪奴。二

題慧山泉

一勺清泠下九咽,分明仙掌露珠圓。空勞陸羽輕題品,天下誰當第一泉。

謝宜興令惠新茶

宜興紫筍陽羨茶名未成槍,團作冰芽一寸方。白絹斜封親揀送,可知猶帶令君香。

中泠新水潑冰緑宋第一茶名,瀉向宣州雪白瓷。念爾欲澆詩思苦,千山緑竹曉衙時。《弇州山人續稿》

某伯子惠虎丘茗謝之　徐渭　(虎丘春茗妙烘蒸)《徐文長三集》

謝人惠茶　徐學謨《歸有園稿》

知君近自霅川還,分煮新茶梅雨間。爲解色香消未盡,一鐺相對掩禪關。

醉茶絶句　湯賓尹《睡菴詩稿三刻》

不識麴先生,胸頭氣作獰。馮誰澆磊塊,桑苧爾多情。
活火試新泉,雲芽白吐煙。引人著勝地,相顧已頹然。
無力學王通,酣情一覺中。睡餘聊得味,取次覓盧仝。
寧與衆同醉,何爲我獨醒。君過揚子驛,爲我取南零。

和鍾幼芝啜茗二首　趙南星《趙忠毅公詩集》

茗飲偶所嗜,過從得韻人。傖奴烹稍解,吴客寄方新。檜雨聲聞耳,蘭英味入脣。不須傾玉碗,只此未爲貧。

挹水華清曉,搴芳穀雨前。長鄉渾未見,岐伯竟無傳。吸露誇難似,棲雲享獨偏。何當理舟楫,共覔慧山泉。

雪中烹茶邀行甫子端

拂竹留青靄,敲松下白雲。會心延勝引,煮茗豔清芬。鳥絶飛無際,天寒墜不聞。罏煙林外出,一縷碧氤氲。

謝王淮陽寄茶

平生嗜好還佳茗,歲歲勞君遠寄新。素手自烹情始愜,精心緩啜味方真。園中即擬開清讌,松下應須得韻人。潦倒近來緘濁酒,蘭芽露乳更相親。

試茉莉茶時有鄭三守之招不赴　徐階

絶域花來本自珍,露芽江水亦新分。香浮石鼎沉沉縷,清映冰壺細細紋。静聽幾迴翻白雪,徐看一碗簇春雲。風生賸有盧仝賦,未許山翁席上聞。《世經堂集》

寒夜煮茶歌　于謙

老夫不得寐,無奈更漏長。霜痕月影與雪色,爲我庭户增輝光。直廬數椽少鄰并,苦空寂寞如僧房。蕭條廚傳無長物,地爐爇火烹茶湯。初如清波露蟹眼,次若輕車轉羊腸。須臾騰波鼓浪不可遏,展開雀舌浮甘香。一甌啜罷塵慮浄,頓覺唇吻皆清涼。胸中雖無文字五千卷,新詩亦足追晚唐。玉川子,貧更狂,書生本無富貴相,得意何必誇膏粱。《于肅愍公集》

烹茶　馮時可

虎阜茶稱聖,惠泉水并廉。緑波香乍溢,玉露爽新霑。流舌資揮麈,披襟試詠蟾。何人解烹點,女手自纖纖。

贈茶禪居士居士姓張善,談名理,往嗜酒,以佞佛戒,晚自號茶禪。

虎阜梁溪百里船,浮家泊宅自年年。茗争顧渚先春色,水奪金山首品泉。竹塢風清蒼雪冷,翠甌云泛乳花妍。逃禪遂欲辭中聖,更有名通三語傳。

秋夜試茶漫述

静院涼生冷燭花,風吹翠竹月光華。悶來無伴傾云液,銅葉閒嘗紫筍茶。

茶同鮑相、鄭作聯句　張旭

解醉還將石鼎烹旭,何須臨石汲深清作。詩壇淡愛家常味相,萍水濃添客子情旭。肌骨欲清應五碗作,笑談才洽又三更相。年來會得盧仝趣旭,不覺涼風兩腋生作。

陽羨茶同前

誰剪黄金作此芽旭,宜興風味價偏賒作。清烹石鼎香騰霧相,細注銀甌浪滚花旭。寄惠曾勞蘇子賦作,品題端許玉川詩旭。客邊此樂依稀似作,不獨當年諫議家相。《梅巖小稿》

石鼎烹茶　張旭

奇方能洗此心清,陽羡茶將石鼎烹。一啜不知連七碗,忽驚兩腋有風生。

煮茶　陶望齡

何哉玉川子,謾誇七碗樂。空齋嚮松聲,清風已堪作。

勝公煎茶歌兼寄嘲中郎中郎嘗品茶,云龍井未免草氣,虎丘豆花氣,羅岕金石氣。

銅爐宿火灰初暖,栴檀半銖芬氣滿。須臾斷續一縷青,才有香煙意全短。勝公煎茶契斯法。兔褐甌中雪花白。火文湯嫩茗乍投,已具味香無有色。蘭花色淺趣已殊,況堪老作鵝兒雛。佳處無多在俄頃,趣飲敢復留羸餘。公安袁生吴令尹,未解烹煎強題品。杭州不飲勝公茶,卻訾龍井如草芽。誇言虎丘居第二,彷彿如聞豆花氣。羅岕第一品絶精,茶復非茶金石味。我思生言問生口,煮花作飲能佳否。茶於花氣已非倫,瀹石烹金味何有。歇庵道者山澤癯,跂光泉水煙云腴。飲罷身輕意衝舉,夢爲白鶴云中徂。燕中大餅如截樹,生乎啖之齒牙齭。何時一碗沃爾腸,勿作從前易言語。

贈靈隱僧　三之三

司倉吟裏佛,桑苧茗中神。詩律怜吾減,茶勳到爾新。著經今日異,鬥品幾山春。倘問西來意,拈甌舉似人。《歇庵集》

過日鑄嶺是歐冶鑄劍地,《歸田録》稱日注草茶第一。注,即鑄也。　**十一之十一**

醉翁遺録在,佳茗舊未諳。摘露先朝日茶須日未出時採以北露氣,烝煙入晚嵐。竹爐煎活火,藜杖掛都籃。倘許吴僧住,寧將顧渚慚。《歇庵集》

豔詩煮茶　林雲鳳字若撫,吴縣諸生　**明史儥選**

石火敲來絳口吹,輕煙一縷駐遊絲。瓊漿出自雲英手,不待玄霜搗盡時。

茶事詠有引　**蔡復一**

古今澆壘塊者……以俟他日。

(病去醉鄉隔)

(滌器傍松林)

(雪爲穀之精)

(泉山憶雪遥)

(煎水不煎茶)

(茶雖水策勳)

(酒德汎然親)

(酒韻美如蘭)

(好友蘭言密)

(泉鳴細雨來)

(收芽必初火)

月下過小修浄緑堂試吴客所餉松蘿茶　袁宏道

碧芽拈試火前新,洗卻詩腸數斗塵。江水又逢真陸羽,吴瓶重瀉舊翁春。和雲題去連筐葉,與月同來醉道人。竹影一堂脩碧冷,乳花浮動雪鱗鱗。《中郎全集》

謝餉天池虎丘茶廿二韻　婁堅

昔余慕禪寂,棲止天池巔。松根白石罅,□□鳴曲澌。時從經行罷,縷縷見茶煙。一啜濡吾吻,再啜利吾咽。回思甫踰冠,虎丘住經年。手掇驚雷芽,焙瀹發甘鮮。口美中未愜,花甆廁丹鉛。尤慙漱靈液,而以滌腥羶。豈若狎淄侶,觀心坐脩然。漸衰塵慮淡,杜門謝構牽。彌覺茶味永,能令百脈宣。稠疊荷珍貺,匡牀對烹煎。髣髴舊所歷,一一在目前。近聞官督採,無異逐爵鸇。山僧苦遭詰,厲禁何蠲。唯應好事者,銖兩輕百錢。吾欲往具陳,味寒非貴憐。不堪侑竿牘,那用供飧緣。但宜野老腹,強致王公筵。濃淡自有當,貴賤異所便。且留慰藿食,閒寤足高眠。感子殷勤意,慨焉遂成篇。《吴歈小草》

謝僧餉茶

深山攜短笠,宿火焙靈芽。採自野人手,分來詩老家。一甌吟正苦,再潑景初斜。坐對中庭緑,桐今半月華。《吴歈小草》

過閔老喫茶作　程嘉燧

團面何順作鳳形,石頭那許雜中泠。冐來慣同奴飯白,未見已令儂眼青。秋露過春翠欲滴,松風到門寒可聽。君家仲叔老多事,我更無煩呼玉缾。

虎丘僧房夏夜試茶歌

深林纖纖月欲没,坐久明星爛於月。正無微籟生虚空,忽有幽香來馝馞。未須涓滴潤喉吻,已覺煩溽清肌骨。泉新火活妙指淪,風味難言空約略。芳蘭出林露初泫,寒梅吐韻日猶薄。洞山標格稍云峻,龍井旖旎徒嫌弱。净名妙香自無盡,天女散花仍不著。世人耳食喧茶經,此山尤物遭天刑。鎖園鈐柝亂鳥雀,把火敲樸驚山靈。空煩採括到泥土,豈有烹嗺分淄澠。鄰房藏乞自封裹,色敵翠羽疑空青。庭閒夜寐客亦韻,潛解緑箬開芳馨。元與枯腸洗藜莧,肯爲世味充羶腥。

早起柬謝一樹庵僧送茶

日高濃睡玉川家,時有山僧欵乞茶。嘗處松風生破屋,摘來仙露滿袈裟。清於元高杯中物,香似維摩散後花。能與凡夫消熱渴,總然卜□也輸些。《松圓浪淘》

烹茶桐江舟中　趙寬

寒碧净澈底,灑然怡我心。乘船臨中流,操瓢汲其深。野火爇�桂,芳茗烹璃琳。俄頃發蟹眼,拍拍光耀金。一酌洗煩慮,再酌開靈襟。但覺俛仰間,羅列萬象森。舒嘯排寒飈,放歌激商音。四山正寂寂,明月生東岑。《半江集》

茗晼先春　欒山亭二首之二

小晼含生意,蒙茸茁細芽。一年初破臘,百草未開花。旋採攜筐籠,先嘗潤齒牙。龍團何足羡,真味在山家。《半江集》

劉伯延携松蘿茗至　程可中有程中叔集

客攜滿袖松蘿雲,捲葉數芽細不分。理窟已摧談麈倦,衹延清夜對爐薰。

啜茗病中十詠之十　**張士昌**

病來澹於心,惟茗性所嗜。一啜清風生,翛然忘俗累。《聽雪齋詩草》

煮茶臥痾四首之四　**何白**

茶灶匡牀次第陳,竹林雅愜據梧身。軍持曉汲雲根碧,僊掌春開露裏新。煙暝忽如山雨至,火降初破浪花勻。啜餘坐愛桐陰午,點筆詩成覺有神。

憩靈峯洞飲寺僧新烹龍湫頂新茶,因憶歲在壬寅予集茅孝若齋中,遍試松蘿、虎丘、洞山諸茶品,遂作歌寄懷孝若

雁頂東南天一柱,上有天池宿雷雨。夜半光飛一縷霞,海色金銀日初吐。仙茶盤攫於其巔,雪齧霜根枝幹古。石根濈濈養靈芬,云表瀼瀼滋玉醽。挼煙掇露出萬峯,稟性高寒味清苦。山僧軍持汲白泉,活火新烹香潑乳。玉華甫歃靈氣通,一洗人間幾塵土。粉槍末旗殊失真,鳳餅龍團何足數。白芽珍品説洪州,紫筍嘉名傳顧渚。寧知此地種更奇,僻遠未登鴻漸譜。啜罷臨風憶舊游,天末相思獨延佇。呼龍欲載小茅君,斫冰共向云中煮。《汲古堂集》

贈煎茶僧　董其昌

恠石與枯槎,相將度歲華。鳳團雖貯好,只喫趙州茶。《容台集》

贈醉茶居士　陳繼儒

山中日日試新泉,君合前身老玉川。石枕月侵蕉葉夢,竹爐風軟落花煙。點來直是窺三昧,醒後翻能賦百篇。卻笑當年醉鄉子,一生虛擲杖頭錢。

試茶

綺陰攢蓋,靈草試旗。竹爐幽討,松火怒飛。水交以淡,茗戰而肥。綠香滿路,永日忘歸

穀雨前三日催僧採茶六首皆九峯詩 **譚元春**

晴看雲不採,吾聞諸季疵。貴精兼貴少,莫待葉舒時。

看造茶

言餅與言粥,真茶何自生。天然多妙事,篝火莫相争。

嘗茶

甆甌相照燭,松竹亂春雲。旬日龍檀歇,真香不在聞。

頭茶

萌芽不可折,卻卻桑茶論。桑老傷蠶意,人情亦有新。

二茶

同是嫩而拳,何知非雨前。辨茶如辨水,江半南零泉。

三茶

生意窮三摘,纖毫貴一真。采山牙筍外,不慕遠峯春。

汲君山柳毅井水試茶于岳陽樓下

湖中山一點,山上復清泉。泉熟湖光定,甌香明月天。

臨湖不飲湖,愛汲柳家井。茶照上樓人,君山破湖影。

不風亦不雲,静甆擎月色。巴丘夜望深,終古涵消息。《譚子詩歸》

七月十五日試岕茶徐元歎寄阡二首 鍾惺

江南秋岕日,此地試春茶。致遠良非易,懷新若有加。咄嗟人器换,驚怪色香差。所賴微禁老,經時保静嘉。

千里封題祕,單辭品目忘元歎未答予《茶詩》。在君惟遠寄,聽我自親嘗。曾歷中泠水,嘗添顧渚香。病痺秋貴煖,啜苦獨無傷。

遣使吴門候徐元歎云以買岕茶行

猶得年年一度行,嗣音幸借采茶名。雨前揣我誠何意,天末知君亦此情。惠水開時占損益,洞山來處辨陰晴。獨憐僧院曾親焙,竹月依稀去歲情。元歎有《虎丘竹亭僧院焙茶見寄詩》

早春寄書徐元歎買岕茶

含情茶盡問吴船,書及江南又隔年。遥想色香今一始,俄驚薪火已三遷歲一買茶今三度。收藏幸許留春後,遵養應順過雨前。何處驗君親采焙,封題猶寄竹中煙。遺稿

煮佳茶感懷　瞿九思

紫筍蒙清候,露芽得火前。枯腸搜欲盡,渴肺飲先乾。袪睡虚堂白,呼兒活水煎。何須金莖賜,御李已登山。《瞿慕川集》

謝范宗一惠新茶　汪逸

産獲真源北,貽當恰雨前。貯香甖特小,題字箬方鮮。值客譚心坐,教童沐手煎。山園今未寄,鄉味試君先。《南游合草》

過匡企仁僧舍煮茶留話贈此

一畝清於露,兼其美在烹。能將活火候,以佐惠泉名。客見親燒葉,僮知預滌鐺。宿酲如病渴,君勿厭頻傾。甲序

醉茶居　王宇《亦園詩文略》

睡起空齋茗碗香,孤鐺影裡夢魂涼。不須別問中山酒,心入閒鄉是醉鄉。

煎茶　沈龍

雲暗江南樹,遣來一片春。氣將松火活,汲得石泉新。清夢居然熟,新詩亦爾淳。山中招高士,相與共瀰淪。《雪初堂集》

茶灶　文震亨

摘取中林露，瀹泉醉緑香。疏風發新火，聲在竹間房。《香草詩選》

茶泉清溪新詠二十二之二

井花香氣竹林南，古甃深圍碧一潭。功德細評俱是八，品題閑校不居三。宵分爐鼎聲成韻，午鬥旗槍戰頗酣。色味豈容他果並，惟應玉版得同忝。秣陵詩

初夏啜茗寄謝胡錬師太古　張大復

清朝吹杏火，盥手潑天泉。花豆香堪把，旗槍致已全。麥秋寒峭峭，卮漏滴涓涓。誰遣酪奴異，停鐺想玉川。

洞山茶歌戲答王孟夙見寄

吴下烹茗説洞山，幾人著眼鬥清閒。山中傲吏曾相識，片片紫茸投如蘭。自入黄梅雨正肥，忙呼博士解春衣。

甆罌削玉彬壺紫，松火鐺鳴蟹爪飛。桑苧有經窮則變，盧仝知味苦已稀。莫言世外交情淡，喉舌相安冥是非。

奉酬堵瞻老惠陽羨茶

鐺冷煙蘿夢不成，雙籠惠寄錫嘉茗。械題陽羨開花蚤，乳泛甆罌出味清。絳帳偏肥春苜蓿，左丘慚刺魯諸生。不辭七碗堪乘興，病渴文園量未盈。

胡錬師見貽虎丘茶賦答二絶句

湯社從人説荳花，齒牙衡鑒自當家。青城道士煙霞袖，籠得吴山博士茶。一

香光泉味兩相當，蟹爪松風聽主張。白玉瓷甌傾一盞，何如陽羨試旗槍。二

茶亭

爲愛中泠水,來觀江上亭。松濤排户白,蟹爪入鐺青。桑苧經堪補,相如渴已冥。三杯也醉客袁中郎詩茶到三杯也醉人,吾意未揚舲。

啜秋葉

秋物誰堪並,春芽老復新。鮮饞須七碗,焦渴已三旬。不願春風沸,常愁灶大陳。朝來洗喉吻,既醉藉花陰。

試新茶詠懷

呼兒爇火試驚芽,恰有纖纖燕筍斜。春晝正長湯社動,舌端有主漸經賒。亦知成癖催吾老,乍可消銀盡自誇。生計久拚齊一醉,何如茗戰更當家。

報爲公茶到

平生不識小龍團,一吸傾壺渴思寬。夜半屋梁月皎皎,爲君更洗漱清寒。上并《梅花草堂集》

煮茶惠泉適至

平頭吹新火,文園潑舊茶。風入松成韻,香凝乳作花。似啜朝雲蜜,還浮驚蟄芽。水師乘驛至,鐺聲應未賒。

飲秋茶戲呈雨若兼懷長蘅、伯玉、宗曉、子顒諸丈

喫得秋泉品是真,乳花荳氣滿甌新。天公分付茶非艸,人力支持秋作春。岸上芙蓉同氣味,社中博士集佳辰。當年茗戰今何似,且約驚雷三兩人。

啜茗

茶鐺生計慣相諳,童子持來香滿龕。惠水天泉誰較二,荳花金泉自成三。但憑博士閒烹煮,還仗當人適苦甘。索解人如不可得,水淫松老總名貪。

蒙茶

南國名泉稱惠水,東郊茗戰説蒙山。潑來況是初醒候,飽啜閒看又一班。

舟中潑天池茶寄懷朱子魚見致

潑得天池花氣濃,緑旗斜漾白甆鐘。閟來一盞真堪賞,忽憶雲山路幾重。

潑虎丘茶懷方振先生改

松風歇處逗新香,可信青丘是大方。温克宜人人莫覺,傾壺未厭似新嘗。

潑龍井茶懷張子松見餉

龍井摘來君最先,爐中煉得虎跑泉。辯才留下真種子,好與維摩過午禪。

署中同王坦老品茶

盡日吹爐滌茗甌,羣山驚緑遞相投。自憐舌底權衡在,湯社於今入勝游。

試廟後茶酬嚴中翰見致兼寄惠泉

風遠香温牙齒間,似隨甘冷有無間。與君如水深深味,今日嘗看識洞山。

試龔雲峯洞山茶

博士誰家不洞山,譬如全豹管窺斑。洞山不在長興外,恰好龔君採焙間。

試朱泗濱洞山茶

儲得天泉潑洞茶,色香未許鬥朱家。寧遲毋亟人輸我,剛是山中茸緑

芽。上并《梅花草堂集》

賦得燒竹煎茶夜臥遲　釋廣育

蓮花沉沉靜,茶鍾共煮時。竹枯生火易,泉冷候鳴遲。永夜蟲聲咽,殘燈鶴夢痴。欲眠窗漸白,片月掛松枝。

雨窗謝友惠茶

石榴雨打枝不起,鳳仙泥污半開蕊。鮮鮮紐滴胭脂汁,桃花片落佳人指。簷溜傾翻洗窗竹,更有松聲聒閒耳。岕雲一片寄緘封,未飲先教沁冰齒。願倒仙人掌上盆,從空瀉下芙蓉水。瓜壺傾入雪瓷甌,荷葉欹流露珠子。到脣早覺賽龍團,蜕骨果宜真鳳髓。何以報之慙錦字,珍重寧如一端綺。

岕茶雨窗三友之一次張清韻

靈草誰爲伴,名泉第二清。火前青筍候,廟後碧茸生。松子味嫌厚,豆花香可并。妬他盧處士,愛爾不忘情。《偶菴草》

高三谷兄損貺大缸貯梅雨賦謝　婁堅

井泉甘絶少,山溜遠爲煩。欲貯三時雨俗以小暑前半月爲三時,欣貽五石樽。松濤醒睡眼,筍乳溉靈根。活火爐邊未,來過與細論。《吴歈小草》

黄以實自蘭溪來,汲陸鴻漸第三泉見遺,且有贈詩清真洞,密喜而和之　譚元春

陸子茶神聖,出入於淵湫。水鏡自遥照,碧寒幽明愁。我拜惠山足,挽汲窺所由。瓶甌雨天下,舟車載其流。又嘗過練湖,頗懷玉乳羞。苔滯之無光,嗟哉暴棄儔。感此蘭溪石,泉性中飀飀。長河不敢入,維獲亦孔周。恥與茶逢迎,高人或偶收。附君扁舟來,可謂得良仇。對之殊數日,烹煎未忍投。相見竟陵人,慎勿念故丘。

茶詩　鍾惺

水爲茶之神,飲水意良足。但問品泉人,茶是水何物。

飲罷意爽然,香色味焉往。不知初啜時,從何寄遐賞。

室香生爐中,爐寒香未已。當其離合間,可以得茶理。

採雨詩

雨連日夕,忽忽無春。採之瀹茗,色香可奪惠泉。其法:用白布方五六尺,繫於四角,而石壓其中央,以收四至之水而置甕中庭受之。避雷者,惡其不潔也。終夕緦緦焉,慮水之不至,則亦不復知有雨之苦矣。以欣代厭,亦居心轉境之一道也。作採雨詩。

連雨無一可,不獨梅柳厄。可助茶神理,此事差有益。置甕必中庭,義不傍檐隙。豈不速且多,汙濫亦堪擲。志士羞捷取,先難而後獲。網羅仗匹素,承藉敢言窄。取盈亦人情,反喜溜聲積。遣婢跋持燈,驗其所受跡。用蠲苦雨情,聽之遂終夕。《隱秀軒集》

煮泉　楊一麟

茗碗能令詩胆開,且從湯社共徘徊。呼童掃石出門看,二仲橋邊來未來。《雪軒近稿》

雨後過惠山試泉　釋廣育

山當新雨後,路入翠微邊。行到最深處,題看第二泉。映苔清似雪,洗鉢冷於煙。欲試松蘿碧,攜爐手自煎。《偶菴草》

同孫令弘夜登惠山汲泉　趙韓字退之平湖人

非關消內熱,同此意清寒。投綆月亦響,出林雲未干。最宜新火候,不作老波瀾。爲與風塵敵,猶憐七碗難。

同徐彥先汲中泠泉

淮海中天匯,無慚第一名。未經鴻漸品,誰識贊皇評。静得蛟龍性,

湍當日月精。錚錚沙鼎沸,猶應早潮聲。《欖言》

貯雨　張大復

梅雨通宵足野疇,分罈列盎喜綢繆。水銀錮癖堪消遣,病渴長淹聊自謀。百道飛泉來樹遠,一庭花影入渠愁。莫言雨落辭天上,槐火方新許再收。《梅花草堂集》

梅雨敕奴人收貯戲題此詩

梅雨踈踈忽振瓦,懸河倒峽傾盆下。疾呼奴子應雷奔,多列盎罌受瓊瀉。宵向分初勢復張,我方睡美滴無捨。曉來槐火一時新,飽沃文園病渴者。

竹茶爐巷　程敏政

惠山聽松菴,有王舍人孟端竹茶爐。既亡而復,秦太守廷韶嘗求予詩。後予過惠山菴,僧因出此爐吟賞竟日,蓋十餘年矣。觀吴同寅原博及虞舜臣倡和卷,慨然興懷,輒繼聲,其後得二章。

新茶曾試惠山泉,拂拭筠爐手自煎。擬置水符千里外,忽驚詩案十年前。野僧暫挽孤帆住,詞客遥分半榻眠。回首舊游如昨日,山中清樂羨君全。

細結湘筠煮石泉,虚心寧復畏相煎。巧形自出今人上,清供曾當古佛前。可配瓦盆蒭玉注,絶勝金鼎護砂眠。長安詩社如相續,得似軒轅句渾全。《篁墩集》

西江月　送茶並谷簾與王勝之　蘇軾

龍焙今年絶品,谷簾自古珍泉。雪芽雙井散神仙,苗裔來從北苑。　湯發雲腴釃白,盞浮花乳輕圓,人間誰敢更争妍,鬥取紅窗粉面。

行香子

綺席才終,歡意猶濃。酒闌時、高興無窮。共誇君賜,初拆臣封。看

分香餅，黄金縷，密雲龍。　鬥贏一水，功敵千鍾。覺凉生、兩腋清風。暫留紅袖，少卻紗籠。放笙歌散，庭館静，略從容。東坡詞

好事近　湯詞

歌罷酒闌時，瀟灑座中風色。主禮到君須盡，奈賓朋南北。　暫時分散總尋常，難堪久離拆。不似建溪春草，解留連佳客。

更漏子　詠餘甘湯

庵摩勒，西土果，霜後明珠顆顆。憑玉兔，搗香塵，稱爲席上珍。號餘甘，無奈苦，臨上馬時分付。管回味，卻思量，忠言君但嘗。

阮郎歸　效福唐獨木橋體作茶詞

烹茶留客駐彫鞍，有人愁遠山。别郎容易見郎難，月斜窻外山。歸去後，憶前歡，畫屏金博山。一杯春露莫留殘，與郎扶玉山。

又　茶詞

（歌停檀板舞停鸞）

（摘山初製小龍團）

（黔中桃李可尋芳都濡地名）

西江月　茶詞　（龍焙頭綱春早）

鷓鴣天　吉祥長老設長松湯爲作。**有僧病痂癩，嘗死，金剛窟有人見者，教服長松湯，遂複爲完人**。

湯泛冰甆一坐春，長松林下得靈根。吉祥老不親拈出，箇箇教成百歲人。　燈焰焰，酒醺醺，壑源曾未破醒魂。與君更把長生碗，略爲清歌駐白雲。

踏莎行　茶詞

畫鼓催春,蠻歌走向一作餉,火前一焙争春長?低株摘盡到高株,高株别是閩溪樣。　碾破春風,香凝午帳,銀瓶雪衮翻匙浪。今宵無睡酒醒時,摩圍影在秋江上。

品令　茶詞　(鳳舞團團餅)

滿庭芳　詠茶

北苑龍團,江南鷹爪,萬里名動京關。碾深羅細,瓊蕊暖生煙。一種風流氣味,如甘露、不染塵凡。纖纖捧,水瓷瑩玉,金縷鷓鴣斑。　相如方病酒,銀瓶蟹眼,波怒濤翻。爲扶起,樽前醉玉頹山。飲罷風生兩腋,醒魂到,明月輪邊。歸來晚,文君未寢,相對小窗前。

又竄易前詞秦少游《淮海集》亦載此詞,作北苑研膏、香泉濺乳賓有

北苑春風,方圭圓璧,萬里名動京關。碎身粉骨,功合上凌煙。罇俎風流戰勝,降春睡、開拓愁邊。纖纖捧,熬波濺乳,金縷鷓鴣斑。　相如方病酒,一觴一詠,賓友羣賢。爲扶起,樽前醉玉頹山。搜攪胸中萬卷,還傾動、三峽詞源。歸來晚,文君未寢,相對小粧殘。

看花回　茶詞　(夜永蘭堂醺飲)並《黄文節公集》

滿庭芳　茶詞　秦觀

雅燕飛觴,清談揮麈,使君高會羣賢。密雲雙鳳,初破縷金團。窗外爐烟似動,開尊試、一品奔泉。輕淘起,香生玉乳,雪濺紫甌圓。　嬌鬟宜美盼,雙擎翠袖,穩步紅蓮。坐中客翻愁,酒醒歌闌。點上紗籠畫燭,花驄弄、月影當軒。頻相顧,餘歡未盡,欲去且留連。淮海長短句

蝶戀花　送茶　毛滂

花裡傳觴飛羽過。漸覺金槽,月缺圓龍破。素手轉羅酥作顆。鵝溪

雪絹雲腴墮。　　七盞能醒千日卧。扶起瑶山,嫌怕香塵涴。醉色輕鬆留不可。清風停待些時過。

西江月　侑茶詞　(席上芙蓉待暖)《東堂詞》

水調歌頭　咏茶　白玉蟾

二月一番雨,昨夜一聲雷。槍旗争展建溪,春色佔先魁。採取枝頭雀舌,帶露和煙搗碎,揀作紫金堆。碾破香無限,飛起緑塵埃。　　汲新泉,烹活火,試將來。放下兔毫甌子,滋味舌頭回。唤醒青州從事,戰退睡魔百萬,夢不到陽夢臺。兩腋清風起,我欲上蓬萊。《海瓊集》

題美女捧茶圖　調寄解語花　王世懋

春光欲醉,午睡難醒,金鴨沉烟細。畫屏斜倚,銷魂處、漫把鳳團剖試。雲翻露蕊,早碾破、愁腸萬縷。傾玉甌,徐上閒堦,有箇人如意。
堪愛素鬟小髻,向璚芽相映,寒透纖指。柔鶯聲脆,香飄動、唤覺玉山扶起。銀餅小婢,偏點綴、幾般佳麗。憑陸生、空説茶經,何似儂家味?

夏景題茶　調寄蘇幕遮

竹床涼,松影碎。沈水香消,猶自貪殘睡。無那多情偏著意,碧碾旗槍,玉沸中泠水。　　捧輕甌,沾弱指。色授雙鬟,唤覺江郎起。一片金波誰得似,半入松風,半入丁香味。《王奉常集》

竹爐湯沸火初紅　調鷓鴣天　徐渭

客來寒夜話頭頒,路滑難沽麴米春。點檢松風湯老嫩,退添柴葉火新陳。　　傾七碗,對三人,須臾梅影上冰輪。他年若更爲圖畫,添我爐頭倒角巾。《徐文長三集》

大觀茶論[27]

茶録[28]

品茶要録[29]

宣和北苑貢茶録[30]

北苑別録[31]

東溪試茶録[32]

注　釋

1　此處删節,見宋代陶穀《茗荈録・生成盞》。

2　此處删節,見宋代陶穀《茗荈録・苦口師》。

3　此處删節,見清代陸廷燦《續茶經》。

4　此處删節,見唐代裴汶《茶述》。

5　以上删節,見宋代陶穀《茗荈録》之《森伯》《水豹囊》《不夜侯》《雞蘇佛》《冷面草》《晚甘侯》《茶百戲》《甘草癖》各條。

6　以上删節,見宋代陶穀《茗荈録》之《龍坡山子茶》《聖陽花》《縷金耐重兒》《玉蟬膏》。

7　此處删節,見明代徐𤊹《蔡端明别紀・茶癖》。

8　此處删節,見明代徐𤊹《蔡端明别紀・茶癖》。

9　此處删節,見宋代熊蕃《宣和北苑貢茶録》。

10　此處删節,見明代徐𤊹《蔡端明别紀・茶癖》。

11　此處删節,見明代喻政《茶集》。

12　此處删節,見清代黄履道《茶苑・山東茶品七》。

13　此處删節,見明代馮時可《茶録》。

14　此處删節,見明代李日華《竹嬾茶衡》全文。

15　此處删節,見《蠙衣生蜀草》。

16　此處删節,與《玉泉子》内容相同。

17　以上删節,見清代朱濂《茶譜》。

18　此處删節,見《聞雁齋筆談》。

19　此處删節,見明代屠本畯《茗笈・第八定湯章》。雖云引自《鶴林玉露》,字眼所見應據《茗笈》抄録。

20 此處删節,見唐代蘇廙《十六湯品》。

21 此處删節,見明代陸樹聲《茶寮記》。

22 此處删節,見宋代歐陽修《大明水記》。

23 此處删節,見宋代歐陽修《大明水記》。

24 此處删節,見明代徐渭《煎茶七類》。

25 此處删節,見明代高元濬《茶乘》。

26 此處删節,見明代真清《茶經外集·送羽採茶》。

27 此處删節,見宋代趙佶《大觀茶論》,所删文句與原文略有差异。

28 此處删節,見宋代蔡襄《茶録》,所删文句與原文略有差异。

29 此處删節,見宋代黄儒《品茶要録》,所删文句與原文略有差异。

30 此處删節,見宋代熊蕃、熊克增補《宣和北苑貢茶録》,所删文句與原文略有差异。

31 此處删節,見宋代趙汝礪《北苑别録》,所删文句與原文略有差异。

32 此處删節,見宋代宋子安《東溪試茶論》,所删文句與原文略有差异。

校記

① 使邊:使,底本無,文句不通,徑補。

② 色黑如舊墨:底本作“色黑如舊黑”,文句不通,徑改。

③ 較:底本作“校”,徑改。

整飭皖茶文牘

◇清　程雨亭　撰

程雨亭,生平不詳。從本文可以獲知他是浙江山陰(今紹興)人。光緒二十二年(1896)奉調,開始涉足包括皖茶在内的榷務事宜。第二年,也即撰寫本文牘的當年二月,又奉南洋大臣兩江總督劉坤一之命,接掌皖南茶釐總局道台之職。在這之前,他在文中還提及:"久爲江左寅僚所詬病。"江左即江東,大概在金陵或江蘇和江南清吏司等衙門工作已有多年。

《整飭皖茶文牘》,是程雨亭履任後有關整頓該局茶務上呈南洋大臣,下告各屬局卡和産地、茶商的一組稟牘文告。清末民國時,羅振玉(1866—1940)將之編入《農學叢書》。光緒二十二年(1896),羅振玉懷着吸收西方學術"以助中學"和興農强國的理想,與摯友蔣伯孚創辦組織,翻譯日本和西方農業論著,出版《農學報》,開始積極傳播國内外新的農業科技知識。他又精選一部分中國古代茶書和新編有價值的農業論著,一共二百三十多種,於1900年出版了一套《農學叢書》。這套叢書非常切合當時社會需要,不但使中國傳統農學注進了世界各國近代農業科技内容,在經濟上也獲得了較大的效益,使《農學報》得以一直維持到羅振玉奉調入京至學部工作。《農學叢書》也獲得各地特别是南方洋務派督撫的重視和支持,責令有關官員購閲執行,所以這部"叢書",實際還起到了"官頒農書"的作用。如兩湖地區茶務整頓的有些做法,即參照程雨亭的《整飭皖茶文牘》。本文有羅振玉的序,寫在光緒二十四年(1898),説明程雨亭撰寫此文次年就已編定。但石印本出在此後,此次整理,即據石印本。

東南財賦,甲於他行省,而茶、絲實爲出産大宗。顧近年以來,印錫産茶日旺,中茶滯銷;日本蠶絲又駸駸駕中國而上之。利源日涸,憂世者慨焉! 程雨亭觀察[1],久官江南,勵精政治,去歲總理皖省茶釐,慨茶務日衰,力圖整頓,冀復利源,茶利轉機,將在於是。爰最録其稟牘文告,泐爲一卷,以諷有位,他産茶各省諸大吏,有能踵觀察而起者乎? 企予望之矣。光緒戊戌,上虞羅振玉。

程雨亭觀察請南洋大臣[2]示諭徽屬茶商整飭牌號稟

敬稟者: 竊職道上年春初,奉前督憲張[3],奏派榷事,皖茶亦在其中。本年二月,又奉憲台疏請專辦,是皖南茶事之興衰,職道與有責焉。春杪抵皖,即將疇曩各分卡擾累茶商之蠱毒,鋭意廓清;尚恐陽奉陰違,爲之勒石永禁,以垂久遠。又訪得西皖各釐局,向有需索經過茶船之弊,分晰開摺,稟請鈞示嚴禁。而皖南所轄,向設驗票之分卡,名爲稽查偷漏,徒索驗費,而於公無甚裨益者。如婺源運浙之茶,道出屯溪,向有休甯分局查驗,及坟廈[4]巡檢衙門掛號之舉;屯溪各號之茶,向章經過歙縣所轄之深渡[5]分卡秤驗,行經迤東五十里之街口[6],又復過秤,似稍重複。職道釐定章程,凡婺源、屯溪各號之茶,通歸街口分卡查驗,此外一概豁免,以歸簡易。業經分别示諭,並呈報憲鑒在案。皖南茶章,向由各分局派司事巡勇至各商號秤箱點驗,不免零星小費。本年札飭各分局,勒石示禁。而屯溪、深渡附近各號,職道遴派司巡秤茶,每次司事給洋一角,巡勇給洋五分,道路稍遠者,酌給舟車之資。申儆再三,不准向商號毫釐私索及紛擾酒食等事。既優給其薪餼,復示諭乎通衢,凡來局掛號請引之行夥錢儈,職道皆切實面諭,惟恐或有朦蔽。所以略盡此心者,竊冀弊去,則利或漸興,故齗齗而爲此也。徽屬茶號,以屯溪爲巨擘。本年開設五十九家,其世業殷實者,不過五分之一,餘多無本之牙販。或以重息稱貸滬上茶棧作本,或十人八人,醵借數千金,合做一幫。有每年偶做一幫,而二三幫均停做,或易夥接替者。奸儈往往以劣茶冒老商牌名,欺誑洋商。攪亂大局,莫此爲甚。皖南歙、休、婺三縣及江西之德興,向做緑茶,花色繁多,不能用機器焙製。徽之祁門,饒之浮梁,向做紅茶。比來各省紅茶,間用機器,祁門萬山錯雜,購運頗不容易;浮梁山徑雖稍平衍,亦尚無人購辦。蓋試用茶機,必須延聘外洋茶師,華人未諳製法,有機驟難適用。本年浮、祁紅茶,均大虧折,幸俄商破格放價,多購高莊緑茶。茶質之最佳者,每擔可獲利十五六金,低茶亦每擔五六金,爲同光以來三十年所僅見。職道擬因勢利導,飭令仿照淮鹾章程[7]請領憲台印照,方准運茶,無照即以私論。印照分正副號,歙、休業茶之老商,正號印照一紙,報效五百金,副號報效三百金。高茶用正號,次茶用副號。其向未業茶而願領照者爲新商,正照則報效八百金,副照五百金。以倭防加捐等事,新商向未派及,照費酌加,以昭平允。歙、休二邑,茶號約百家;婺、德二邑,約二百家。號多而本極小。老商請領正照酌議四百金,副照二百五十金;新商則正照六百金,副照四百金,擬詳請憲台奏明。此舉係爲茶務起見,每號領照以後,准其永遠專利,公家一切捐項,十年以内均不科派。領照各號,無論盈虧,每年必須辦運,不准停歇。或本號實無力運茶,准其呈明茶釐局[8],轉報憲台,租與他人承辦。報效銀兩,准其援照新海防例,請獎本身子弟實官,不准移獎他姓。商號牌名,憲署立案,各歸各號,加意揀選,不准假冒他號,以欺洋商。如此明定章程,各自修飭,或者退盤、割磅[9]、遲兑諸弊,亦可漸向洋商理論,此先治己而後治人之意也。竊思各省牙行,尚須以數百金請領部帖,茶事雖受制於洋人,而資本較牙行爲重;酌令報效濟餉,似非意外掊克。若歙、休、婺、德緑茶各號,先辦領照,約可得八萬金,再推辦浮、祁紅茶,似與公家不無小補。乃事不從心,其願領照者,祇寥寥老商數家,而無本之牙販聞職道創建此議,恐不便其攙雜作僞之私,蜚語煩言,互相騰謗。打議來年移徙浙境者,有議買通洋儈掛洋旗者,有欲與通曉茶務之老商爲難者。人心險詭,一至於此,可爲太息。本年自春徂夏,霪霖滂霈,山茶髀傷[10],産數較上年約減十分之二。夏初,又聞美國加徵進口茶税,衆商益觀望趦趄[11],未敢辦運。職道扶病遠來,其時目擊情形,方恐本年税餉,驟形減色,尸居素食,悚慁良深。夏杪逖聞高莊緑茶,暢銷得價,實邀天幸。職道檮昧,竊見夫茶事之壞,此攘彼攫,欺人而適以自欺,非整飭牌號,執爲世業,不足以維江河日下之勢。因與屯溪茶業董事、四川補用知縣朱令鼎起,再四籌商,朱令亦以爲然。正思一面論商,一面條陳稟辦,而刁販之浮議朋興。職道硜執性成,久爲江左寅僚所詬病,桑孔心計[12],本非所工,憂讒畏譏,苶然不振,是以前議迄未上陳。十月十六日未刻,接奉憲台札,准譯署咨准和使[13]克大臣照會中外茶務一案,飭令飛飭産茶各屬及通曉茶務之商,實力籌辦等因,除照會皖南、江西産茶各縣遵照,並示諭各茶商、山户,實力講求培植、採製之法,以固利源外,曾將遵辦情形,具文呈復;並將示稿繕呈鈞鑒。伏思皖南茶税,歙縣、休甯、婺、德緑茶,約三分之二;祁門、浮梁、建德紅茶,約三分之一。職道前議徽屬緑茶各號,飭領憲台印照,分别報效銀兩,各整牌號,執爲世業,無照即以私論。每届成箱請引之時,由局派員秉公抽查,如茶箱内外牌號不符,由茶業公所公議示罰。華茶行銷泰西,銷市之暢滯,非中國官商所能遥制。此次祇擬飭領印照,不限引數,以恤商艱。報效銀兩,擬請援照新海防例,准獎本身子弟實官,不准移獎他姓。亦因華商力薄業疲,既令整飭牌號,各領印照,分别報效,似應破格施恩,以獎勵爲維持之計。徽屬緑茶各號領照一事,倘或辦妥,將來祁門、浮梁、建德紅茶,亦可次第舉辦。推之皖北及江西之義甯州並浙江、湖廣等省,似可就産地情形酌量辦理。芻蕘之見[14],伏希憲台鑒核,審慎紓籌,可否先將職道稟陳各情,分别核定,剴切示諭徽屬向做緑茶之歙縣、休甯、婺源及江西之德興等縣各茶商遵辦。以二十四年爲始,各領印照,各整牌號。建德、祁門、浮梁各縣紅茶,諭飭次第舉行,並另委老成公正、熟悉茶務之道府等員來皖督辦。職道肇端建議,商情既未悉洽,自應稟請銷差,以示並無戀棧之意。狂瞽瀆陳,不勝悚切待命之至。

再:整飭茶業,似首在各茶商各整牌號,講求焙製,不再以僞亂真,外洋自必暢銷。銷路既暢,商號放價購茶,各山户亦必加意培護、炒焙,不再以柴炭猛薰,或惜工費,日下攤曬,致失真色香味。似整飭山號、牌名爲第一義,山户其次也。至茶質高下,各有不同。徽産緑茶,以婺源爲最;婺源又以北鄉爲最。休甯較婺源次之,歙縣不及休甯,北鄉黄山差勝,水南各鄉又次之。大抵山峯高則土愈沃,茶質亦厚,此繫乎地利;雨暘凍雪,又繫乎天時。山户窮民,鮮能講求培護炒製者。緑茶以鍋炒爲上,火候又須恰好,荒山男婦粗笨,似難家喻户曉。惟銷暢則價增,日久必當考究。本年皖南,春茶既傷淫雨,夏次商號又聞美國加税之説,不敢放膽購辦,山户子茶,半多委棄,其明徵也。

南洋大臣批：查該道自接辦皖南茶釐局務以來，遇事盡心整頓，所有積弊，均次第革除，深爲嘉賴。現在中國運銷外洋之物，茶爲一大宗。該道正辦理得力之時，應仍由該道妥爲經理，並查照雷稅司所陳事宜，督董勸導各山户妥爲籌辦，以期茶業暢旺而裕利源。是爲厚望，毋庸稟請卸差。至所議仿照淮鹺章程，令茶商領照運茶一節，自係維持茶務之計。惟事屬創興，須由該道督董先與各商妥爲議定後，再行詳請奏咨辦理，方爲妥洽。仰即遵照。繳清摺及公啟二紙均存。

請裁汰茶釐局卡[15]冗費稟

敬稟者：竊職道本年春間，奉榷皖茶，到差以來，隨時訪諏，剗除各分局卡需索留難之蠹毒，勒石永禁，冀垂久遠。又裁節總局解餉冗費，每歲節省二千五百金。又稔知軍餉萬緊，批解不可稍延，酌定寶善源錢莊，每月之望，匯兑茶稅日期不得挨宕。所有節省解費銀兩，分别解撥金陵支應局[16]及休甯中西學堂，先後呈報在案。茶稅每月掃數清解，該錢莊承匯四、五、六、七、八、九共六個月稅銀，均係遵限匯解金陵支應局、江南鹽巡道衙門上兑，從無逾限至三日以外者，均有檔案及回照可稽。本年職道經徵茶稅共匯解金陵支應局銀十四萬二千兩，又節省解費銀一千五百兩；又江南鹽巡道銀十一萬兩，又金陵督捕營經費銀一千二百兩，又皖南道春夏兩季請獎經費及婺源紫陽書院膏火[17]、休甯中西學堂、大通義渡、屯溪公濟保嬰各經費、坊廈司招募巡勇口糧，通共銀二千四百二十兩，均於九月以前，悉數解訖。徽屬緑茶，比已運竣，冬間零星茶樸副兩出運，約計徵稅不過數百金，所有本年冬季、來年春季總局局用及各分局卡委員薪費，每月約支八百金，應截存銀五千兩，按月備用，九月分局用報銷册内呈明，亦在案。本年自春徂夏，霪霖滂沛，山茶殫傷，産數較昔歲約少十分之二。祁門、浮梁紅茶，商本折閲，夏初又聞美國加徵進口茶稅，衆商益觀望趦趄，蟄伏荒山，切深焦悶。會徼天幸，夏杪，俄商放價儘購徽屬高莊緑茶，茶質之最佳者，每擔可獲利十五六金，低茶亦每擔五六金，爲同光以來三十年所僅見。商情歡躍，釐收亦遂可觀。計本年皖南各局，約共徵茶稅十二萬二千餘引，較去年不相上下，實爲始念所不及。否則，職道扶病遠來，徵稅短絀，問心抑何以自安？即寅僚申申詬詈，亦無以自解也。本届徽屬緑茶，得利至厚，明歲業茶者多，税課必當增旺。惟蘄隆冬無甚冰雪，來年春夏，雨暘時若，洋銷仍暢，斯萬幸已。茶事每歲六個月，均已完竣，局用項下月支文案、差遣、書識、帳目、稽核、監秤等名目，計共銀一百九十二兩，似稍冗濫。職道春杪隷差[18]之際，正值茶市起季，遴用員友，人數稍寬，額支姑仍其舊。職道通盤籌策，茶事清簡，局用月報册開文案、差遣、書識各名目，應酌量芟裁，略節經費。所有文案三名，月支湘平銀陸拾陸兩，擬改爲貳名，每月裁節銀肆拾貳兩，月支湘平銀貳拾肆兩。差遣三名，月支湘平銀肆拾捌兩，擬改爲一名，每月裁節銀俞拾陸兩，月支湘平銀拾貳兩。書識三名，月支湘平銀拾捌兩，擬改爲貳名，每月裁節銀陸兩，月支湘平銀拾貳兩。其帳目、稽核、監秤等名目，均擬循舊，以資辦公。文案、書識、差遣三項，均自本年十月爲始，每月裁節銀捌拾肆兩，每年十二個月，其裁節銀壹千零捌兩。冗款少支千金，正税即可多解千金。方今國步如此艱難，夷款如此紛糾，似亦爲人臣子所當各發天良，而憂惄不容自已者也。此次請裁之後，局用項下，除職道月支薪水湘平銀壹百兩外，委員司事，每月祇共支湘平銀壹百零八兩，實屬極意節省。員友、丁勇、火食及每年深渡秤驗卡費，與夫一切酬應，均在歙、黟、休公費項下動用，並不列册支銷。職道山陬蜷局，竊不自揆，慨念時艱，未能興利以開源，愧祇裁贏而剷冗[19]，區區樽節三四千金，勺水蹄涔，何補涓埃於國計。第所處之地在此，所略盡之心，亦止此焉而已。是否有當，伏候憲台批示祇遵。①

再：本年委員出差川資，均係實用實銷，按月開報，計三月起至九月止，共支銀壹百肆拾兩；冬季即有支發，總不至逾貳百金之數。職道亦未公出巡閲各卡，所有年終總報向支巡閲各分局卡，及委員出差費用銀，逾百數十兩，不再開支。又年終總報向支歲修局屋銀九十餘兩，本年尚未修葺，即檢拾滲漏，修整門窗工料，不過數金，屆時亦不濫支，以昭核實。皖南茶事，現均完竣，税銀亦悉數解清。職道擬請假一個月，回浙江山陰縣本籍省墓。假滿由浙至寧，叩謁崇轅，面稟公事。擬於十月初八日由屯啟行，諭飭提調冷令駐局照料，合併呈明。

請禁緑茶陰光詳稿

爲據情轉詳事：本年十一月二十七日，奉憲台札准總理各國事務衙門咨，准出使美、日、秘國伍大臣函，稱美國議院以近來各國入口之茶，揀擇不精，食者致疾，因設新例。茶船到口，茶師驗明如式，方准進口，否則駁回。札局遵照咨内事理，飛飭産茶各屬，出示曉諭，並剴勸商户，如何妥仿西法焙製，力圖整頓，挽回茶務。仍令將籌辦情形，稟復核奪，計鈔單等因奉此，遵即剴切示諭，並照會産茶各府縣，諄勸園户茶商，各圖整頓。一面諭飭屯溪茶業董事、四川補用知縣朱令鼎起傳知各商，實力籌辦。去後，兹據徽屬茶商李祥記、廣生、永達、晉大昌、朱新記、永昌福、永華豐、馥馨祥等稟，爲奉諭實復，求鑒轉詳事。竊奉憲諭，朱董遵照督憲札飭事理，傳知各商，妥議章程，實力整頓，仍將籌辦情形，詳細具復，並鈔粘美國禁止粗劣各茶進口新例十二條等因。奉此，經董事遵即傳知。惟目下各商號，早已工竣人散，無從遍傳，僅就商等數號，偕董事悉心籌議，敢獻芻蕘，以備採擇。查屯溪爲徽屬緑茶薈萃之區，歷來不製紅茶，其紅茶應如何整頓，毋庸議及。第以緑茶而論，婺源、休甯所産爲上，歙次之。洋商謂中華茶味冠於諸國，洵非虚譽，乃近來作僞紛紛，致洋人購食受病，何也？緑茶青翠之色，出自天然，無俟矯揉造作，以掩其真。故同治以前，商號採製，惟取本色；洋人購食，亦惟取本色，其時並未聞有食之受病者。迨同治以後，茶利日薄，而作僞之風漸起；不知創自何人，始於何地。製茶時攙和滑石粉等，令其色黝然而幽，其光炯然而凝，名之曰陰光。稱謂新奇，竟獲邀洋商鑒賞，出高價以相購，而本色之茶，售價反居其下。於是轉相效尤，變本加厲，年甚一年，縱有持正商號，始終恪守前模，方且笑爲愚而譏爲拙。狂瀾莫挽，言之寒心。夫陰光之茶，胥由粉飾，藏之隔年，色無不退，味無不變，香無不散，食之何怪乎受病。本色之茶，未經渲染，藏之數年，色仍不退，味仍不變，香仍不散，食之何致於受病；此涇渭之攸分也。洋商知華茶之作僞，而未知陰光即作僞之大端，不捨陰光而取本色，雖嚴進口之防，猶治其末而未探其本，能保作僞者不僥倖於萬一哉。然則去僞返真，祗在洋商一轉移間耳。嗣後滬上各行，於購茶時，誠相戒不買陰光，專尚本色，則陰光之茶，别無銷路，誰肯輕棄成本，不思變計，將見攙和混雜諸弊，不待禁而自無不禁矣。商等仰體整頓茶務之藎懷[20]，用敢不避嫌怨，據實具復。是否有當，伏乞轉詳等情。前來竊惟中國出口土貨，茶爲一大宗，商務餉源，關係②至重，若任牙販攙雜渲染，作僞售欺，洋商受愚致疾，至謂華茶皆不可食，勢必茶務益疲，釐税將不可問。職道訪詢業茶之老商，同治以前，焙製緑茶，不過略用洋靛著色，洋人嗜購，無礙銷路。光緒初年，始有陰光名目，靛色以外，又加滑石、白蠟等粉，矯揉窨成，茶色光澤、斤兩益贏。當時外洋茶師，考驗未精，誤爲上品。華販得計，彼此效尤，日甚一日，變本加厲。本年休甯縣茶五十九號，衹向來著名之老商李祥記、廣生、永達等數號，誠實可信。歙縣三十餘號，不做陰光者益寥寥難可指數。聞滑石、白蠟等粉飾之茶，不特色香味本真全失，未能耐久，即開水泡驗，水面亦滉漾油光，飲之宜其受病。該董朱令，與該商李祥記等，公同議復，擬請嗣後滬上各洋行，購運緑茶，不買陰光，專尚本色，洵屬去僞返真，抉透弊根之論，理合據情詳請憲台鑒核；剋日飛咨總理各國事務衙門，轉咨駐京各公使，並札總税務司，分别電達外洋。自光緒二十四年爲始，凡各國洋商，來滬購運緑茶，秉公抽提，各該號茶商，均以化學試驗，如再驗有滑石、白蠟等粉，渲染欺僞各弊，即將該號箱茶，全數充公嚴罰。一面劄飭江海關道，函致該關税務司，傳知上海向買華茶之怡和、公信、祥泰、同孚、協和等洋行，遵照辦理。方今軍需奇絀，時事多艱，茶業爲華税所關，不敢不切實維持，爲釜底抽薪之計，否則文告嚴迫勸導諄拳，雖筆秃口瘖③，究未必湔除其痼疾④。美國新例，查驗於已經購買之後，職道與該董等籌議，審慎於未經購買之先，二者似並行而不悖。如蒙鈞批，一切准行，當於來歲春初，録批剴切示諭徽屬各商販，知照破其沈錮罔利之私，俾免受大虧而詒後悔。是否有當，伏候訓示祇遵。

再：奉發和使克大臣照會中外茶務情形，及雷税司稟陳廣購碾壓機器[21]仿製紅茶二案，職道先後錍印告示各五百張，分别發遞産茶各府縣，張貼曉諭，謹將示式坿呈藎覽。該税司所陳六百兩之茶機，奉札後，遵與茶董朱令、候選同知洪商廷俊再四籌商，已由該商派夥往滬，訪查酌購，俟查復到日，另案稟辦。職道前擬整飭徽屬緑茶牌號，飭領印照，報效銀兩，執爲世業，稟請憲轅出示剴諭各情，奉批督董與各商妥爲議定等因，此案本年夏秋之交,該董朱令集議公所數次,商情慳鄙,迄未就緒,是以擬仗德威,示諭飭遵。現既未蒙頒發鈞示,又復詳請禁革綠茶陰光錮弊,無本牙儈觖望,恐報效領照,驟難允洽,祇可⑤緩議。又浙江平水綠茶,洋銷頗廣,近年陰光渲染,聞較徽茶尤甚,擬請隨案彙咨,一律嚴禁,合併附陳。

兩江督憲劉[22]批:據詳已悉。查茶葉爲土貨出口大宗,關係商務稅課,至爲緊要。祇因各商蹈常習故,既不肯講求種植採製,又復任意作僞,致茶務疲敝日甚,雖迭經諄切誥誡,而各商祇顧一己之私,終未能力圖整頓。今既經該道察知綠茶中名陰光者,即係矯揉造作,不獨色香味本真全失,且食之亦易受病,積弊一日不去,茶務斷難望有起色。惟痼疾已深,既非文告所能禁革,仰候札行上海道嚴諭滬上茶業董事,並函致稅司,告知上海業茶各西商,自明年爲始,凡在滬購辦綠茶,由董事會同秉公抽提試驗。如再驗有滑石、白蠟等粉,渲染欺僞各弊,即由道將該號茶箱全數充公罰辦,以示懲儆。該局應先剴切示諭,俾各商販事前知所儆畏,不敢作僞,以免後悔,仍候咨請總理衙門核明照會飭知,並候分咨兩廣、閩浙、湖廣督部堂,廣東、江西、浙江、湖南撫部院,一體飭令産茶各屬,先期示諭。至滬稅司先次條陳碾壓各節,係指紅茶而言,即該道此詳,亦僅專去紅茶造作之弊。其綠茶應如何焙製,較爲精美之處,並候札飭上海道,轉託稅司,向業茶老西商,切實考究,稟候分飭參訪,以期弊去製精,茶務得以漸圖挽回。繳告示存。

復陳購機器製茶辦法稟

本年十一月十六日,奉憲台札,據江海關雷稅司稟陳,中國商户,以手足搓製紅茶之失,擬請通飭試辦碾壓機器,仿行新法,以興茶務各情,抄摺札局,遵照批示,體察情形,分別妥籌呈報等因。奉此,查職局所轄皖南産茶處所,歙、黟、休甯、銅陵、石埭、涇縣、太平、宣城、婺源及江西之德興各縣,均係綠茶,花色繁多,約十分之九製銷洋莊,十分之一行銷内地,不能用機器焙製。徽州府屬之祁門,池州府屬之建德,江西饒州府屬之浮梁,向做紅茶。本年祁門茶號,五十餘家;建德十家;浮梁六十餘家;共徵茶税七萬一千七百四十餘兩,較紅緑税銀,約祇四分之一。祁門萬山叢雜,民情強悍,山户與商號争論茶價,屢啟釁端。浮梁各號畸散,北鄉山徑崎嶇,資本微薄。建德數號略同。此皖南所轄紅茶産地之大略也。本年祁、浮、建德紅茶⑥,商本折閲,職道夙聞比年機器製茶,頗合洋銷,正思示諭勸導,適友人候選徐道樹蘭[23]、汪進士康年[24]等,夏初在滬上創立農學會,鋟刷報章,分布海内,惓惓於蠶桑絲茶各事,以冀維持中國之利源。徐道與職道交誼最深,由浙中寓書屯溪,略言"振興茶務,宜撥鉅款,派商出洋,學習泰西製焙之法。一面速購機器,翻然更新"等語,與雷税司現陳各節相同。職道竊壯其言,即面商屯溪茶董朱令鼎起。據稱徽屬茶商,家世殷實者,不過十分之一,各自株守,罕與外事,無人肯肩此鉅任。而無本牙販,又難可深信。該令所稱,均係實情⑦。職道購買農學報十分,送給各商閲看,以冀漸擴見聞。皖南茶業,以緑茶爲大宗,歲徵税約二十萬兩左右,僉稱礙難改用機器,亦屬實情,祇可將祁門、浮梁紅茶,紆籌勸辦。祁門距屯較近,夏秋之交,曾與徽商候選同知洪廷俊⑧籌議,擬由職局發款,先在祁門仿行官商合辦之法,集股創設機器製茶公司。因山阿風氣未開,祁民蠻悍,恐滋事端;而訪雇茶師,急切又難就緒,是以迄無定議。秋杪,又抄委建德分局洪令恩培,專往浮梁,諏訪各商,茶機能否試辦,切實查復。去後十一月初旬,據洪令稟復,諸多窒礙等情,前來謹抄原稟,恭呈鈞鑒。兹奉前因,遵即鋟刻告示,分别發遞産茶各縣局卡,張貼曉諭,並專勇分賫祁、浮、建德各茶號,每號給予示諭一張,冀其開悟。一面復與朱令、洪商,諄切籌商,仍擬仿行官商合辦之法,職局發款酌購茶機,諭集股分,由洪商派夥專往上海、祁門,分别查購。去後,兹據該商董等復稱,查得温州本年試辦碾壓茶機,僅製成茶數十斤。滬上洋商云,做工尚稱得宜,惟香味甚不及舊法。又查,據公信洋行云,伊等洋商,原欲糾集公司,購全副機器在湖南安化興辦,嗣湖廣督憲張[25]以此利益,不便爲西人佔攬,迄未照准。雷税司所陳,機器每架,需價九百金,滬上無現成者,須電錫蘭購辦,約在兩月可運到滬,外加水腳保險各費,合計每架總須一千有奇。前項機器,每次僅能出茶七八十斤,核計紅茶上市時,日僅能製造三百箱,徽茶改用機器,勢必收辦茶草,祁門南鄉一帶,每擔計錢十數千。茶草三斤,製成乾茶一斤,剪頭除尾,不過六七折之譜,以及各項費用,成本過昂,且無洋商包裝,萬一不得其宜,耗折大非淺鮮。若延聘西人,據需薪資每月二百金,且要包定三年,薪水太鉅,萬難延請。若就滬延聘華人,亦不過口傳指授,創辦之難,殊無把握。又查得祁門茶商汪克安康齡,復稱創用機器,收草[26]碾壓,機器出茶有定,草少則曠工,草多則壅滯,必久攤;久攤遂變壞。是茶草須在三五里内,按部就班,纔可合用。祁門深山僻塢,紛歧坆折,並無一片平疇。茶草自開摘至收山,不過十餘日。用機之人,務要真正熟手,早日雇來祁地,細談底裹,免得臨事張皇。祁、浮茶號,星羅棋布,每號做茶不過三五六百箱,亦由地利使然。設碾草之號,與收熟茶之號,實相背而不相得。然非就出草較廣之區,不足以爲力。各等語,抄呈原函前來。伏查祁、浮紅茶試辦茶機,未奉憲札以前,職道先以疊次與商董等紆策經營,因風氣未開,創辦爲難,而其中窒礙多端,實不能不慎始圖終,通盤籌畫,敢爲憲台縷晰陳之。公信洋行函復雷税司,碾壓機器,衹需銀六百兩,即可購辦。今由徽商面詢該洋行,則云每架需九百金,又加保險、水脚等費,合計總需一千有奇。前言不符,啟人疑沮,一也。紅茶三月中旬,向皆微税,其採製均在暮春⑨之初,明春即多閏月,亦不過展遲旬日。今滬市既無前項機器,電購外洋,兩月之期,能否踐言,均未可定。即如期運滬,已在二月下旬,由滬運潯[27],再由鄱湖饒河展轉運祁,即未能應來春碾壓之用,萬一發價而運貨逾期,轉多饒舌,甚或糾轕涉訟,二也。《農學報》本年第六、七册載:台惟生廠[28]製造萎揉焙裝各項茶機,共約需銀一千鎊左右,似較公信洋行衹能碾壓者,更爲得勁。第祁、浮山嶺巇仄,恐台惟生廠各項茶機,實無安放之所;而衹購碾機,果否適用,香味能否軼出舊制,亦無把握。延聘外洋茶師,商力實有未逮,不延則又恐未合洋銷,三也。皖南業茶,家世殷實者,寥寥無幾。無本牙販,鳩集股分,新茶上市,結隊而來,茶事將畢,一鬨而散。職道接奉鈞札,已在十一月中旬,祁、浮二邑,並無公所茶董,衹得遴派妥勇分赴各邑,賫送前項告示,每號發給一張,以歆動之。比據該勇等回屯,稟稱浮梁茶號,均在北鄉五里十里之間,岡嶺重複,村落畸零,每村各有茶號二三家不等。祁門茶號,均在西南鄉,疊巘層巖約同。浮北號門,多半關鎖,告示張貼門外,鄉人聚觀,或號夥之看守房屋者,均言地勢如此,改用機器及聘雇熟諳茶機之洋工,良非易事。而現屆歲闌,即集股購機,亦須展至亥年[29],或有端緒等語,與職道訪查各情,大致相同。浮、祁茶機,驟難仿辦,建德商號無多,更無庸議,四也。方今軍需奇絀,時事多艱,職道若搏官爲倡辦之美名,不顧事之果否必成,請款購機,以鋪張爲浮冒,計亦良得。而硜執之性,實不忍浪縻公款,致有初而鮮終。屯溪茶董朱令及洪商廷俊,籌議仿行西法,總以滬上有現成茶機可購,俾該商等,自行察看,較爲穩妥。電購外洋,究多瞻顧,試用茶機,延雇洋工,不特無此力量,且山民蠻横,與他族恐不相能。惟有寬以時日,訪雇福、甌[30]内地之茶師,言語性情,彼此易於浹洽。至創辦機器,尤必通力合作。如祁門共若干號,每號各出股分一二百金,茶蘆局酌撥三五千金,官商合辦,盈虧一律公攤,各商號始無嫉忌畛域之見。該商董等所議,均係[⑩]持重審固,平實可行。惜奉札稍遲,祇可俟明春紅茶上市之時,集商妥議章程,稟請鈞批立案,己亥春間,再行開辦。憲台總攬茶綱,振興茶務,登高提倡,中外喁風。雷税司所陳每架六百兩之茶機,可否札飭江海關蔡道,轉飭公信洋行,電購四架,運滬。機價及水腳、保險等費,核實開支,如蒙恩准照行,茶機均已運來,商情不致疑慮。一面訪詢福、甌内地之茶師,官商合股,從容酌籌,亥春當可集事。機價雜費,擬請江海關庫暫墊,仍由茶釐項下,如數撥還。是否有當,伏乞憲台鑒核批示,祇遵[⑪]。

再:職道訪聞江西義甯州山勢,較浮、祁二邑平坦,焙製紅茶,似可仿行機器。惟該處民風亦頗強横,商情願否興辦?應由江西司局查議。合併呈明。

整飭茶務第一示　光緒二十三年十一月

爲剴切曉諭事:本年十月十六日,奉南洋大臣兩江督憲劉劄開,本年九月十二日,准兵部火票遞到總理各國事務衙門咨。本年八月二十四日,准和國使臣克羅伯照稱,現接本國京城茶商來函,據云:刻下按新法所製之茶樣,惜未甚佳,若以舊法所製之茶,其品高於各處,若按新法製之,即與各處之茶無異,且將是茶原本之益處盡失。在爪哇、印度、錫蘭三處,雖皆精心植茶,然與中國之茶比之,則不及中國所産之物也。緣現在歐洲,欲購中國上品佳茶,無處可覓,疑係中國産茶處所,不知歐洲等處均欲購買。按新製茶,無非較印度稍佳,實與中國所産者遜多矣。在英、和銷去上品茶之價值,比新製茶價昂三倍。且新製茶運往外國售賣,英國印度茶,亦運往他國售賣,彼此相争,然喜吃中國茶者,不喜吃英國印度茶。查此情形,未有勝於中國茶之佳美者也。並有俄、英、和等國茶商,亦云如是。特求於通曉茶務者,代白此意,等因。本大臣憶及製茶一節,久在洞鑒之中,想貴大臣視該商所言,定必嘉悦,等因。前來,查出口貨物,以茶爲大宗。中國茶質之美,原爲外國所必需,祇[12]以焙製漸不如法,致印度等茶得以競利銷行,於商業餉源,虧損實鉅。現據和使克羅伯照稱前因,是中國茶務雖敝,尚可設法挽回。相應咨行貴大臣查照,轉飭各該地方官,曉諭産茶處所及通曉茶務之商户人等。嗣後於製茶一事,勿論舊法新法,總宜加意講求,但能製造精良,行銷自易。在茶務可資經久,而利權亦不至外溢,仍將如何辦理情形,隨時見復爲要,等因。到本大臣承准此,查近來中國茶務之敝,固由外洋産茶日多,銷路漸分,華商力薄,自紊行規,實則由於採製之不精,商情之作僞,致使洋商有所藉口,退盤割價,種種刁難,過磅破箱,層層剥削,商本多遭虧折,茶務因而日壞。是以迭次通行整頓,首講採製,力戒攙雜。蓋華茶色香味均遠勝洋産,爲西人所喜嗜。産地苟能採摘因時,炒製合法,販商貨色整齊,行規嚴肅,於茶務利源,未嘗不可挽回。今閱和國克大臣照會,益足信而有徵。自應由産茶各屬,諄切董戒,力勸講求,以暢銷路,以固利源。兹准前因,除分行外,合行札局遵照,飛飭産茶各屬,及通曉茶務之商,實力籌辦。仍令將勸辦情形,詳細稟復,核咨毋違,等因到局。奉此除照會産茶各縣一體示諭,實力籌辦外,合亟出示曉諭,爲此示仰各茶商、山户人等知悉。自示之後,該山户務將茶樹加意灌溉培護,慎防冰雪之僵凍,尤當採摘之因時,不得聽其自生自長,因偷惰而致窳萎。擷採以後,亦不得以柴炭薰焙,並惜工費,日下攤曬,務當用鍋焙炒,以葆真色香味。至各茶商近來成規日壞,弊竇叢生,以僞亂真,貪小失大之錮習,幾至牢不可破。本年春間,曾經上海茶業會館刊布公啟,歷述弊端。雖經本道諄切示禁,而本届徽茶運滬,各弊尚未盡剗除。

自壞藩籬,攪亂大局,莫此爲甚。現奉南洋大臣劉劄飭前因,知中國茶事,自可振興,嗣後各商務須各整牌號,各愛聲名。一切焙製之法,實力講求,嚴肅市規,不准攙雜作僞,以歸銷路,以固利源。倘有奸商小販,不顧顏面,再以劣茶冒充老商著名之字號,欺騙洋商,擾亂茶政者,一經查出,定當照例嚴辦,决不徇容。其各懍遵毋違,特示。

整飭茶務第二示　光緒二十三年十二月

爲剴切示諭事:本年十一月十六日,奉南洋大臣兩江督憲劉劄開,據江海關税務司雷樂石稟稱,竊查近年中國絲茶兩項,幾有江河日下之勢。其致衰之故,憲台洞悉,本無待贅言,而茶業一種,論者頗有其人,甚至登諸報章,記之載籍[13],無非欲望中國振興,祛其弊而求其利,頓改昔時景象。在憲台藎謀遠慮,果於國計民生有裨,度無不竭力興辦,且亦深知各口業茶之西商,於茶務一道,多所講究。今欲改復舊觀,得憲台在上提倡,不獨西商鼓舞歡躍,即凡業茶之華商,亦無不翹盼其成,色然以喜,則一應製茶新法,西人亦必樂與指授也。本年夏間,接老於茶務之公信洋行主一函,内詳言華茶致敗之由,非改從新法不爲功,特將現在温州試行新法,碾成之茶,已見明效者一種,並舊法一種,分别見示。税務司悉心考察,即知新法之善,當將情形申呈總税務司。而總税務司意在保商裕課,凡有咨陳之件,靡不悉心籌畫,總期有利必興,無弊不去。飭將公信行主來函,照譯繕呈各憲,並將茶樣一併遞呈等因,是以不揣冒昧,將來函譯成漢文,原樣兩種,敬呈察核,必能俯賜通行,剋期舉辦。伏思憲台通今達古,貫徹中西,一切自必燭照無遺。查西人現行之法,以碾壓成。考之中華古時,似已行之。《明史·食貨志》八十卷終所載:“舊皆採而碾之,壓以銀板,爲大小龍團”一語,此固班班可考。故西人現行之新法,即係中國舊時製茶之法,不過分上用與民用已耳。惜年遠代湮,無人指授,以致失傳。近年以來,種茶、業茶之人,焙製一道,並不悉心考究,茶務因之日衰。但目下業此生意者,受虧不淺,亦已漸知其故,頗有改絃易轍之意。若憲台登高倡導,當無有不樂從者,等情,並清摺。到本大臣據此除批閲來牘並摺,具見留心商務,食禄忠謀之誼,深堪佩慰。中國茶務,年不如年,至今日疲敝極矣。在局外之論,總謂由於外洋産茶日盛,産多銷分,事勢則爾。第細察商情,實由採製焙壓,蹈常習故,未能翻然變計,講求制勝之方。蓋西商食用,事事力求精美,茶葉尤爲人所必需之物,西人考究,更爲認真。中國茶質,本屬遠過西産,苟能採製得宜,自無不爭相購致。本大臣屢執此意,通飭整頓,以地異勢殊,未克驟變舊法。今據呈送新法、舊法所製茶樣,同一茶質,收壓稍異,而新法所製者,色香味皆遠勝之,即此益見製法之亟宜更新,以冀茶務之日漸挽回。且該公信行籌製之法,亦尚簡而易行,需本不多,自應由産茶各處,體察情形,因勢利導,於皖中設有茶釐局,或先由局購備碾壓機器,如法試製,以爲之創。一面廣諭茶商集股,各自創辦。在園户力薄,不能仿辦,茶商與園户,同一利害相關,苟茶商能仿行之,園户當無不樂從。是在各處有茶務之責者,善事設籌提倡,力圖整頓,以期推行盡利,歷久不敝,本大臣有厚望焉。仰江海關蔡道轉復税務司知照,繳印發外,抄摺札局,遵照批示,體察情形。妥爲分別籌勸辦理。仍將籌辦情形呈報查考,等因到局。奉此,查前奉南洋大臣劉札准總理各國事務衙門咨准和使克大臣照會,以中國舊法,精製上品佳茶,運往歐洲,比新製茶價昂三倍等因,係指中國緑茶而言。雷税司所陳各條,專言中國商户以手足搓製紅茶之失,急宜另籌新法,各集股分,廣購碾壓機器,試行仿製,講求制勝之方,合亟出示曉諭。爲此,示仰商户人等,知悉查照,後開各條,互相勸辦,悉心考究,翻然變計,各圖振興,痛改從前手足搓製[14]紅茶之舊習,以暢銷路,而固利源,本道有厚望焉。其各懔遵毋違,特示。

摘開雷税司原摺

中國紅茶搓製之法,不如印度遠甚,其致敗之故,寔由於此。蓋所徵之課税,雖覺繁重,在華商核算成本,以爲獲利似無把握,苟能得其新法,以冀西人漸皆喜用,則衰弱之象,度不至如斯矣。

温州茶,華曆[15]四月初八日,運樣到滬,即今所呈晳之兩種。一則仍用舊法,以手足揉搓;一則用新法碾壓者,互爲比較,即知新法之合銷西人。本視温茶爲中國出茶最次之區,英人之所以不喜用華茶,喜購錫蘭茶者,以用碾壓故也。英人愛用印茶,並非以印度、錫蘭爲英屬土。因錫蘭之茶,色香味較勝華茶,其質性亦較華茶可以用水多泡。印度係用機器碾成,質力較華製爲佳。現在美國,已皆較前增購,俄國亦然。錫蘭、印度之茶,甫採下時,收在屋内,鋪於棉布之上,層層架起,如梯級然,直至茶葉棉軟如硝浄之細毛皮時,將茶落機碾壓約三刻之久,盛在鐵絲籮内,約堆二英寸厚,層疊於上,必變至匀浄,如紅銅色,然後焙炒,裝箱下船。錫蘭、印度之茶樹,皆屬公司。公司資本股厚,不肯零星沽售,採茶焙炒,以至裝箱起運,皆公司之人自爲之,有大棧房存儲。所安機器甚多,碾茶、炒茶、裝茶,無一不用機器。蒙意欲使中國茶務振興,當另籌新法,如碾壓至茶變紅銅色之後,應上籮焙炒之際,可無須仿用機器,仍按舊法,祇用竹籮盛茶,加以炭火烘焙,似比機器尚佳。倘辦茶之人,亦如印度、錫蘭之法,獲益必大。其佳處即遇陰雨之天,亦無要緊,摘茶之後,即送與棧房,將茶層鋪於棉布之上,用架疊起,不慮霉變。應購機器,若仿錫蘭所用之式,未免價鉅,莫如用一次能出茶七八十斤之碾壓機器,祇需⑯銀六百兩,即可購辦,且耐久不壞。費既不巨,茶商辦此,當無難色。蒙意華商若用機器,不用手足,則前次所失之十分中,必能補償幾分,貿易自有轉機。所望亟行整頓,愈速愈妙,再能遴派明白曉事之員,前往錫蘭察訪製茶之法,並僱業茶者數人來至中國,教以各種烘焙善法。一朝變計,必能令各國樂購。中國頭春茶,天下諸國,無有媲美者。二茶、三茶之現無人過問,實因製法不佳。倘用新法,則二茶、三茶,當可與錫蘭、印茶並駕齊驅也。

整飭茶務第三示　光緒二十三年十二月

爲剴切示諭事:本年十一月二十七日,奉南洋大臣兩江督憲劉札准,總理各國事務衙門咨准出使美日秘國伍大臣函稱,美議院以近來各國入口之茶揀擇不精,食者致疾,因設新例:茶船到口,須由茶師驗明如式,方准進口,否則駁回。從前中國無識華商,往往希圖小利,攙和雜質,或多加渲染,以售其欺。洋商偶受其愚,遂謂中國之茶,皆不可食,而銷路因之阻滯。比來華商販茶,折閲者多,獲利者少。職此之由,現新例既行,茶稍不佳,到關輒被扣阻,金山[31]等埠,華商屢來稟訴,因擇其不甚違章者,爲之駁詰,准其入口。惟新例所開茶式未齊,已將中國販運之茶,詳列名目種數,照會外部轉知税關,俾茶師詣驗時,有所依據,不致以與原定之式不符,過於挑剔。仍將新例譯録,飭領事等傳諭衆商,嗣後不可希圖小利,致受大虧。並鈔譯一份,寄呈備覽。此例初行,似多不便,然理相倚伏,實於茶務有益無虧。蓋以前茶質不浄,人多食加非以代茶。今入口既經復驗,茶葉共信其佳,則嗜之者多,將來銷路可期更廣。中國各商,如能將茶葉焙製諸法,精益求精,知作僞無益,不復攙雜,則中華茶味,實冠出於諸國,必能流通,未始非振興茶務之一大轉機也,等因。前來本衙門查中國土貨出口,以茶爲一大宗,從前因茶商焙製不精,兼有攙和雜質等弊,以致洋商營運受虧,銷路因而阻滯。今美國改行新例,如果焙製益求精美,實爲中國茶務振興之機,相應將該大臣鈔寄新例十二款,刷印黏單,咨行貴大臣查照,轉飭各産茶處所,凡園户茶莊製茶,務須焙製如法,精益求精。並飭各海關出示曉諭,華商運茶出口,勿得攙和雜質,致阻銷路。倘或攙和雜質,或將茶渣重製運售,致損華茶實在利益,一經查出,定行嚴罰。此固爲華民謀生計,亦中國整頓商務之一端也,等因。並抄單到本大臣承准此,除分行外,抄單札局,遵照咨内事理,飛飭産茶各屬,出示曉諭,並剴勸園户、茶商,應如何妥仿西法焙製,力圖整頓,以期挽回茶務,廣開利源。仍令將籌辦情形,稟復核奪,等因到局。奉此,除照會産茶各縣,一體示諭外,合行出示曉諭。爲此示仰商户人等知悉,現在美國新例[32],茶師考驗極嚴,嗣後焙製各茶,務須盡心講求,力圖精美,不准攙和雜質,或多加渲染,欺誑洋商,以暢銷路,以固利源。其各懔遵毋違。特示。

黏抄美國新例

一、美國上下議院會議妥定,光緒二十三年三月三十日起,凡各國商人運來美國之茶,其品比此例第三款所載官定茶瓣[33]較下者,概行禁止進口。

二、此例一定之後,户部派熟悉茶務人員七名,妥定茶瓣,呈送查驗,嗣後每年西曆[17]二月十五號以前,均照此例妥定茶瓣,呈驗備用。

三、合准進口之各種茶類,户部妥定樣式,並當照樣多備茶瓣,分發紐約、金山、施家谷[34],以及各口税關收存,以資對驗。至若茶商欲取官定茶瓣,可照原價給領所有茶類,其品比官定茶較下者,均在第一款禁例之内。

四、凡商人裝運茶類來美,入口報關時,須要呈具保據,交該口税務司收存,言明該貨於未經驗放之前,不得擅移出棧,當由茶商將貨單所載各茶樣呈驗,另立誓辭,聲明單貨,確實相符,方爲妥協。或任茶師自取樣式,逐一與官定茶瓣比較,其入境各口,未派茶師者,商人當備各茶樣式,並立誓辭,呈送該口抽税之員查收,復由該員另取各茶樣式,一併送交附近海口茶師收驗。

五、所有茶類,經茶師驗過,其品確係與官定瓣相等,税務司亦無異言,立即放行。若其品比官定茶瓣較下者,立刻通知茶商,除復驗[18]批駁茶師有錯外,不准放行。若運到之茶,品類不齊,可將好茶放行,次等者扣留。

六、茶師驗明之後,茶商或税務司有異言,可請户部派總估價委員三名復驗。若查得茶品果係與官定茶瓣相等,自當給照放行。如茶品比官定茶瓣較下,令茶商具結,限六個月内,由驗明之日起計,運出美國。設使過期不出口,税務司設法焚毁。

七、所有進口茶類,派定各茶師親驗。倘入境之口並無派定茶師,由該口税務司取齊各茶樣式,遞送最近海口茶師收驗。驗茶之法,照茶行定規辦理。其内有用滚水泡之法,與化學試煉之法,均當照辦。

八、所有茶類,凡請美國總估價委員復驗,應由茶師將各茶樣式,與茶商面同封固,與茶師批辭,以及茶商駁語一併送交總估價委員復驗。一經驗明妥定,即當繕寫斷詞,由各該委員簽名,將全案文牘茶式,三日内一齊發回。該税務司另鈔兩份,一份轉達茶師,一份轉交茶商,遵照辦理。

九、所有茶類,已經不准入口,遵例出口之後,如復進口,將貨充公。

十、此例各款,户部妥定章程,一律頒行。

洪商查復購辦碾茶機器節略

一、查製茶碾壓機器,福州舊前年有人倡辦,想因不能卓有成效,迄未盛行。温州今年試辦者,係乾豐棧朱六琴兄,向公信洋行購得碾壓機器,如法試行,僅製成茶數十斤,寄樣來申驗看。據洋商云:做工尚稱得宜,惟香味甚不及舊法所製。蓋因甫經採下茶草,未及烘曬即以機器碾壓,不免真精原汁走漏,本質耗損,故香味較遜。葉底不甚鮮明,未得合銷,爲此中止。以上乃温、福州之未見顯著成效情形。

一、據公信洋行云:伊等洋商,原欲鳩集公司,購辦全副機器,在湖南安化地方興辦。該處産茶頗多,轉運捷便。嗣張香帥[35]以此利益,不便爲西人佔攬,未曾照准。刻下中國官商,若欲在祁門、浮梁試辦,祇須[19]碾壓機器,便可合用,其餘烘、篩、揀、扇等法,原以舊章較善。該機器價銀,每架據需九百金。刻下申地,無有現成者可售,須由伊代電託錫蘭友人購辦,約在兩月内可運到申,外加水脚、保險、使用等費,合計每機器,總需一千有奇。以上乃據公信洋人所説。如事必行,該機即託公信洋行代辦。

一、徽屬山深水淺,局面狹小,若以全副機器,非但價資太鉅,且轉運一切,非比外洋水有輪舟,陸有鐵路之靈便,勢難載運,姑不置議,惟碾壓機器,每次僅能出茶七八十斤,核計紅茶上市時,日僅能製造三百箱而已。

一、徽茶改用碾壓機器,勢必收辦茶草。然祁門南鄉一帶,茶草每擔計錢十數千文,以茶草三斤,製成乾茶一斤,兼之剪頭除尾,不過六七折之譜;以及車用等項合而計之,已屬匪輕;且無洋商包莊,萬一不得其宜,則耗折大非淺鮮,核計成本過昂,不得不慮及此也。

一、據公信洋行云:機器用法,與復雷税司之函,大譜相同。揣其情形,似尚不難,但詳細情形及所製之茶,果否合銷,則非身經目歷,不能盡悉。若延聘西人,據需薪資每月二百金,且要包定三年,不免薪水太鉅,萬難延請。西人姑不置議,如若就申延聘華人,亦不過口傳指授而已。此創辦之難,殊無把握。

一、初辦碾壓機器,若由紳商邀集股本,究非善策。因恐成本昂貴,一經大折,勢難復振。惟有厚集資本,初年不利,則更加考究,精益求精,再接再厲,庶幾能盡機器之利用。此創辦必須厚集股本,以備不虞。

一、集股之法,似宜仿公司成例,每股百金。竊以祁門、浮梁兩邑計之,茶號不下百家,若得每號集股百金,爲數亦頗可觀。此外,如有另願附股者,亦可兼收。集資既厚,經理得人,庶可圖效。茶商衆心散漫,惟有商請憲裁,一面給資籌辦機器,一面出示勸導。然此事原爲振興商務起見,成則衆商漸可推廣盛行,不成則官商兩無所損,想衆商一經提倡,自必樂從。

一、局憲如必購辦此機,望請將價銀即速匯下,以便繳交前途,代爲電致錫蘭購辦。俟辦到申後,即由繞河運祁。惟沿途釐卡,尚乞局憲咨會江海關,給照護行,以免沿途釐卡留難,實爲捷便。

以上各節,謹就所見盡陳。因無把握,故機器尚未定購。望詳加商酌。奉覆。局憲核奪,即希示覆。二十三年十二月

注　釋

1　觀察:唐、宋職官觀察使的簡稱。元、明爲補役别稱,清演變爲對道員的尊稱。

2　南洋大臣:南洋通商大臣的簡稱。咸豐十年(1860),改五口通商大臣設,掌上海長江以上各口,兼理閩浙和廣東各口中外通商交涉事務,由江蘇巡撫兼。同治元年(1862),設專任通商大臣,次年(1863)復歸江蘇巡撫,四年(1865)最終確定改由兩江總督兼。

3　督憲張:指一度代理劉坤一擔任兩江總督的張之洞。

4　圠廈:圠,同汰,徒蓋切。圠廈,皖南清時設有基層巡檢茶鹽機構的集鎮名。

5　深渡:即今安徽歙縣深渡鎮,位於歙縣中部新安江岸。

6　街口:即今歙縣街口鎮,爲新安江由歙縣流入浙江淳安的界鎮。

7　淮鹺(cuó)章程:鹺,指鹽。淮鹺章程,即兩淮鹽政制訂的管理鹽務的規章制度。鹽政爲清朝管理地方鹽務的最高官員,康熙間一度改爲巡鹽御史,初僅在長蘆、兩淮和河東各設一人。其後巡鹽御史廢止後,鹽政改由各地總督、巡撫兼任。兩淮鹽政和皖南茶釐局均由兩江總督兼管。

8　茶釐局:清咸豐以後始設的徵收茶葉税捐的機構。此指設置屯溪的"皖南茶釐局",直屬金陵(今南京)兩江總督管轄。其下在重要産茶

縣,還設有茶釐分局,有的分局之下,在水陸津要之地,又設有釐卡,專門負責收繳茶釐茶捐。

9　退盤、割磅:盤,舊時茶市對茶葉價格和茶行財物的行語;如開盤、收盤、交盤等等。退盤指降價或退貨。"割磅"的"割"字,同"割金"之割,言剋扣斤兩。

10　山茶嚲傷:嚲同"軃"(duǒ 朵),下垂。此指山上茶樹經長期大雨澆淋,茶株滿目是一片垂頭萎葉的遭災受傷景象。

11　趦趄:趦同"越"。趑趄亦作"次且",言猶豫不前。

12　桑孔心計:桑,指漢代著名理財家桑弘羊;孔,指孔僅。梁啟超《張博望班定遠合傳》:"文景數十年來官民之蓄積而盡空之,益以桑孔心計,猶且不足。"

13　和使:此疑應指"荷蘭"。

14　芻蕘之見:芻,割草;蕘,打柴。芻蕘之見,自謙爲草民樵夫的粗淺之見。

15　釐卡:清咸豐以後出現的徵收釐金的關卡。清廷爲籌措鎮壓太平軍的軍餉,咸豐三年(1853),首先在揚州仙女鎮(今江蘇江都鎮)設釐金所,對該地米市課以百分之一的商稅。百分之一爲一釐,故稱釐金;很快風行全國,在各商市和交通要道,設關立卡,徵捐收稅。茶葉釐卡,咸豐九年(1859)由兩江總督曾國藩在江西首先列爲定章,除按舊例在産地和設茶莊處所收取茶捐每百斤一兩二錢至一兩四錢外,又規定每百斤茶在境内抽釐銀二錢,出境再抽釐一錢五分。除産地、銷售地外,茶葉舟車過往之地的水陸交通要道,也紛紛設卡徵收過境釐捐。茶釐卡據地理、分工和徵收銀兩的差别,又分爲正卡、分卡、巡卡、查驗分卡和收釐分卡等不同層次、不同職能的形形色色的關卡。各地各行其是,各立其制,這種混亂苛重的税制,直至民國後才慢慢廢止。

16　金陵支應局:即由兩江總督掌管的"小金庫"。太平天國起義後,清朝各地督撫獲准有權可就地籌款,應付特殊需要的開支。支應局,就是收支上説用來應付特殊用途的常設但又不是正式的財務機構。

17　紫陽書院膏火：膏火，此處作給書院或學校貧困學生的津貼。婺源紫陽書院，大概由乾隆十九年（1754）邑令萬世寧所建明經書院改名。紫陽，宋朱熹的號，熹爲婺源人，主持白鹿洞、嶽麓書院五十年。改紫陽書院，實爲紀念朱熹。

18　涖（lì）差：涖同“蒞”，涖差即“到職”或“臨官”之意。

19　剬（tuán）冗：剬同“剸”，指割。剬冗即“割冗”。

20　藎（jìn）懷：藎通“進”。例：藎臣，《詩・大雅・文王》：“王之藎臣。”朱熹釋：“藎，進也，言其忠愛之篤，進進無已也。”此謂衷心、期望。

21　碾壓機器：此係其時對茶機的一種模糊統稱。中國最早出現的機器製茶，是19世紀60年代俄國人在漢口、英國人在福州等地開辦的磚茶廠。除動力機械外，製茶首先使用的是壓力機，後來又采用茶葉粉碎機等。碾壓機器是由早期磚茶廠使用的主要機器延伸出來的。紅茶包括綠茶要使用的機器，與磚茶不同，不需要碾壓。紅茶除烘乾機外，最急需的是替代手揉脚搓的揉捻機，但此仍按習慣説法云“碾壓機”。

22　兩江督憲劉：即劉坤一（1830—1902），字峴莊，湖南新寧人。咸豐五年（1855），他由領團練鎮壓湖南境内太平軍起家，咸豐末追擊石達開軍轉戰湘桂，授廣東按察使。同治間，擢兩江總督，光緒初爲兩廣總督，旋又復任兩江總督。

23　徐道樹蘭：即徐樹蘭，字仲凡，號檢庵，會稽（今浙江紹興）人。光緒二年（1876）北闈舉人，博學多才，善書工畫，對清末鼓動農業改革，促進農業近代化方面，曾作有積極貢獻。

24　汪進士康年：即汪康年（1860—1911），字穰卿，晚號恢伯，錢塘（今浙江杭州）人。光緒二十年（1894）進士，官内閣中書。甲午戰後，在上海入强學會，辦《時務報》，延梁啟超任主編，鼓吹維新。有《汪穰卿遺著》《汪穰卿筆記》。

25　湖廣督憲張：即張之洞（1837—1909），字香濤，又字香岩、孝達，號壺公，晚號抱冰等。同治二年（1863）進士。中法戰爭時任兩廣總督，起用馮子材擊敗法軍，後督湖廣近二十年，辦漢陽鐵廠、萍鄉煤礦、湖北槍炮廠等,爲後起洋務派首領。對整頓茶務、提創機器製茶也有很多作爲。光緒末,擢體仁閣大學士、軍機大臣。卒謚文襄,有《張文襄公全集》。

26　收草:草,此非指燃草,而是"草茶",也即收購的茶樹鮮葉或機製茶原料。

27　由滬運潯:舊時皖南祁門等地茶葉,大都由水路船運經潘陽湖至九江口入長江轉運上海和中原各地。貨物回運亦然。潯,唐宋時的潯陽縣或潯陽郡,治所均在今江西九江,故潯也成爲九江之别名。

28　台惟生廠:19世紀後期英國機器廠名,印度、錫蘭當時使用的茶葉生産機械,多半是該廠設計的産品。

29　亥年:此指1899己亥年。本文撰於光緒二十三年(1897)底,即使籌得資金,托洋行訂購茶機,由上海運回祁門、浮梁安裝調試好投産,一切非常迅速順利也已趕不上次年戊戌年茶季,最快也要再過一年到"己亥"年,才能派上用處。

30　福、甌:指福建的福州和甌甯縣(今建甌)。福州是中國商人最先從國外引進機器進行製茶的地區。19世紀90年代中期,在國内其他各地剛剛議及振興茶業,改用機器製茶時,福州茶商就集股在福州英商的幫助下,派員到印度學習。機器製茶,購買茶機,不但首先在中國試製生産出機製茶葉,也由英商首先墩銷英國。

31　金山:即美國舊金山,亦即三藩市。

32　美國新例:美國有關茶葉的新法案。1883年,鑒於輸美茶葉摻雜情况嚴重,美國國會首次通過禁止進口摻雜作僞茶葉法案。1897年,也即在光緒二十三年夏,美國又一次通過了《美國茶葉進口法案》,這就是本文所説的"新例"。新例規定,以後每年都由茶葉專家委員會制定各種進口茶葉品質最低標準樣,進口茶葉不得低於此標準。茶葉引用的標準方法共262頁,包括取樣方法,灰分及不同溶性灰分,醚浸出物、水浸出物、粗纖維蛋白質等。

33　茶辦:疑即其時美國有關機構制定的進口茶葉檢驗標準樣。

34　施家谷:早年漢語使用的"芝加哥"譯名。

35　張香帥：即湖廣總督張之洞，因字“香濤”“香岩”故有此稱。

校　記

①　祗遵：祗，原稿作“祇”，編改。

②　關係：係，原稿作“繫”，編改。下同，不出校。

③　口喑：喑，原稿作“瘖”，即中醫“失語”症之意。

④　湔除其痼疾：湔，洗滌。《中國古代茶葉全書》漏抄或脱此一句。

⑤　祗可：祗，原稿作“祇”。

⑥　紅茶：茶，原稿作“本”，據文義改。

⑦　均係實情：係，原稿作“系”，編改。

⑧　洪廷俊：洪，原稿作“供”，徑改。

⑨　暮春：暮，原稿作“莫”。

⑩　均係：係，底本作“系”，編改。

⑪　祗遵：祗，原稿作“祇”，編改。

⑫　祗：原稿作“祇”，編改。

⑬　載籍：籍，原稿作“藉”。按通用字改，但“籍”“藉”可通假，有的校記斥之爲“誤”，亦未必妥當。

⑭　搓製：搓，原稿作“槎”，編改。

⑮　華曆：曆，原稿作“歷”，徑改。

⑯　祗需：祗，原稿作“祇”，編改。

⑰　西曆：曆，原稿作“歷”，編改。

⑱　復驗：本文中“復”字，唯此處用“覆”字，“復”“覆”雖可互通，爲一文中同字前後儘可能一致，徑改。

⑲　祗須：祗，原稿作“祇”，編改。

茶説

◇清末民初　震鈞　撰①

震鈞(1857—1920),滿族人,姓瓜兒佳氏,字在廷(一作"亭"),自號涉江道人,漢姓名唐晏,又以㥯庵等爲號。庚子以後,曾任江都知縣,後任教京師大學堂,又爲江寧八旗學堂總辦。辛亥革命後,一直居住南方。

他撰刻的著作倒不少,至少現存的還有《天咫偶聞》《渤海國志》《洛陽伽藍記鉤沉》《國朝書人輯略》《八旗詩媛小傳》《八旗人著述存目》等。

本文《茶説》,即是從他的《天咫偶聞》(十卷)第八卷中輯録出來的。所謂《天咫偶聞》,也即仿照"夢華"和"夢粱"録專撰北京風土人情的小説筆記。他批評"京師士夫不知茶",那麼他這位世世代代居在北京的讀書人,何以能寫出茶書呢?因爲他戊辰(同治七年,1868)十一歲時,隨大人官江南,主要住金陵和揚州兩地,一直至庚辰(光緒六年,1880)遂回到北京。生活在這樣的環境下,特别是揚州,是鹽商講吃講喝的鬥富之地,而震鈞用他自己的話説:"余少好攻雜藝,而性尤嗜茶,每閲《茶經》未嘗不三復求之,若有所悟時正侍先君於維揚,固精茶所集也。"應該承認,在明清輯集類茶書泛濫成災的情況下,震鈞《茶説》雖還不足兩千字,却全部是他對茶事多年精心鑽研的心得,無愧"精於茶者"之稱。本文20世紀中期以前,只有清光緒丁未(三十三年,1907)仲春甘棠轉舍一個刻本,近年台灣、大陸都有重印,不過都是據甘棠或甘棠影印本,所以現在收録雖多,但實際都是同出一個版本。

《天咫偶聞》刻印於光緒末年,但著録的時間可能起碼要早十年以上。因爲在光緒二十九年(1903),震鈞在其定稿以後的後序中清楚指出,"乙未(光緒二十一年,1895)以來,信手條記凡得若干,置之篋中,未暇整比。今夏伏處江干,日長無事,依類條次,都爲一編";這就是這本書從1895年開始寫起,寫成以後一拖八年,至1903年遂改編成書;成書到後來印好裝訂成册，又間隔四年的實情。本文據《續修四庫全書》本作録，并參考1982年北京古籍出版社出版的《天咫偶聞》排印本。

大通橋西垻下，舊有茶肆，乃一老卒所闢，並河有廊，頗具臨流之勝。秋日葦花瑟瑟，令人生江湖之思。余數偕友過之，茗話送日。惜其水不及昆明，而茶尤不堪。大抵京師士夫，無知茶者，故茶肆亦鮮措意於此。而都中茶，皆以末麗雜之，茶復極惡。南中龍井，絶不至京，亦無嗜之者。余在南頗留心此事，能自煎茶，曾著《茶説》，今録於此，以貽好事云。

煎茶之法，失傳久矣。士夫風雅自命者，固多嗜茶，然止於以水瀹生茗而飲之。未有解煎茶如《茶經》《茶録》之所云者。屠緯真《茶箋》，論茶甚詳，亦瀹茶而非煎茶。余少好攻雜藝，而性尤嗜茶，每閲《茶經》，未嘗不三復求之，久之若有所悟。時正侍先君於維揚，固精茶所集也。乃購器具，依法煎之，然後知古人之煎茶，爲得茶之至味。後人之瀹茗，何異帶皮食哀家梨者乎！閑居多暇，撰爲一編，用貽同嗜。

一、擇器

器之要者，以銚居首，然最難得佳者。古人用石銚，今不可得，且亦不適用。蓋銚以薄爲貴，所以速其沸也，石銚必不能薄。今人用銅銚，腥澀難耐。蓋銚以潔爲主，所以全其味也。銅銚必不能潔，瓷銚又不禁火，而砂銚尚焉。今粤東白泥銚，小口瓮腹極佳。蓋口不宜寬，恐泄茶味。北方砂銚，病正坐此，故以白泥銚爲茶之上佐。凡用新銚，以飯汁煮一二次，以去土氣，愈久愈佳。次則風爐，京師之不灰木小爐，三角如畫上者，最佳。然不可過巨，以燒炭足供一銚之用者爲合宜。次則茗盞，以質厚爲良。厚則難冷，今江西有仿郎窯及青田窯者佳。次茶匙，用以量水。瓷者不經久，以椰瓢爲之，竹與銅皆不宜。次水罌，約受水二三升者；貯水置爐旁，備酌取，宜有蓋。次風扇，以蒲葵爲佳，或羽扇，取其多風。

二、擇茶

茶以蘇州碧蘿春爲上，不易得，則天池，次則杭之龍井[②]；岕茶稍粗，或有佳者,未之見。次六安之青者,若武夷、君山、蒙頂,亦止聞名。古人茶皆碾爲團,如今之普洱,然失茶之真,今人但焙而不碾,勝古人;然亦須採焙得宜,方見茶味。

若欲久藏,則可再焙,然不能隔年。佳茶自有真香,非煎之不能見。今人多以花果點之,茶味全失。且煎之得法,茶不苦而反甘,世人所未嘗知。若不得佳茶,即中品而得好水,亦能發香。

凡收茶,必須極密之器,錫爲上,焊口宜嚴,瓶口封以紙,盛以木篋,置之高處。

三、擇水

昔陸羽品泉,以山泉爲上,此言非真知味者不能道。余遊蹤南北,所賞南則惠泉、中泠、雨花臺、靈谷寺、法静寺、六一、虎跑,北則玉泉、房山孔水洞、潭柘、龍池。大抵山泉實美於平地,而惠山及玉泉爲最。惠泉甘而芳,玉泉甘而冽,正未易軒輊。

山泉未必恆有,則天泉次之。必貯之風露之下,數月之久,俟瓮中澄澈見底,始可飲。然清則有之,冽猶未也。雪水味清,然有土氣,以潔瓮儲之,經年始可飲。大抵泉水雖一源,而出地以後,流逾遠,則味逾變。余嘗從玉泉飲水,歸來沿途試之,至西直門外,幾有淄澠之别。古有勞薪水之變,亦勞之故耳,況更雜以塵汙耶。

凡水,以甘而芳、甘而冽爲上;清而甘、清而冽次之。未有冽而不清者,亦未有甘而不清者,然必泉水始能如此。若井水,佳者止於能清,而後味終澀。凡貯水之罌,宜極潔,否則損水味。

四、煎法

東坡詩云:"蟹眼已過魚眼生,颼颼欲作風松鳴。"此言真得煎茶妙訣。大抵煎茶之要,全在候湯。酌水入銚,炙炭於爐,惟恃鼓鞴之力。此時揮扇,不可少停,俟細沫徐起,是爲蟹眼;少頃,巨沫跳珠,是爲魚眼,時則微響初聞,則松風鳴也。自蟹眼時,即出水一二匙;至松風鳴時,復入之,以止其沸,即下茶葉。大約銚水半升,受葉二錢。少頃,水再沸,如奔濤濺沫,而茶成矣。然此際最難候,太過則老,老則茶香已去,而水亦重濁;不及則嫩,嫩則茶香未發,水尚薄弱,二者皆爲失飪。一失飪,則此爐皆爲廢棄,不可復救。煎茶雖細事,而其微妙難以口舌傳。若以輕心掉之,未有能濟者也。惟日長人暇,心静手閑,幽興忽來,開爐爇火,徐揮羽扇,緩聽瓶笙,此茶必佳。

凡茶葉欲煎時,先用温水略洗,以去塵垢。取茶入銚宜有制,其制也:匙實司之,約準每匙受茶若干,用時一取即是。

煎茶最忌煙炭,故陸羽謂之茶魔。桫木炭之去皮者最佳。入爐之後,始終不可停扇;若時扇時止,味必不全。

五、飲法

古人注茶,熁盞令熱,然後注之,此極有精意。蓋盞熱則茶難冷,難冷則味不變。茶之妙處,全在火候。熁盞者,所以保全此火候耳。茶盞宜小,寧飲畢再注,則不致冷。陸羽論湯,有老嫩之分,人多未信,不知穀菜尚有火候,水亦有形之物,夫豈無之。水之嫩也,入口即覺其質輕而不實;水之老也,下喉始覺其質重而難咽。二者均不堪飲,惟三沸初過,水味正妙;入口而沉着,下咽而輕揚,撟舌試之,空如無物,火候至此至矣。

煎茶火候既得,其味至甘而香,令飲者不忍下咽。今人瀹茗,全是苦澀,尚誇茶味之佳,真堪絶倒。凡煎茶,止可自怡,如果良辰勝日,知己二三,心暇手閑,清談未厭,則可出而效技,以助佳興。若俗冗相纏,衆言囂雜,既無清致,寧俟他辰。

校記

① 此處題署,爲本書所定。《天咫偶聞》用震鈞筆名,作(清)曼殊震鈞。

② 則天池,次則杭之龍井:底本作"則杭之天池,次則龍井",但天池在蘇州,故有此改。

紅茶製法説略[1]

◇清　康特璋　王實父　撰[2]

紅茶是中國的主要茶類之一。19世紀，是中國也是世界紅茶生産、貿易風盛有突出發展的世紀。但是，在中國衆多的古代茶書中，竟没有一本有關紅茶的專著。有學者提出，在《中國茶文化經典》清代茶文化中收録的《紅茶製法説略》，能否也算作茶書？《紅茶製法説略》，是光緒二十九年(1903)，清政府爲籌備參加次年美國聖路易博覽會展品所成立的"茶瓷賽會公司"，爲振興華茶特别是外貿最需要的紅茶，給負責這次籌展的親王，要求在安徽祁門設立"製造紅茶公司"的條陳。條陳當然不是寫書，但由於鄧實主編的《政藝叢書》，已將其編録收入該叢書的"藝學文編"；聯繫過去將程雨亭在皖南茶釐局寫的禀牘文告，因羅振玉收入《農學叢書》而被列作茶書的先例，爲補紅茶茶書之缺，本書也將《紅茶製法説略》從《政藝叢書》輯出，專作一書。

撰者康特璋、王實父，生平不詳。僅由題名知其爲當時"茶瓷賽會公司"的成員；另外，不難肯定，他們當還是負責茶葉展品的茶葉專業人員。《紅茶製法説略》作爲專著，只有《政藝叢書》一個版本。沈雲龍主編的《近代中國史料叢刊續編》收有影印本。

中國土産出口，茶爲一大宗。茶之出口多寡，爲商務盛衰所繫，此固夫人而知者也。查光緒十年以前，出口計有一百八十八萬九千餘擔；光緒二十年以後，出口則僅有一百二十八萬四千餘擔。外洋用茶，固已日益加增；中國銷路，則遞年見減，幾有江河日下之勢。其中致衰之故，或由印度、錫蘭産茶日多，産多銷分，實勢□[3]然。或謂華商製法，專藉人工，印、錫製茶，全用機器；外洋嗜好機器所製之茶，故華茶不敵印、錫茶之暢銷。

嘗考印度、錫蘭産茶之處,茶樹皆屬公司,自培養、採摘以及製造、裝箱,無一而非公司之事,自可無一而不用機器。中國則園户、茶商,截然分爲兩途。産茶之園户,既星散而無統率;業茶之商人,亦湊合而無恆業。園户草率製成而售於茶商,茶商亦遂倉猝販運,趕急求脱,微特不能仿用機器;即人工製法,亦並未講求。而尤大之病,在多作僞。如緑葉[4]之染色,紅茶之攙土,甚至取雜樹之葉充茶出售,壞華商之名譽,蹙[5]華茶之銷路,莫此爲最。華茶至今仍未斷絶於外洋者,幸賴物質之良,實有大過於印、錫者。若能改良製造,盡絶其從前之弊,西人自無不争相購致。若徒恃質美,漫不加察,任窳工之作僞,年復一年,恐不知伊於胡底?今擬邀合同志,籌集資本,先於安徽産茶最優之處,設立製造紅茶公司,並會通各茶商講求製法,選料精工,捨短用長,製成之後,直販出洋,與印、錫之茶共相比賽,以期貨良品貴,聲價自增,亦收回固有權利之一道也。謹就愚昧所見製法,條呈於左,伏乞鈞鑒。

一、採摘　中國産茶,自穀雨至立夏,旬日之間,爲時磅促。園户急忙從事,貪多務得,鮮能求精。無論其葉之大小,芽之強弱,悉行採捋,混雜錯間,鮮能純萃;不知採摘爲第一要着,萬不能不謹擇其葉。採茶當有次第,過早則葉未足,稍遲則葉已老;先從向陽之枝,擇其葉之肥嫩者採取。但採其葉,勿損其芽,則芽又復次第發葉,葉齊而復采之。似此則茶質既純,茶味亦厚,雖有先後,斷無參差,且能保茶樹不傷。

二、捲葉　華茶向用手足揉搓,印、錫均用機器碾壓,其所以能奪我華茶利權,即此之故。蓋機器碾壓之茶,純萃整齊,湯汁之中,濃潤可愛。數年前,温州曾購此等機器製茶,已有明效。鄂督有鑒於斯,諄諄勸諭,卒無有應者。其緣因,中國各省之茶,均由園户採茶,捲成售與商人;商人不管捲葉之事,園户又迫於力薄,焉能購此重器。今既欲抵制印、錫之茶,不得不急爲改良。園户但責以專司採摘,售揀浄青葉於茶商。凡製造之法,皆由茶商自行料理,則碾壓捲葉之機,不得不辦。[6]每一次能出茶七八十斤者,需銀六百兩。用其法,亦先將青葉暴曬棉軟,而後落機兩刻之久,自然條索緊圓。

三、變色　茶葉有紅、緑二種,其實皆出一種茶樹,止因製造不同。西人所最愛者烏龍,次則紅霞、紅梅,悉皆鮮紅光澤。製法當於碾壓之後,視其色之深淺,令其多受空氣,晴則置諸日中,陰則置諸爐側,以其色之合宜爲度。

四、烘焙　茶之香味,全恃烘焙之工,因其加熱時,自有一種易散油生出也。印、錫之茶,均用機炙。其炙茶之機有二:一名狎皮杜拉符;一名黨杜拉符[1]。皆有抽氣管,故其味香不散失而無灰塵。中國製茶,園户只用爐焙,爐中或以乾柴燃火,或用不潔之炭,又不能立煙通,則煙貫入茶中,是以雜入煙燼,其味易飛散。今欲仿用印、錫之機,産茶之地崇山峻嶺,轉運不易爲力,但須將烘爐變通,設有抽氣管,則亦無殊。火力之熱度,宜實測度數,以求確實把握。

五、成分　茶之美劣,以其中之鹼類、香油二要質之分數爲定。鹼類名替以尼[2],即茶葉之精,能感人之腦筋,使人神清意適。香油名替哇尼[3],即茶中易散油;生葉中原無此物,全賴烘焙時由他質化成。熱大則隨氣耗散,熱小則化成無幾。即一人一時所烘焙之茶,含香之數亦不同。必須將每次所烘焙,隨時化分,得其各質之真數,則成色確有把握,然後標籤列號,可與各國之茶品確實比較,方得我貨之真價值,不致爲外人所愚。

六、做浄　烘透之後,即當做浄,而後裝箱。粗茶細做,細茶粗做,務使長短接續,篩路整齊,無粗細不匀之弊,乃能入目可觀。其始也,用提篩徐徐然頊⑦出,當順其自然之性。用腕力宜圓緩,而不宜過疾;過疾則碎。提篩之下者,付之細篩;提篩之上者,付之打袋手打過,又從而篩之,長短粗細由是分焉。使其中有大粃片,則用簸盤以簸之;有小粃片,則用風箱以扇之。至於最粗如頭號篩以上,極細如鐵板篩以下者,均須剔下,不得入堆。

七、成箱　製成之茶,販運外國,越數萬里重洋,必須其味經久而不散,方足以爭勝。箱皮不嚴,箱板不堅,均足以壞全分之茶。裝箱之日,須將製成熟茶,盛以竹簍,裹以鉛皮,然後釘入木箱,外加籐捆,逐層封緊,勿令洩氣,雖經年累月,香氣不失,可無變味之虞。

以上七條,粗陳崖略,係指紅茶而言。至於緑茶焙⑧製,大旨亦同;特採擇後,不令多受空氣耳。

注　釋

1　狎皮杜拉符、黨杜拉符：當時兩英國機器製造廠生産的茶葉烘乾機的譯名。

2　替以尼：疑是英語"Teaine"的音譯；"Tea"爲茶字，"ine"是套用"Caffeine"一詞組即指茶生物鹼之意。

3　替哇尼：替，英語"茶"字；哇尼，説不清英語何義，據文意，當是指茶葉芳香類物質。

校　記

① 原書"略"後，有"上報貝子000"幾字和符號，與題名無關，編删。

② 原書在康特璋"康"字前，有"茶瓷賽會公司"六字，在加朝代名時去掉了。

③ 原書非缺字，但模糊近墨丁，故空。

④ 緑葉：葉，疑是"茶"字之誤。

⑤ 蹙：原文模糊，《中國茶文化經典》録作"滅"，誤，辨改作"蹙"。

⑥ 此處"辦""每"之間，原文空一格，在"需銀六百兩"的"兩"字之後及"五成分"部分，有幾處不明空格，現均删去。

⑦ 頊：原書左旁不清楚，也像"頓"字，《中國茶文化經典》即録作"頓"字。

⑧ 焙：原書作"培"，顯然是"焙"之誤，徑改。

印錫種茶製茶考察報告

◇清　鄭世璜　撰

鄭世璜，字蕙晨，浙江慈谿人。光緒三十一年(1905)前後，大概任江寧(今江蘇南京)鹽司督理茶政鹽務的道台，1905年，奉南洋大臣、兩江總督周馥之命，率浙海關副使英人賴發洛，翻譯沈鑑，書記陸溁和茶司、茶工等九人，赴印度、錫蘭考察種茶、製茶和煙土稅則事宜，了解印度曬鹽和稅收法則。這次考察，於農曆四月九日由上海乘輪船出發，至八月二十七日乘船回到上海，行程四個月又十九天。回國後，鄭世璜向周馥和清政府農工商部呈遞《印錫種茶製茶考察暨煙土稅則事宜》《改良内地茶業簡易辦法》等多份條陳。其中關於印、錫種茶製茶情况的報告，由農工商部乃至川東商務總局等多次翻印成册，與其所纂的《乙巳考察印錫茶土日記》一書，廣爲頒送和發行各茶商及各級茶務組織參閲。

鄭世璜考察印、錫種茶製茶的報告，首先在是年十月，由《農學報》以《陳(鄭)道世璜條陳印錫種茶製茶暨煙土稅則事宜》爲題連續發表。之後，不僅清代有關部門一再翻印下發，就是民國以後，還是有單位校勘發行，以應社會需求。本文即是以上海圖書館所藏的民國印本作底本的。原本失名，而以《農學報》所載題爲《陳道世璜條陳印錫種茶製茶事宜》核對，此次整理，改作《印錫種茶製茶考察報告》。

本文兩個版本，比較而言，上圖民國印本似稍作校訂，故以上圖藏本作底本，以《農學報》連載作校。

謹將派員赴錫蘭印度考察種茶製茶事宜分列條款呈覽[①]

沿革　查英人種茶，先種於印度，後移之錫蘭。其初覓茶種於日本，日人拒之,繼又至我國之湖南,始求得之。並重金僱我國之人,前往教導種植、製造諸法,迄今六十餘年。英人鋭意擴充,於化學中研究色澤香味,於機器上改良碾切烘篩,加以火車、輪舶之交通,公司財力之雄厚,政府獎勵之切實,故轉運便而商場日盛,成本輕而售價愈廉,駸駸乎有壓倒華茶之勢。

氣候　查錫蘭高山,距赤道自六度至八度,地氣炎熱,雨量最多,草木不凋,四時如夏。土質:高山含赤色而中雜砂石,低山砂石略少,茶葉通年有採,生長甚速。高山每英畝年可出乾茶五百五十磅,全島每年出茶一百五十兆磅。印度產茶地方極廣,其北境之大吉嶺,原名大脊嶺,距赤道二十七度三分,山高七千七百英尺,本從前中國藩屬哲孟雄地。哲孟雄,西名息根姆,又名西金。天氣同於中國,夏秋之間,雨霧最重,正臘之間,冰雪亦多。土質同於錫蘭。茶自西四月上旬起,至西十二月上旬,均有葉可採。山高三千八百英尺地,每英畝年可出乾茶二百四十一磅;山高六千英尺以上地,每英畝年可出乾茶一百九十七磅。每年全嶺產茶之數,一千一百七十九萬四千磅。合印度、錫蘭兩地,每年出乾茶有三百五十兆磅之譜。

局廠　查錫蘭島,除海濱盡種椰樹,北面平田盡栽禾稻外,其餘高山之地,幾盡闢茶園。茶廠大小有三百餘所。大吉嶺自西里古里山麓起至山巔,五十一英里,盡種茶樹,茶廠有二十餘處。製茶公司資本,至少三十萬金至百萬金[②]。工人除山上採工外,廠内工人甚簡。大約日製茶千磅之廠,廠内工人不過十二三名。日製茶三千磅之廠,廠内工人不過三十八九名。緣機製較人工省力懸殊也。

茶價　查印度、錫蘭均製紅茶。製緑茶廠,止一二處。色濃味強,西人嗜之。實則色淡而味純者,亦頗寶貴。故上山高三千英尺至五六千英尺地方之茶,葉身柔嫩,味薄而香,〔故〕售價昂[③]。下山高三百英尺至八九百英尺地方之茶,葉身粗大,味苦而厚,售價廉。茶分五等:一曰卜碌根柯倫治白谷,二曰柯倫治白谷,三曰卜碌根白谷,四曰白谷,五曰白谷曉種。蓋"卜碌根"即好之義,"柯倫治"即上香譯音,"白谷"即君眉譯音,"曉種"即小種,皆本華茶舊名而分等次者。玆將錫、印茶價列表如下[④]：

錫蘭茶價：

上等茶　約銷三十兆磅　每磅價十本士

中等茶　約銷六十七兆磅　每磅價八本士

次等茶　約銷三十八兆磅　每磅價六本士半

下等茶　約銷十五兆磅　每磅價五本士又四分之一

錫蘭緑茶價：

統由茶商包買，不分等次，統扯每磅價盧比三角二分。

印度茶價：

一千九百零四年至零五年，印茶銷於英京之數（每箱重一百磅）：

阿薩墨茶　計銷六十三萬二千零七十三箱　每磅價七本士九十二分

加卡爾茶　計銷三十三萬一千九百三十一箱　每磅價五本士六十二分

溪塔江茶　計銷五千八百十四箱　每磅價五本士七十五分

車塔納坡茶　計銷一千九百四十四箱　每磅價五本士零四分

大吉嶺茶　計銷六萬六千五百五十八箱　每磅價九本士十八分

獨瓦耳茶　計銷二十二萬三千五百十三箱　每磅價五本士九十二分

康格拉茶　計銷二百零四箱　每磅價四本士五十分

格理明茶　計銷二萬二千六百六十四箱　每磅價六本士六十六分

透拉勿茶　計銷九千零二箱　每磅價五本士八十四分

透物哥茶　計銷七萬二千九十六箱　每磅價六本士六十三分

一千九百零三年至零四年之數：

阿薩墨茶　計銷六十四萬六千一百二十五箱　每磅價八本士四十三分

加卡爾茶　計銷三十三萬二千一百二十七箱　每磅價六本士四十

七分

溪塔江茶　計銷四千零七十八箱　每磅價六本士七十五分

車塔納坡茶　計銷一千五百零二箱　每磅價五本士八十九分

大吉嶺茶　計銷七萬零六百九十六箱　每磅價九本士五十分

獨瓦耳茶　計銷二十萬零三千八百五十五箱　每磅價六本士六十七分

康格拉茶　計銷一千五百二十五箱　每磅價五本士九十四分

格理明茶　計銷二萬一千五百零六箱　每磅價六本士六十六分

透拉勿茶　計銷一萬零二十二箱　每磅價六本士五十二分

透物哥茶　計銷八萬零一百四十八箱　每鎊價六本士六十三分

一千九百零四年至零五年印茶銷於印京之數：

阿薩墨茶　計銷十五萬九千六百四十五箱　每磅價五本士八十分

加卡爾茶　計銷十五萬一千六百三十九箱　每磅價四本士七十五分

西來脱茶　計銷十萬零二千有十五箱　每磅價四本士六十分

大吉嶺茶　計銷五萬一千三百八十五箱　每磅價七本士九十分

透拉勿茶　計銷三萬四千八百箱　每磅價四本士八十分

獨瓦耳茶　計銷十五萬八千四百二十五箱　每磅價五本士二十五分

溪塔江茶　計銷八千九百四十五箱　每磅價四本士八十分

車塔納坡茶　計銷三百七十七箱　每磅價三本士八十分

估馬江茶　計銷一千零三十七箱　每磅價四本士九十分

一千九百零三年至零四年之數：

阿薩墨茶　計銷十三萬⑤一千九百七十六箱　每磅價六本士四十分

加卡爾茶　計銷十四萬零八百七十七箱　每磅價五本士三十五分

西來脱茶　計銷十萬零二千四百三十八箱　每磅價五本士

大吉嶺茶　計銷四萬九千九百七十六箱　每磅價八本士十七分

透拉勿茶　計銷三萬二千零七十九箱　每磅價五本士十七分

獨瓦耳茶　計銷十四萬零三百有四箱　每磅價五本士八十分

溪塔江茶　計銷九千四百六十二箱　每磅價五本士十七分
車塔納坡茶　計銷八百七十一箱　每磅價四本士九十分
估馬江茶　計銷一千二百四十九箱　每磅價五本士

種茶　錫蘭現種之茶計有兩種：一曰阿薩墨茶東印度省名，一曰變種茶。所謂變種茶者，即中國茶與阿薩墨茶種在一處時，被蜜蜂採蜜，將花質攙和而成，故名曰變種茶。阿薩墨茶，即從前印度之野茶，樹桿有高至五英尺[⑥]及三十英尺者，茶葉有長至九寸有奇者。較之中國茶樹容易生長。其茶葉作淡緑色，其茶味較中茶濃，但香味不及中國茶，樹身亦不及中茶樹之堅。錫蘭平陽之地，均種阿薩墨茶，其山之高處，夜間天氣寒冷，大半多種變種茶。其先有西人之業茶者，在山高地方，將中國茶與阿薩墨茶種在一處，以便一同焙製，另成一種茶名。殊不知中國茶與阿薩墨茶所需之製法不同，故亦未收其效。至其種茶子之法，一如種稻穀然，先將茶子播種一處，俟閱八九月後，再爲分種。至一年後，所生樹枝已覺太長，便須剪去尖頭，使生横枝，且須隨時修剪。至三年後，即爲初次大割。猶冬令之割樹法。惟印、錫多割成平圓形。印度播種茶之法，在西曆十一月，先將田一方墾至一尺之深，鋪以肥土六寸，上面再加極細之土四寸，然後播種茶子，入土約深二寸。及至次年二三月，爲之分種。每枝約距離四五寸，俾易滋生。至冬間再移種於茶林内，亦有待至後一年夏季移種者。一俟樹身長有大指之粗，即須在冬間將樹修短，自四寸至六寸許，俾得重苞横枝。計自播種至此，閱時三年，至第四年冬止，須將杪上之錯枝稍爲修齊。第五年又修至十四寸高，第六年又止，修齊樹頂，第七年修至二十寸高。至第八年在採茶之前，須任其生長新枝，約六寸長。至此，樹身方算長足。在未長足以前，似乎不宜採摘，致傷元氣。至逐年修割，則宜使樹身修直爲佳。迨後樹身過老，將行大割，則須將樹身上所有之節疤，盡行割去。

剪割　剪割之義，爲多生樹葉起見。緣樹枝愈老，則樹葉之生長遲而且小，出産愈少，故剪割最宜注意。錫蘭剪割之法：在平地，地氣較熱，易於滋生之處，每年割一次；在三四千尺高山上者，每二年割一次；在五六千尺高山上者,每三四年或五年割一次。其地勢愈低,則剪割愈勤。因其易於滋生,茶汁必形淡薄,故不得不勤於剪割也。其割法,一俟樹身長足後,即割去上身,約留樹身高十二寸之譜,將中央小枝修去,以通風氣,專留向外之横枝,俾滋生樹葉。至第二次剪割時,比上次多留一二寸。割至四五次後,樹身已覺太高,所割之處,疤節太多,樹汁難於流轉,亟宜將所有疤節盡行割去,並將其横枝修剪齊平,使之容易滋生。印度種茶家,亦以剪割爲常法。其割至十八寸或十二寸,或竟低至一二寸者,多有。無非察樹身之肥瘠,以酌其宜。其在剪割之前,採葉不可過多,致受損傷。樹身瘠瘦者,尤必肥以野茶或革蔴子餅之類,以扶養之。迨明年將樹杪修至二十寸高,此一年内所生茶葉,約止採二成之譜。至秋後停長之時,仍將樹枝修至二十六七寸高,再待來年樹枝結實,即有佳茶採矣。惟是年冬又須修割,比上届大割應留高五六寸。據查以前茶林每年修割,比上届止留高一二寸。現年則間年一修割,在停割之年,止修齊樹杪而已。大約茶樹栽培合法,樹身不至過高,可滿二十年一大割。如其稍不經心,致有荒蕪,則八九年即須一大割。

下肥　壅肥以壯田,通例也。錫蘭土性苦瘠,茶葉長年苞發,地土之滋澤,易於告罄,故不得不極意講求培壅。前者種茶家以土内所下之肥,有礙茶葉品性,今始知其未盡然;惟仍有數家,以不下肥爲然。凡肥田,最壯之料莫過於六畜之骨。然錫蘭非産畜之區,勢不能全用畜骨,且價亦過昂,故攙以革蔴子餅。計每樹衹須下數兩重之肥質,蓋樹本專仗淡氣以生發,而革蔴子餅所含淡氣最多,以之肥田,莫善於此。又有種茶專家,於茶林内攙種豆莢,即以莢梗埋於土内,或將所割茶樹枝葉同埋於土,兩者均可肥田。又有一種茶家,論及渠所種之茶樹,每三年下肥,所費每畝約盧比五十元。每盧比,約合中國銀五錢。此説較之錫蘭各種茶家,未免太過。下肥之法,須將肥料壅於離樹一尺左右之樹根上,爲最得其所。又或鋤耘野草,即將所耘之草,埋於土内,藉作肥料。此種工作,包於採茶工家,計每月每英畝工價盧比洋一元。至於印度茶林,則野草任其生長,不似錫蘭之鋤耘盡浄,以爲野草亦可肥田。故於冬令將地面翻起九寸之深,即將野草埋在土内,作爲肥料。此種工作,經費每英畝約盧比五元半,須人工三十日。即在夏令,亦須兩次,將地耙鬆至三四寸深,將地面之草覆埋土内。其工價較冬令減半。茶林内亦有攙種豆莢者,至開花時即行割下,埋於土内作爲肥料。此係夏間格外加工之事,所費每英畝約盧比八九元。惟在夏雨極多時,不能將地翻動,防爲雨水沖去,故只好將地面野草割下,留於田間任其腐爛。其餘如萆蔴子餅之肥料,亦不能廢。如大吉嶺則山勢崎嶇,種茶之區不得不墾爲平台,如中國之山田然,深恐泥土被雨水沖刷,樹根暴露而挑土墊補,所費殊不貲也。

採摘　茶葉裁割之後,須五六個月始能長葉。一俟新葉長有五六寸高,即將嫩頭摘去。其法每人給與四寸長之小棍,令其摘至小棍一樣長短。所摘嫩頭,全係水質,不能製爲茶葉。直至摘剩之新枝頭上,生出禿葉一片,再由禿葉節間重發新葉,俟長有嫩葉三片,及頭上之苞芽,方可將苞芽及新葉二片採下,是爲新鮮茶葉。其第三片新葉留於枝上,以資再苞新芽。錫蘭採茶次數,在平地每七天一次,在高至四千尺山上者,每十天採一次。惟頭二茶及秋後之茶,不能如期。錫蘭採茶,每人每日約能採至三十磅。如遇雨水多時,茶葉滋生較速,則每人每日約得採至五十磅之多。大吉嶺採茶,如採中國茶,每日不過十二磅至十四磅;如採阿薩墨茶,每人每日能採至五六十磅。緣阿薩墨茶葉大,重量較大故也。至採茶工人,錫蘭則以流寓之印度人爲多。男人工資,每日盧比三角五分,女二角五分,大孩二角,小孩一角五分。大吉嶺土人貧苦,採工尤廉,每月女人不過三盧比,小孩不過二盧比。採茶時候,每日早晨五下鐘至下午四下鐘止。有早晨六下鐘至午後六下鐘,中間停午餐一下鐘者。此由各公司自定,並視茶山距廠之遠近爲準。凡茶山有二千英畝,約須採工七百人輪採。按定今日採東山一區,明日採北山一區,遇星期則周而復始。凡有數十人在一區採茶,必有工頭一人,執鞭督飭。如採不合法暨玩笑滋鬧者,則鞭責之。此外復有經理之英人,乘汽車或自行車,不時往來巡視。總之,茶樹本性採摘愈苛,苞發愈速,因之二茶本力已衰,生發必然減少,週年統計並無盈餘,而樹身業已受傷。故精於此業者,少採頭茶,乃爲上策。所謂蘊之愈久,其本力愈足,故茶葉乃愈佳也。

兹因大吉嶺氣候與中國相同,查得該處最佳之茶林,一英畝在去年所產之茶數列表於下:

西曆三月三十一號	採新茶葉	六磅五
四月七號		二十磅
四月十四號		三十一磅
四月二十一號		三十六磅
四月三十號		四十磅
五月七號		十二磅四
五月十四號		四磅五
五月二十一號		八磅六
五月三十一號		十八磅五
六月七號		二十六磅
六月十四號		二十九磅四
六月二十一號		三十四磅二
六月三十號		四十四磅七
七月七號		三十五磅
七月十四號		三十四磅二
七月二十一號		三十七磅七
七月三十一號		四十六磅四
八月七號		三十磅
八月十四號		三十三磅二
八月二十一號		三十一磅
八月三十號		五十磅八
九月七號		三十三磅七
九月十四號		二十九磅二
九月二十一號		二十七磅
九月三十號		二十六磅一
十月七號		十三磅八

十月十四號	十七磅八
十月二十一號	十磅一
十月三十一號	二十一磅
十一月七號	十三磅
十一月十四號	六磅八[7]
十一月二十一號	二磅四
十一月三十號	十磅
十二月七號	二磅七

以上共計茶葉八百二十四磅,計製乾茶葉二百零六磅。因茶林内之茶樹,大半都經大割未久,是以出産較少。據照尋常之數,應出乾茶二百四十磅有奇。

機器　查印、錫之茶,成本輕而製法簡,全在機器。機器分碾壓、烘焙、篩青葉、篩乾葉、揚切、裝箱六種而貫以一。全軸運動,並可任便裝拆。其全軸運動之引擎,則或借水力,或燃火油,或燃木柴與煤。大吉嶺廠則用電。據稱購電氣公司之電,每下鐘時不過十二安那,約合龍元五角有零。大約廠房在山澗之旁,可借水力運轉機輪,省燒料之費。其餘用火力,則馬力小者,類用火油引擎;馬力大者,類用柴煤鍋爐。如鄰近有電汽公司,購用電力,則既省擦抹,又省監視也。兹將各種製法,分晰開列如下:

晾青　查印、錫茶廠,每日每人採到青葉,先在廠門外過磅,隨即揀浄葉莖,搬上廠樓,匀攤晾架,晾乾水分。晾架多木匡布地,或用木板。大吉嶺則用鐵絲網地。廠樓窗槅四面通風,間有作風輪電扇,以散熱助涼,藉補天工者。每層樓房,置晾架十二三座。每座深處,接連三架。每架十五六格,每格距離八九寸,以能手臂伸進鋪葉爲度。茶葉採下揀浄後,即匀鋪於布格上,視葉之乾濕,以分鋪之厚薄,然後視天氣之晴雨。如逢天晴,須將窗户關閉,勿爲外面燥烈之氣所侵。如遇天雨,須將烘茶爐内之熱氣打進晾房,再以風扇將熱氣重行送出,以資疏通。總之使房内燥濕得宜而已。新葉晾至二十四下鐘最爲合度,亦有晾至三十六下鐘者。緣閲時太少,則須加熱氣以乾之。茶葉勢必燥而易碎,一放入碾茶機内,其大葉之茶汁,因之壓去,即嫩葉之顔色,亦不鮮明矣。否則爲時太久,則葉性改變而腐爛之氣生,香厚之味頓形減損矣。新葉晾過之後,每百斤約得五十五斤。遇新葉稀少,有每百斤晾至七十五斤者,惟茶味未免稍次。晾茶一道,係製茶首要之端,須房屋寬敞,涼爽通氣;而晾時之久暫,尤關色味之低昂,此則不可以不辨也。

碾壓　茶葉晾過之後,即運至碾壓機器,以碾揉之。碾揉之義,要使葉内包含茶質之細管絡,全行揉碎,以便泡茶時易於發味,並使搓成一律之茶葉式樣。搓時多少,各廠不同。有搓一下鐘者,有搓至三下鐘者。總之,茶葉粗,則搓時較久。惟搓至二三十分鐘之後,即運至打茶機内,將搓成團塊之茶葉重爲打散,再運至篩機内將細嫩之葉篩出,另行搓捲,不再與粗葉同搓。蓋深恐粗葉之茶汁,有礙細葉之清香味也。其搓茶機器,隨時搓碾,逐漸將機上之蓋向下壓緊,使葉内之管絡,全行搓碎。惟搓之既久,茶葉不無發熱,故須將上蓋不時提起,稍停數分鐘,藉以透涼。初搓之時,機内裝葉,不宜太滿;上蓋壓力,不宜太重。因恐稍粗之葉爲壓力所阻,不能搓捲如式,致成扁葉,殊無足觀,且將來烘乾之後,易於破碎。惟稍粗之葉,雖不能如細葉之便於搓捲,而於釀色之時,葉片鬆而且大,易於透氣,故葉色反比細葉鮮明。又有一説,如搓壓之時過久,可以代釀色之工云。

按:碾壓機器,形式如磨,有上方下圓者,有上下均圓者。下盤係木地鐵匡,平如桌面,惟磨處中凹。磨齒係釘木條,新式者釘銅條,復有盤上鑿成眉形者。齒有疏密,疏恆十六,密恆三十二,視碾器之大小而定。中心有小方板一,以便啟閉。上盤與磨形稍異,四圍鐵匡,中空如罩,内容茶葉。大號可容二百五十磅,盤徑較下盤小四分之一,適與下盤之中凹處合。上下相距,有螺旋可以鬆緊。上盤另有口門進茶葉。凡晾去水分之葉,用麻布漏斗,由樓上傾入碾機,將皮帶移上滑車上盤運轉,茶葉即在齒上回環上落碾揉。碾成後至三下鐘時,可使液汁油然捲成均匀一律之條,旋從下盤抽去方板,茶自傾出。

篩青葉　該篩,木板爲邊匡,銅絲爲篩,孔係長方式。因葉經碾壓,必生黏力,而成團塊。該篩能理散團塊,分出細嫩之葉。如粗大之葉篩不下者,應再碾壓。

變紅　凡濕葉經篩勻後,即用粗布攤地,或地上用三合土築成高四寸之土台,將濕葉勻鋪其上,厚約三寸,上蓋濕布,惟須與茶葉相離寸餘,使得涼氣而不遭風吹。故濕布類用木匡爲邊,以便架空。三下鐘時,葉可變紅。

烘焙　茶葉變紅之後,即運至烘爐内烘焙。烘爐熱度,約在二百二十度左右。茶葉約烘二十分鐘之久,但熱度亦有少至一百九十度,多至二百五十度者;烘時亦有過三十分鐘之久者。惟爐内茶葉所受之熱,終不及火表上之熱度。蓋新茶鋪於鐵網盤上,初進烘爐時葉質尚濕,一經熱氣,其水質立時蒸騰,而爐内之熱氣因之減少,有時甚至減去一百度之多。迨至茶葉漸燥,熱度亦因之漸升。惟烘茶之法,須初時有極大之熱度,使茶葉之外皮即時堅燥,以免走去葉内之原質。隨後茶葉漸乾,熱度亦宜漸減,以防烘焦之患。至茶葉必鋪在鐵網盤中者,蓋取其氣之疏通,不至擠壓太甚,致外焦而内尚潮濕也。

按:烘機上有上抽氣、下抽氣之别。下抽氣係將濕茶鋪盤内,推進焙房。通過盤口上頂,彼處便有新熱空氣由爐入葉。上抽氣係將熱空氣抽過茶盤,從葉透過,旋由煙窗挾熱氣而出。烘盤有八盤、十二盤、十六盤不等,視焙房大小而定。每盤置青葉以四磅爲率。每下鐘,八盤機,能出乾茶六七十磅;十二盤機,能出乾茶八九十磅;十六盤機與十六盤邊機,則能出乾茶百磅至百二十磅。近有一種新式烘機,名白拉更,焙房内有鐵絲格八層,濕茶傾入第一層,即自放熱氣入内,機輪運轉,茶自一層[8]以次落至八層,葉已烘乾,並能於焙乾時自放冷空氣入葉,使茶出烘房絶無熱氣,而免暗收空中濕氣之患。

篩乾茶　該器與篩青葉器無異,惟篩孔分疏密或三層或四五層。上層網眼較粗，往下愈密。出茶口門分置各面，各口張以箱。茶置第一層，即逐層篩下，自分一、二、三、四、五號茶箱，不稍混淆。末層有箱板，存積茶灰，並置膠黏於旁，分出葉灰内之茶絨。西人作枕墊用。近有一種新式篩機，係螺旋形鐵絲圓筒，網孔先粗後細，翻旋之際，能分茶爲五等。

揚切　切機有多種，能使茶葉整齊，兼揚去塵灰。近有二種新式者，一爲上裝茶斗，旁有空槽之棍，周圍有孔，下有刀口排列如齒者；一爲槽與刀牝牡相啣者。凡過長及不齊之乾葉，用此器截切，最便利。

裝箱　凡製就之茶，裝入茶箱，有重加烘燥再裝以防受潮者。太鬆則恐洩氣，太堅則輾轉用力，茶碎質耗。故裝箱有機。其法將空箱擺平架上，用輪旋緊，上架漏斗。機動斗摇，茶由斗口而下，茶箱因振動力勾，鋪茶極齊，底面一律，四邊平實，雖行萬里，無摇鬆之患。

機價　凡轉運引擎，約二十匹馬力者，每具連裝箱運費，約銀五千元以内。碾茶機，每次能容青葉三百磅者，每具連裝箱運費，約銀一千元。烘茶器，每下鐘能出乾茶八十磅者，每具連裝箱運費，約銀一千五百元。篩茶器，每日能篩五百磅者，每具連裝箱運費，約銀八百元。篩青葉器稍廉。切機，每具約銀三百元。裝箱機，每具約銀一百五十元。

運道　查錫蘭島，鐵道四通，馬路盡闢，自高山至克朗坡埠，雖火車支路甚多，然運茶出口，不過十二下鐘火車路。印度大吉嶺鐵道，直接加拉噶搭，雖内山馬路不如錫山盡闢，而運茶出口，不過二十二下鐘火車路。計每日採下之茶，至多閲三十六下鐘晾乾，三下鐘碾就，三下鐘變紅，三下鐘烘篩、揚切、裝箱。不及三日，茶已製就，運輸出口。

獎例　查印、錫茶葉，出口無税，政府每年酌給補助費。近因紅茶已辦有成效，又復盡力在錫蘭濱海地方試造緑茶。新例，出緑茶若干磅，酌給若干銀兩以獎例之。兼之設有會館、公所，於出口茶項下抽收經費，充作各報館刊登告白及一切招徠之舉。錫蘭抽費,每百磅約龍元二角。印度抽費,每百磅約龍元八分。據印、錫兩處經費,年約百萬元左右云。

以上係製茶情形

附錫蘭緑茶

錫蘭所製緑茶不多,市價亦不能起色。據業茶者云,緑茶一道,機製終不能勝於手工所製,故此間緑茶廠寥寥,其製法如下:

蒸葉　新葉採下之後,運至廠中,先行秤過,每二百磅作一堆。先以一堆置於四方形之箱内,中間留一空穴,以爲蒸汽經過之處。即將蒸汽放入,約以九十五磅爲度,後將機關撥動,使四方箱轉動至極快之速率。約轉一分鐘之久,將蒸汽關閉,以前所放之蒸汽依舊留在箱内,再轉一分半鐘之久,然後開箱,將茶葉倒出。其色碧緑如故,惟葉片軟而皺矣。

碾茶　碾茶之法,與碾紅茶彷彿,惟將碾機之上蓋揭去,接以無蓋之木桶,以防茶葉倒出。桶底滿鏤小穴,使透熱氣。亦有上裝風扇,以扇去熱氣者。俟第二堆新茶蒸過後,一併置於碾機内,同碾約二刻鐘之久。碾機下置有一盤,以承溜下之水汁。再以籐匡將盤内之水汁漏過,專留水汁内之浮沫,重又傾於所碾之茶葉上。蓋因此種浮沫含有緑茶之苦味,不可棄也。

烘焙　茶葉碾過後,即鋪於水門汀製成之土台[1]上,以涼透爲度。然後運至二百六十度熱之烘爐内,歷三刻鐘之久,重置於無蓋之碾機内,碾二十分鐘,重複將碾蓋蓋上,使有壓力,再碾二十分鐘。然後運至切茶機内切成小片,用半寸徑格眼之篩篩過,再運至二百四十度之熱汽爐内,烘二十五分鐘。其篩内剩下之粗茶,再須以二百四十度之熱爐烘二十五分鐘,重複如前。再碾再切,以漏過篩格爲度。

篩葉　所篩之茶,約分四等。一曰小種熙春,約百成之三十八成;曰熙春,約得三十八成；曰次號熙春，約得十四成；曰茶末，約得十成。

上色　綠茶製成後，須再以滑石粉及石膏少許拌和，如法上色。惟如何上色之法，因不准外人入内觀看，殊難查悉。

按：以上錫蘭、印度茶業情形，觀之則印、錫紅茶雖不能敵上品華茶，而以之較下等之茶，則不無稍勝，故銷路已暢，且可望逐年加增。彼茶商之在中國及在外洋者，皆謂中國紅茶如不改良，將來決無出口之日。〔推〕原其故[9]，蓋由西人日飲已用慣味厚價廉之印、錫茶，遂不願再買同價之中國茶。雖稍有香氣，亦所不取焉。蓋印、錫茶之所以勝於中國者，雖由機製便捷，亦因得天時地利之所致。且所出之葉片較大於華茶，而茶商又大半與製茶各廠均有股份，自然樂買自己之茶，決不肯利源外溢。合種種之原因，結成日新月盛之效果。返觀我國茶業，製造則墨守舊法，廠號則奇零不整，商情則渙散如沙，運路則崎嶇艱滯。合種種之原因，結成日虧月耗之效果。近來英人報章，藉口華茶穢雜，有礙衛生，又復編入小學課本，使童稚即知華茶之劣，印、錫茶之良，以冀彼説深入國人之腦筋，嗜好盡移於印、錫之茶而後已焉。我國若再不亟籌整頓，以圖抵制，恐十年之後，華茶聲價掃地盡矣。爲今之計，惟有改良上等之茶，假以官力，鼓勵商情，擇茶事薈萃之區，如皖之屯溪，贛之寧州等處，設立機器製茶廠，以樹表式，爲開風氣之先聲。廠内製作，任茶商山户入内觀看。廠中部以商規，痛除總辦、提調、委員諸官氣，實事求是，期年之後，商民見效果甚大，自然通力合作，除舊更新，將來産茶之地，遍立公司。由小公司以合成大公司，由大公司以合成總公司，結全國茶商之團體，握五洲茶務之利權，海外争衡，可操勝算。再能仿照製機，變通其意，集新法之長，補舊法所短，如碾機改牛馬運動以代汽力，緣碾機空者，一人之力可運動，置滿茶葉，不過二匹馬力可以運轉。烘機從木炭研求，以臻美備，印、錫無銀條木炭，止燒木柴，中國可以仍之，而變通其用法。並設法裝配磨粉機器，以便秋冬無茶之日，機製米麥等粉，而免停工待費之暗耗。精益求精，日新月盛之機，可翹足待也。

謹擬機器製茶公司辦法大略二種：

公司集資本銀二百萬元。

不拘官商山户,均准附股。

山户無現銀繳出者,可將現有茶山公斷,照時價作附股之多少。

集資二百萬元,以五十萬元買山,除種茶外,可兼栽别種植物;以五十萬置機器房棧,並製造等用;以一百萬充後備之需用。

公司之茶,不宜在本國出售,以杜洋商舞弊,致定價高低,大權旁落於外人。

銷茶最廣之路,莫如英之倫頓。所有買賣之權,操諸五六經紀之手。總公司宜設上海,以便運輸。分局宜設英之倫頓,並美之紐約,澳洲之雪梨等處。如僅在本國出售,則可免後備之款。

以上係一二百萬銀元公司辦法。

公司集資本銀十萬元:

公司既係小試,則不能買山,宜批租若干年,或收買鄰山生葉以省費用。

廠内置碾機六架,連裝箱運費,約六七千元。如每架每日五次,每次二百磅,則每日可造生葉六千磅。烘機二架,連裝箱運費約三千元。如每架每下鐘烘乾茶八十磅,每日作十下鐘,能烘乾茶一千六百磅。篩機六架,連裝箱運費,約五千元。如每架每日能篩五百磅,每三架篩乾葉,三架篩青葉,已足敷用。切機一架,約三百元。裝箱機二架,約三百元。轉運機二十匹馬力者一架,約五千元以内。

以上機器每日採下六千磅茶,即日可以造成。建築棧房及安置機器等費,約二萬元以内,略計共費四萬餘元。

廠外批山租價　未定。

總局設在何處或搭莊代賣　房棧等未定。

製茶局用人員:正司事一,副司事一,司賬二,司機器二,巡視茶山二,管理製造二,雜職六,計用十六人,年薪約萬元以内。

每日採茶約六千磅,約用工人四百名,年計一百天,一年四萬工,每工扯二角,計銀八千元。

每日製茶約六千磅,約用工人八十名,年計一百天,一年八千工,每工扯三角,計銀二千四百元。

以上約共銀二萬七千元左右。

每日採生葉六千磅,實製成茶一千五百磅,計一百天,製成茶十五萬磅。每磅至少售價銀三角,亦可得銀四萬五千元,除購機造廠等費銀四萬餘元外,計共開銷薪工等銀二萬七千元左右。又納山租稅約數千元,統算尚溢利萬元有奇。如用資本銀十萬元,可獲長年息銀一分左右,倘茶價略高,費用略省,則不止此數也。

以上係十萬元左右公司辦法⑩。

注　釋

1　水門汀製成之土台:水門汀,即過去我國一些地方對英語"水泥"cement的音譯。

校　記

① 謹將派員赴錫蘭印度考察種茶製茶事宜分列條款呈覽:此題《農學報》作"今將奉委赴錫蘭印度考察種茶製茶暨煙土稅則各事宜分晰開列恭呈憲鑒"。

② 至少三十萬金至百萬金:《農學報》無"至百萬金"四字。

③ 故售價昂:底本原稿脱"故"字,據《農學報》補。

④ 兹將錫印茶價列表如下:印,《農學報》作"蘭";且"如下"的"下"字下,《農學報》還多雙行小字注"茶價每磅盧比八九角"九字。

⑤ 計銷十三萬:三,《農學報》作"二"。

⑥ 高至五英尺:五,《農學報》作"十五"。

⑦ 六磅八:八,《農學報》無。

⑧ 茶自一層：自，底本作“目”，據《農學報》改。

⑨ 推原其故：推，底本無，據《農學報》徑補。

⑩ 十萬元左右公司辦法：底本至此全文終。《農學報》和鄭世璜原稿，還有附陳《印度煙土税則》，本書删不作録。

種茶良法

◇英 高葆真 摘譯①
清 曹曾涵[1] 校潤

高葆真(William Arthur Cornaby,1860—1921),英國基督教士,19世紀90年代前後到中國參與廣學會[2]的書籍編譯工作。1904年初,出任廣學會在滬所辦《大同報》主筆。《大同報》以普及近代科學技術爲宗旨,在中國學人張純一、徐翰臣等幫助下,至1915年,版面愈來愈多,而發行量亦不斷增加,最後因歐戰爆發才停刊。在此期間,高葆真針對當時中國急需科學技術的問題,著譯不輟。如其時茶葉出口鋭減,1910年,他便翻譯有《種茶良法》,又鑒於人口衆多和缺醫少藥的現實,1911年,他又翻譯《泰西醫術奇譚》。此外,他還撰寫了 *Rambles in Central China*, *A Necklace of Peachstones*, *China and its People*, *China under the Searchlight*, *A string of Chinese Peachstones*,等等。

《種茶良法》,在中國茶文化史上,可以説和胡秉樞的《茶務僉載》是特殊的兩部茶書,前者爲外國人所寫所譯,在中國出版,後者爲中國人所著,外國人翻譯後在外國出版,這反映中國和世界茶業及茶學的近代化過程,有着與其他許多事業不同的特點。茶業是由中國最早發現并加以利用的,中國的茶學也因此發展起來,而西方則是直到19世紀下半葉才開始種植并從中國學習種茶、製茶技術的,所以,西方茶業及茶學的近代發展,是與他們開始學習生產茶葉同步進行的,換句話説,茶葉的近代生產,是在中國傳統的基礎上發展出來的,是利用西方近代科技成果對中國傳統茶業的一種改造。高葆真和胡秉樞兩部茶書的編寫和翻譯出版,就反映了這一事實。

《種茶良法》,譯自英國 G. A. COWIE 的(M. A. 文學碩士、B. SC. 科

學學士)“*The CULTIVATION*”一書。從中文譯本看,當是選譯了一部分。高葆真在《緒言》中説:“中國栽茶製茶之法,自有成書,不必贅述,姑以印度、錫倫之法言之。”所謂印度、錫倫之法,是指由英國科技工作者和茶場主在對中國傳統茶葉生産經驗進行改造的基礎上,於上述兩地推行的技術方法,大概高葆真認爲中國當時的茶葉生産,最欠缺的是土壤化學、耕作施肥等方面的知識,所以《種茶良法》選録這方面的知識最多。

本書原文撰寫時間不清楚,但從翻譯本出版於宣統二年(1910)來看,原著撰刊的時間距此也必不很久。本書現存僅有上海廣學會印本,現據原文全文照録如下,并將原來中國數字改爲阿拉伯數字。

緒言②

山茶爲商品營運之一大宗,産於中國、印度居多;而中國尤知之最早,印度次之。印度迤北有亞撒瑪(Assam)邦[3]者,植茶極繁盛。按《羣芳譜》爲中國王象晉所著,明季末年刊行。“山茶”,一名曼陀羅樹[4]。高者丈餘,低者二三尺。曼陀羅者,印度迤北一帶之古音也。法學士某君,嘗謂印度迤北各山甚古,雖有此物,恆視爲野樹。及中國茶葉採製發明未幾,印度亦踵而效之爲飲料品。顧中國與印度,昔第於物界上争考察之美名;今則印度與錫倫島③,於商界上争貿易之實業。茶之一物,其利大矣,然而百年來,華茶情形不同,中國業茶者,可不加之意哉。

華茶於十六世紀,甫運入歐,至千六百五十七年,英人於倫敦京城特設茶號一所,顔曰“萬醫之所仰”。蓋是物於中國名爲茶 tcha,而他國則或名爲退 tay,或名爲替 tea,無定名;今各處俱有發賣矣。方西曆千六百年左右,駐俄華使手持緑茶,分贈俄人,俄人美之,亦遂知飲華茶。此時即華茶入歐之始。千六百六十四年,英商東印度公司,以本國素鮮是産,特獻二磅於英后。英后大悦,越十有四年,公司又購運五千磅入英,而英國華茶價值,乃日有繼長增高之勢。及千七百五十年,英國華茶一磅,計值十八先令。合華銀九元有奇。然而英人莫不酷嗜華茶,歐洲各國亦多購用,試以英國近百年來進口華茶之數,列表如下,以見中國與歐洲除俄國外茶務先後盛衰之狀焉。

西曆年數	華茶於英國進口磅數[5]
1800	20 358 827
1810	24 486 408
1820	25 712 935
1830	30 046 935
1840	31 716 000
1850	51 000 000
1860	76 800 000
1886	104 226 000

至 1862 年,始有印茶進口。至 1870 年,印茶得百之十一;至 1879 年,印茶得百之二十二。蓋自是年爲始,嗜茶之人,歲益加增,而錫倫茶務,亦突有起色,華茶則日益見減矣。

1906	13 538 653

按: 1886 年,英人共用茶 178 891 000 磅,而 1906 年,共用 321 190 064 磅;英人於二十年間,增用茶幾及兩倍,而中國銷售於英國之茶,於是二十年間,竟減至八倍,此宜爲中國茶商之最要問題也。

中國栽茶、製茶之法,自有成書,不必贅述,姑以印度、錫倫之法言之。印度、錫倫栽茶各地,其旁必有小園播種茶秧,俟生長後分植各地。猶華農之藝禾稻,必先有秧田也。其茶秧法,以修剪茶樹之枝,插入泥内,迨茁芽生根,時爲灌溉,上覆茅茨,以避風日。又恐爲獸類蹂躪,四週圍以木栅。候茶秧高至一尺,始移栽大園。大園之土,如小園,亦必一再耘耨,以細爲貴。旁有小渠,可通積水。凡栽一樹,必相距四尺。栽時其根之舊土,不使稍離。栽後一二年,其葉不採,至第三年始採之。每茶樹中,必有無數小枝,枝有嫩芽與三四小葉。欲取頭等最細茶者,則摘其嫩芽與第一二小葉;中等細茶,則摘其嫩芽與第一二三葉;粗茶,則摘其芽與第一二三四葉。每間十日或十二日,可採一次。錫倫終年如斯。然又必時以刀修削其枝,俾之愈發嫩葉。

所採之茶,無論粗細各等,悉置大竹篩中,就日烘曝,候十七八日必盡枯乾。如天時潮溼,則用爐火略炙,並以機械壓去其汁,而令各葉有拳曲形。機械壓力之重輕,可隨人意,而葉之卷者,兼可使之復舒,則又非用機械不可。此外,又有製造之法,即以清茶焙成紅茶。則以木架爲之,架各有屜,屜廣而低,可以透氣。製造無定時,第聞有茶香,則色已變易,即以熱氣機焙而乾之。蓋在去其溼而不減其質味而已。一面復以爐中之乾氣煽之使乾。分類盛儲粗細各篩,再行入箱發賣。蓋製茶一法,惟摘葉時,容人手摩,餘外則皆用器械,此衛生之要道也。

自1880年後,英國進口各茶,有中國所産者與英屬地印度、錫倫所産者,彼此購運,幾成商界競争之勢。惟素嗜華茶,而不喜他茶者,不欲更易。然曾不幾時,亦改購英屬之茶,於是華茶漸減,英屬茶大增。究其原因所在,蓋有數端:

因中國各牌之茶葉,粗細不一,美惡相雜,往往底面不符,魚目混珠,隨在而有。英商之業是者,按照貨樣出賣,初並不疑其事,旋經購者察知,指爲有意舞弊④,因是人或以爲華茶不可恃,而紛紛競購他茶矣。顧是,亦未必華商之所爲,特中國各處製茶小營業家,往往見小作僞,不顧大局,欲以面葉欺人取利。故粗細、美惡,不歸一律,若有統一之大公司,以信實商標爲重,則安有此弊哉。是爲華茶衰減原因之一。

因西人聞華茶製造,悉以人之手足爲之,未免不潔。此與文明國衛生之法相反,故漸有不願飲者。是爲華茶衰減原因之二。

因英屬各茶,其初雖與華茶價值相同,然茶味較濃,可以減用。華茶則不然,當1885年至1889年間,英財政大臣以英人飲茶,較前尤夥,而進口茶稅,不稍加增,深以爲疑,特派海關董事會調查其事。當得報告,華茶一磅,僅烹至五加侖(gallon),按:每加侖,合華茶六斤七兩有半。而濃味無多。印茶一磅,則可烹至七加侖有半,而味尚濃。以是,英人之嗜茶者雖衆,後知其故,多購印茶以代華茶,故進口稅不增。是爲華茶衰減原因之三。

有此三原因,而英屬地所産之茶,勝於華茶,不待言矣。不寧惟是,英屬栽茶,大抵悉用農學格致之法[6],並用機械製造,順茶之性,因茶之質,調和精美而味濃;其輸出之時,則又均法配合,底面一律,不稍攙用他葉,其貨自益可信。雖然華茶固如斯,而近日華茶之芳名,不能特盛於亞細亞新舞臺之上者,其原因又別有所在。

英學士高怡(G. A. Cowic,M. A., B. SC.),究心農學,嘗作一書,表明種茶用農學格致諸法之益,其言多採用督查印度種茶司員之所語,行之印度、錫倫,獲益良多。今譯爲華文,庶幾中國留心茶業者,亦有所裨焉。

大同報[7]主筆英國高葆真著

第一節 茶種

茶樹於植物中,爲歲寒不彫類,產亞細亞中央與東方諸地,係野生。印度東北曼伊伯州(Manipur)[8],茶樹成林,其高自二十五尺至五十尺,英度下倣此。中國茶樹,則無此高者。南洋爪哇(Java)島,茶樹作尖圓塔形,皆野生也。

種茶者栽植其樹,以刀修剪,不使甚高,自三尺至九尺而已。茶之木質堅緻,而其皮光潤,嫩時櫻色,老則變爲灰色。老葉深青,而嫩葉淡緑;最嫩芽葉,有細毛。其花則或白或淡紅,或單朵或簇朵。種與山茶花(camellia)相類,而形不同。其結果如鈕子,小而實,内有三核,似枇杷。茶樹大要分二類:一爲中國茶樹;一爲亞撒瑪(Assam)茶樹。中國茶樹,性不畏寒,且耐霜。亞撒瑪茶樹,則必恆熱之候,恆溼之地。中國茶葉如不剪,可長至英度⑤五寸;亞撒瑪茶葉不剪,可長至九寸,且因氣候較暖於中國其長亦倍速,保存嫩性亦較久。印度、錫倫農學格致家,能將中國之茶樹與亞撒瑪茶樹接種,分配合和,多寡從心。或中國茶種十分之六七,亞撒瑪茶種十分之四三;或亞撒瑪茶種十分之六七,中國茶種十分之四三;或二種均平。則他日别成一種之茶。由此法式,因其地氣往往生出各種。印度極北希馬拉(Himalaya)山[9],其高乃天下最高之山也,去平地一萬二千尺,上產茶樹。錫倫則平原熱地,亦產茶樹,格致家因其地氣樹種,配合而變化之,此誠業茶者之幸福已。苟不明此,安有如此之良法乎?

凡植物皆須成熟乃可用。惟茶則不然,愈嫩愈妙,製細茶者,但用嫩苞二葉,第三葉已不用。粗茶則苞葉三四五皆用之。

印度平原之地,凡愈熱則產茶愈多,然味較遜。若較涼之地,所產雖少且遲,而味卻較美。至於高山,則愈高其葉愈美;惟生長亦較遲。又茶樹宜及時雨水以養之,過多過旱,皆所不宜。以故,樹下輒有排水之溝,恐過溼也。此理凡農學皆然。又所栽之處,若臨山陡絶,亦不宜。蓋恐雨水沖刷,將淡質肥料不留其樹也。此亦不可不知。

第二節　修剪之法

茶樹之須於修剪者,蓋有三意:一、茶樹不修剪,則其幹漸高至十五尺;在印度之地,或至三十尺。如是,則採葉不便,故務爲剪削,使其枝幹低亞也。二、茶樹既修剪,則木質之長少,而嫩苞、嫩葉之長多也。三、茶樹既修剪,則根柢深厚,抑斂其氣,發於四枝,其葉益茂也。

修剪之法:其初動刀時,必視其樹之情形而施之。大約初栽樹秧,十八個月後,乃剪其枝頭,去地九寸至六寸,而必留一二枝略高,去地十五至十八寸,蓋如此剪削,乃激其樹液長養旁枝。次年再修十五至十八寸者,可容漸長至四十寸之高。後再修剪,則擇其枯者、弱者去之;細小之枝亦勿留,則激生肥大新枝。逼近根株之條,亦宜削去,免生花果,徒耗樹力,如是,則全樹精液,注於嫩葉矣。又此等修剪之時,宜於冬令,大凡在西正月間。蓋是時樹液息斂也。

昔印度、錫倫茶業衰頽,茶樹或成材木,結果纍纍,葉老無味。厥後施以人力,或將其樹修削,至於平地,欲令其根激生新枝。近年人知此法不善,故亞撒瑪有英士某君,實驗其事,閲五年而後報告曰:以余所調查,此人力修削之工,實與茶樹有損,縱能一時生出新枝,而此枝易於敗壞,不可爲例。然有行之者,亦必壅之以肥料也。

第三節　茶樹元質

長養植物之理,與長養動物之理相同,必給以不可缺少之元質,而後乃能長養,樹之所以生長之元質,則多由於空氣,即炭質,由炭養氣所化。亦有出於土壤者。出於土壤,則必先在水中,化爲流質,始能吸入樹根,然後向上發生(其實,土壤養樹之質,八九分皆堅質;否則遇有大雨沖刷盡净矣。遵化學之法,此質漸化於水中以壅之,則可年年生養其樹)。

凡植物,得炭質於空氣,而後葉出。此炭質,即在乾木百分之九十八九,乾葉百分之九十五中。試將乾木葉燃燒,其所得之灰,即其根由土壤所出之質也。實驗此灰中,有四要素之元質:一、淡質,二、鏉質,即硝中要質三、燐質,火柴頭所用即此四、鈣質,石灰要質。因此,四要素皆爲茶樹所需用,宜時以肥料補之。蓋有土壤之不肥,或致甚瘠者,皆因此元質之缺乏也。

德國某君,嘗實驗乾茶葉,焚盡之灰十二種,統計其質,列表如下:以百分之幾計之[10]

鈣養	鎂養	燐酸	鏉養	鈉養	鐵養	緑氣	硫強酸	矽酸
$14\frac{82}{100}$	$5\frac{1}{10}$	$14\frac{97}{100}$	$34\frac{30}{100}$	$10\frac{21}{100}$	$5\frac{48}{100}$	$1\frac{84}{100}$	$7\frac{5}{100}$	$5\frac{4}{100}$

英國某君,以實驗法,查得每英畝每百英畝,合華畝六百六十所栽茶樹,其葉445磅,每次由土壤所出之質,其表如下:表以磅計

鈣養	鎂養	燐酸	硫強酸	鏉養	淡質	緑氣
$2\frac{47}{100}$	$2\frac{52}{100}$	$6\frac{41}{100}$	$2\frac{32}{100}$	$11\frac{96}{100}$	$27\frac{83}{100}$	$\frac{28}{100}$

由此可知,茶樹多出於土壤者,淡質也。而鏉質較淡質約半,燐質較淡質約五分之一,欲其土壤恒肥,務必保存此三質,如其質將盡,則必以肥料壅而補之,此培養茶樹之要訣也。

第四節　栽種土壤袛

栽茶之地,宜先掘深坎,翻鬆其土,然後栽之。則細小根株,埋入土中,亦俱可通空氣。栽後既久,亦必時行此法於四圍。蓋茶樹有長根直下,乃能使其上之枝葉扶疏,若土脈未開,則根難下長也。

培土之法,務令其土塊大小相間,則多通空氣。土塊過大固不可,過小亦不美。蓋過小則,易於黏塞,空氣不通,雨水難透,其根難⑥長而發榮少矣。栽時之土,又必略堅,以扶其樹;而過堅,則阻其根之生出細小根株。故初栽時,必以掘鬆土脈爲要點。

以腐植土置沙土中,愈多則其土愈鬆。以腐植土置黄泥土中,愈多則其土愈窒,亦恒理也。

栽茶之地,須於樹下時去其草。而掘此草,土有淺深。淺掘之候,大抵在霉雨時節前,可掘五六寸英度。如此,土之上層,可得雨氣與日暖之相蒸。深掘之候,歲不過一次,乃在霉雨收歇、綠葉成陰之後,其深可至十二寸。凡一切野草,掘埋土中,愈深愈妙。此等工作,宜於大晴炎日之時。掘土除草之外,又須以小耨犁其土面,使空氣能達樹根。

土壤有不容生長根株者,則其地亦不宜栽茶。遇有此等,則必掘成深而且狹之溝,使肥其土,則所栽始能茂盛。凡用肥料,在茶樹每株之間近根處,掘爲溝,用腐植質及牛糞等於溝中壅之。

肥料中水汁,必有數類鹽質在内。茶樹之根,吸收此質數分;餘數分,則由溝流出。而此鹽質,有由雨水來者,有由腐植質及腐獸質來者,亦有由土中各質化成。

凡土壤之肥沃,祇賴土中最少之要質而已,此不可不知。蓋茶樹所需之要質,約有十二類。以四類爲最要。此十二類中,如有一類欠缺,或竟無之,則雖有其餘十一類,亦難興發。茶樹所需之十二類,其序次多寡,可以實驗法表明。故如有土壤不肥者,大約必因十二類中有一二缺乏。倘實驗此一二缺乏而補之,即可變爲肥土。

實驗肥土之質,雖不必指其樹所需要質若干,亦可列表知之如下:皆以百分之幾計之　實驗之土有二等:一細沙土(謂之輕土),此土易洩,必恆加肥料;一腐植土(謂之重土),此土多含肥質,然必時常發掘,乃見其用。

	燒滅質	鐵養	鋁養	鈣養	鎂養	鋏養	鈉養
輕土	$2\frac{27}{100}$	$\frac{91}{100}$	$2\frac{13}{100}$	$\frac{4}{100}$	$\frac{11}{100}$	$\frac{10}{100}$	$\frac{20}{100}$
重土	$11\frac{61}{100}$	$6\frac{92}{100}$	$11\frac{92}{100}$	$\frac{2}{100}$	$\frac{81}{100}$	$\frac{77}{100}$	$\frac{34}{100}$

	燐酸	莫能化之沙質	餘外之淡質
輕土	$\frac{30}{100}$	$93\frac{72}{100}$	$\frac{9}{100}$
重土	$\frac{11}{100}$	$67\frac{50}{100}$	$\frac{26}{100}$

第五節　肥土之法

土壤内各質滋養樹木,設有某質缺乏,則其樹不榮,急宜設法補之。此肥土者總要之理也。土壤不加肥料,則其樹長短不齊。然長者,必因其土舊有餘肥,或常施鶊鋤之工耳。若新土,無論何等肥沃,其質一二用盡,遲早亦必致此。且茶樹由土壤特取之質(如淡質、鋏質),較甚於他樹,又栽茶之地,若在山腰,則土壤肥質,易被雨水沖刷,更宜勤壅。蓋無論在何處栽茶,遲早必加以最要之肥料也。

馬牛糞,歷來用之爲肥料,此有益於植物者也。蓋其中所函之質,爲一切植物所需之質。顧其爲物濃厚,每噸中四分之三爲水,與樹無大益,若加糞於輕沙土,則甚有益,以其能使是土留存是水,而不易洩故也。又重泥土得糞,能使其土不過窒,而雨水、空氣得以達入。設遇無腐質、無淡質之土壤,此二質已罄之土。則需此尤甚,苟用之,能使其土頓肥,成爲栽茶最肥美之土矣。

馬牛糞在土壤之大功用,則以能補其腐質。蓋土壤所有之腐質,久旱則乾而無用,加之以糞則復濕,仍使有用,於是新舊並呈其功,不獨糞之肥其土也。

今考用馬牛等獸糞,須加化學肥土料數種,增其功用。蓋以糞爲獨用,則每英畝所需,自十噸至二十噸。若是之多,殊難得之,若以豬糞居其半,亦頗不易,故須加鋏硫養鹽(sulphate of potash),或加石膏粉(即鈣硫養鹽 sulphate of calcium)在此糞中,則易爲力焉,且又能存其中之淡質。

凡壅肥料,須在春季,以小耨或作小鋤調於土面;又不可待其土之肥質已盡而始壅之,免致地力之竭。此種樹培養之德也。

第六節　植物質之肥料

土之所以肥者,其中最要之質爲淡質。凡植物得此則茂盛,設或茶樹不茂,則必缺少此質,宜以天然之法補之。其法用金花菜並豆類之草數種,掘埋土中以腐之。蓋近十年來考察而得,凡腴壤中,含有微生物甚多,能將空氣中之淡氣化合以成其肥。一切土壤淡質,皆由此。此古今微生物之功也。此微生物,亦居豆類之根瘤形處。所謂豆類者,按植物學曰雷古閔(legume)[11]。此類中,有金花菜及三葉合一之草。土壤有微生物,則生雷古閔。故以此等爲肥料,則茶樹之暢茂可操左券也。今植物化學家特製所謂淡質微生物汁(Niitro-Bacterine)者,出售爲農業要品,用以浸種澆土。雷古閔得此較常益茂,於是遂有特種雷古閔,而轉以培壅茶樹者。

英植物化學家某氏,取雷古閔草三等之莖葉及根,分驗其中所有之淡質,其表如下:

未乾之莖葉	一等	二等	三等	曬乾之莖葉
淡質按百分計之	$\frac{730}{1\,000}$	$\frac{130}{1\,000}$	$\frac{991}{1\,000}$	$3\frac{840}{1\,000}$
未乾之根	一等	二等	三等	曬乾之根
淡質按百分計之	$\frac{386}{1\,000}$	$\frac{560}{1\,000}$	$\frac{466}{1\,000}$	$\frac{760}{1\,000}$

觀於此表,可知是草之莖與葉所含之淡質,較多於根不啻二倍,故在印度、錫倫等處,栽茶之人,輒取雷古閔埋於茶樹近根之土中,則其茂盛,較尋常者十倍。

又修剪之茶葉嫩枝,亦可掘埋茶根。錫倫有業茶者某氏,謂用修剪棄餘之枝葉,有三事宜慎。須掘埋六寸之深,免被修犁草土時爲鋤所拔去;剪下即宜速埋,若候至乾時,則益於土者殊少;恐有白症在嫩枝上,宜用爐灰等質偕埋。印度北方有大茶業家某氏云:余每次壅埋修剪之枝葉,必先以石灰調和,則無白症之患。又,一切老枝棄而不埋,此法在種茶者不可不知之,實一舉兩得之道也。

第七節　化學質肥土料

上節所載植物肥料及獸糞等肥料,其功用在於土壤中漸化以助之生長。然茶樹所需者,於此等肥料究屬無多,蓋必先腐爛其質,始能被茶根吸取其肥也。當茶樹欲壅肥料孔急之時,而此肥料,一時尚不能腐,則宜用化學質料爲善。且植物獸糞所腐,其渣滓太甚,故最美之法,則莫如徑用化學質料於茶樹。前言茶樹所需之質,最要者有四:曰淡質,曰燐質,曰鋏質,曰鈣質;應以何料補助土壤,試詳於下:

淡質料 淡質者,氣也。其原質量,居空氣中百分之七十八,與養氣等氣相雜,而未化合。而用以肥土之淡質,則皆與他質化合,而成鹽類之料。考茶樹葉中,淡質頗多,苟無淡質,則其葉不茂,且土壤所含之淡質,最易被大雨沖刷。故所用之淡質料,宜於其樹發芽長葉之時,則庶免徒勞枉費之憾。

茶樹所用肥料之淡質鹽,必消化於水中,鈉淡養強鹽(nitrate of soda)亦易化水,而即被樹吸受,較之用一切植物料、獸糞料尤速百倍。蓋此二料,必藉土中之微生物漸蝕,而始成淡質鹽,乃能爲用。阿摩呢亞硫養強鹽(sulphate of ammonia),阿摩呢亞,即淡一輕三化合。雖易化於水,而必自受分化,始能被茶樹吸用,以爲肥料也。

亞撒瑪地試驗種茶局員云:肥壅茶樹,最便宜而最有效驗者,用含淡質之料,即油渣片⑦也。而阿摩呢亞硫養強鹽次之,此料,由煤氣廠可買。用此料者,宜間用石灰調和,亦須間用植物肥料以配之。蓋因其内無植物質也。土中植物質若已罄盡,則土無養樹之德,一切皆廢,惟此料於茶葉幾長滿時可專用之,以助其樹更生嫩葉。然而當大雨時,此二料每被沖去。麻子片,棉子片,茶子片,並一切油渣片,皆大有益以肥土,其所出之淡質雖緩,而性則耐久,不致即廢。獸血致乾,亦可用。以其中有淡質至百分之十二,獸角獸骨及魚刺,亦可磨粉製爲肥料。

鉀質料 硝即鉀養淡三質化合,而無大益以肥土,惟灰硫養強鹽,有益於無石灰之地。鉀緑鹽,有益於有石灰之土。

燐質料 燐質用在茶樹較少,然而亦爲要品。昔用碎骨供取燐質,覺其效甚緩,今有化學料可代用之,即於製造鋼鐵廠,及大商家有專造燐質料者,購之。

鈣質料 石灰即鈣養輕三質化合,亦爲茶樹所需用,可調於土,致百分之五,而先與修剪之料,相調爲美。

無論用何化學料,不宜埋於樹木挨近之處。其樹栽在山腰,則第一次須在各樹上首掘一坑,深一尺半至二尺,寬一尺至一尺半,遂置其肥料於中,而以叉器與下層土調之,後復以所掘之上層土掩上。第二次用肥料,則可在樹之四圍散播,以人腳踹平,再以叉器略調入上層土壅之。

注 釋

1 曹曾涵:元和(今江蘇蘇州吴中區)人,20世紀初大概曾在上海廣學會或《大同報》從事翻譯工作。1910、1911年初,先後協助高葆真校潤本文和《泰西醫術奇譚》兩書。

2 廣學會:英國基督教會的編輯出版組織。19世紀後期,由在中國創辦"蘇格蘭聖書會"的韋廉臣負責成立,主要宣傳基督教義。在上海、武漢等地有該會組織。

3 亞撒瑪(Assam)邦:即今譯"阿薩姆邦"。下同。

4 曼陀羅樹:此非指植物學中所説的"曼陀羅"(Datura Stramonium)。"曼陀羅"亦稱"風茄兒",係茄科,一年生有毒草本。此指印度阿薩姆等北部一帶稱一種山茶。

5 原書的西曆年數、茶葉磅數全用中國數字,爲求清晰,本次編印全改爲阿拉伯數字。

6 農學格致之法:格致,爲"格物""致知"的簡稱,意即通過研究獲得知識。語出《禮記·大學》"致知在格物"。清代末年,隨我國大力引進和吸收西方自然科學,當時將"格致"也引申爲泛指所有聲、光、化、電等自然科學。農學格致,也即指"農業科技"。

7 大同報:1904年2月29日教會廣學會在上海創辦的刊物。由英人高葆真爲主筆,張純一、徐翰臣等襄助,以傳播知識爲宗旨。1915年因歐戰停刊。

8 曼伊伯州(Manipur):今譯作馬尼普。

9 希馬拉(Himalaya)山:今譯作喜馬拉雅山,其氣候南北迥异,南坡1 000米以下爲熱帶季雨林,1 000—2 000米爲亞熱帶常緑林,2 000米以上爲温帶森林,適宜茶樹生長。

10 原書分數用中國數字,爲求清晰,本次編印全改爲阿拉伯數字。

11 雷古閔(legume):今一般譯作勒古姆諾,指豆科植物。

校 記

① 英高葆真摘譯:本文封面無作者或譯者名,書名外只署年份和"上海廣學會印行""上海美華書館擺(排)版"兩出版、印刷單位。扉頁英文封面上才署本文原著者高怡(G. A. COWIE)和譯者高葆真(W. Arthur Cornaby)的名。高葆真的中文譯名,是在本文首頁《緒言》下出現的,原題作"大同報主筆英國高葆真著"。"英高葆真摘譯"是本書編録時改定的。

② 緒言:在"緒言"上一行,本文原稿有書名"種茶良法"四字;在"緒言"同一行下端,本文原稿還署有"大同報主筆英國高葆真著"十一字,本書編時删。

③ 錫倫島:倫,舊時一般譯作蘭,即今斯里蘭卡。下同,不出校。

④ 有意舞弊:弊,底稿作"弄",疑是"弊"之誤。後文有"安有此弊哉"可佐證,此處徑改。

⑤ 英度:度,當應作今"呎"字或"尺"字,英制長度單位,1 英呎等於 12 英寸。

⑥ 難:底稿作"艱",似應爲"難",徑改。

⑦ 油渣片:片,即一般所説的"餅"。油渣片,也即豆粕一類壓榨油料的餅肥。下面所説的麻子片、棉子片、茶子片均是。

龍井訪茶記

◇清　程淯　撰

本文應是宣統三年(1911)“清明後七日”之後所寫，從撰成到發表，經歷了一個漫長而曲折的過程。作者程淯，字白葭，原籍江蘇吴縣。清朝末年，由北京南徙杭州，在西湖湖區建别墅“秋心樓”。宣統二年(1910)秋，邀在京好友御史趙熙至杭小住，兩人在此期間寫了不少紀游詩文，《龍井訪茶記》，即由程淯撰文、趙熙手抄而成。稿成以後，珍藏自賞，拒供杭州有關“志乘”刊用，一直到六十三年以後，才由原國民黨浙江省政府的阮毅成在臺灣首次發表。因抗戰前阮毅成在杭州工作，在友人處偶然見到這篇手稿，愛而録之。1949 年，阮毅成先到香港，後來又輾轉定居臺灣。1974 年，他在臺灣正中書局出版散文集《三句不離本“杭”》，《龍井茶》一文就録有這篇《龍井訪茶記》。本書以此爲底本作校。

龍井以茶名天下，在杭州曰本山。言本地之山，產此佳品，旌之也。然真者極難得，無論市中所稱本山，非出自龍井；即至龍井寺，烹自龍井僧，亦未必果爲龍井所産之茶也。蓋龍井地既隘，山巒重疊，宜茶地更不多。溯最初得名之地，實維獅子峯，距龍井三里之遥，所謂老龍井是也。高皇帝南巡[1]，啜其茗而甘之。上蒙天問，則王氏方園裏十八株，荷褒封焉[2]。李敏達《西湖志》稱：在胡公廟[3]前，地不滿一畝，歲産茶不及一斤，以貢上方；斯乃龍井之冢嫡，厥爲無上之品。山僧言：是葉之尖，兩面微缺，宛然如意頭。葉厚味永，而色不濃；佳水瀹之，淡若無色。而入口香冽，回味極甘。其近獅子峯所産者，遜胡公廟矣，然已非他處可及。今所標龍井茶，即環此三五里山中茶也。辛亥清明後七日，余游龍井之山，時新茶初茁，纔展一旗，爰録採焙之方，並栽擇培漑之略[①]。世有盧、陸之嗜，宜觀斯記。

土性

沙礫也、壤土也，於茶地非上之上也。龍井之山，爲青石，水質略鹹，含鹼頗重，沙壤相雜，而沙三之一而強；其色鼠羯[4]，産茶最良。迤東迤南，土赤如血，泉雖甘而茶味轉劣。故龍井佳茗，意不能越此方里以外，地限之也。

栽植

隔冬採收茶子，貯地窖或壁衣中，無令枯燥蟲蛀。入春，鋤山地，取向陽坦不漬水陸坡，則累石障之。鋤深及尺，去其粗礫。旬日後，土略平實，檢肥碩之茶子，點播其中，科之相去約四五尺；略施灰肥，春夏鋤草。於地之隙，可藝果蔬。苗以茁矣，無須移植。第四年春，方可摘葉。

培養

三四年成樹，地佳者無待施肥；磽瘠者略施豆餅汽堆肥[5]，以壅其根。防草之荒，歲一二鋤；旱則溉之。

採摘

大概清明至穀雨，爲頭茶。穀雨後，爲二茶。立夏小滿後，則爲大葉顆，以製紅茶矣。世所稱明前者，實則清明後採；雨前，則穀雨後採。校其名實，宜云明後、雨後也。採茶概用女工，頭茶選擇極費工，每人一日僅得鮮葉四斤上下。採工一兩六文。

焙製

葉既摘，當日即焙，俗曰炒，越宿色即變。炒用尋常鐵鍋，對徑約一尺八寸，灶稱之。火用松毛，山茅草次之，它柴皆非宜。火力毋過猛，猛則茶色變赭；毋過弱，弱又色黯。炒者坐灶旁以手入鍋，徐徐拌之。每拌以手按葉，上至鍋口，轉掌承之，揚掌抖之，令鬆。葉從五指間紛然下鍋，復按而承以上。如是展轉，無瞬息停。每鍋僅炒鮮葉四五兩，費時三十分鐘。每四兩，炒乾茶一兩。竭終夜之力，一人看火，一人拌炒，僅能製茶七八兩耳。

烹瀹

烹宜沙瓶，火宜木炭，宜火酒，瀹宜小瓷壺。所容如蓋碗者，需茶二錢；少則淡，多則滯。水開成大花乳者，宜取四涼杯挹注之，殺其沸性，乃入壺。假令沸水入壺，急揭蓋以宣之；如經四涼杯者，水度乃合。

香味

茶秉荷氣，惟浙江、安徽爲然，而龍井爲最。飲可五瀹，瀹則盡斟之，勿留瀝焉。一瀹則花葉莖氣俱足；再瀹則葉氣盡，花氣微，莖與蓮心之味重矣；三則蓮心與蓮肉之味矣，後則僅蓮肉之味。啜宜静，斟宜小鍾。

收藏

茶既焙，必貯甕或匣中。取出窯之塊灰，碎擊平鋪；上藉厚紙，疊茶包於上，要以不洩氣爲主。

産額

龍井歲産上品茶，如明前、雨前者，千餘斤耳；並粗葉、紅葉計之，歲額亦止五千斤[②]上下。而名遍全國，遠逮歐美，則賴龍井鄰近之茶附益之。蓋自十八澗至理安，達江頭；自翁家山，滿覺隴，茶樹彌望，皆名龍井。北貫十里松，至棲霞，亦名龍井，然味猶勝他處。杭城所售者，則筧橋各地之産矣。

特色

龍井茶之色香味，人力不能仿造，乃出天然，特色一。地處湖山之勝，又近省會，無非常之旱潦，特色二。名既遠播，價遂有增而無減，視他地之産，其利五倍，特色三。惟其然也，山巔石隙，悉植茶矣。乃荒山彌望，僅三三五五，偃仰於路隅，無集千百株爲一地者。物以罕而見珍，理豈宜然。

注　釋

1 高皇帝南巡：高皇帝，即清高宗弘曆，俗稱“乾隆皇帝”；其“南巡”，也即所謂“乾隆下江南”。據記載，弘曆曾於乾隆十六年(1751)、二十二年(1757)、二十七年(1762)、三十年(1765)、四十五年(1780)、四十九年(1784)六次南巡到達杭州，并多次親臨西湖，游覽，觀看采茶、品嘗新茶，留下了多篇有關龍井茶的題詩。

2 園裏十八株，荷褒封焉：指杭州獅峰山“十八棵御茶”的傳説。相傳一次乾隆幸杭州，至獅峰山胡公廟前，見有人采茶，興起，也親自摘將起來。忽太監傳懿旨，云其母后病，希皇上速歸。乾隆聞知，慌忙中把手中茶葉往口袋裏一塞，就急程回京。太后本無大病，只是思兒眼糊腹脹渾身有點不舒服。見到皇兒，就病好一半；及近，太后突然聞到兒子身上有一股清香，問甚麼東西香？乾隆説，没有啊！用手一摸，袋裏的茶葉已經半乾，散發出陣陣香氣。宫女以此茶衝泡瀹，太后幾口下肚，頓覺眼明心亮，非常舒暢，又喝幾口，眼紅退了，胃也不脹了，衆感奇异。乾隆一高興，傳諭命此十八棵茶爲“御茶”，年年采製，專供太后享用。今“十八棵御茶”常吸引很多游人駐足，但這也僅是傳説而已。

3 胡公廟：位鳳篁嶺下落暉塢，原爲老龍井寺，明時龍井寺遷至龍井處，才將舊寺改建爲宋杭州知府胡則的祠廟。

4 其色鼠羯：“鼠”色，指黄黑色，明陶宗儀《輟耕録・寫像訣》：“凡調合服飾器用顔色……鼠毛褐，用土黄粉入墨合。”“羯”指去過勢的公羊，與色的關係不大，這裏的“羯”字，疑“褐”字之形誤，“鼠褐”，也是指黄黑色。

5 豆餅汽堆肥：即指餅肥和堆肥兩種農家肥；“汽”在此或衍字，因水氣是餅肥、堆肥揮發物，是不入肥的。堆肥是用各種農家廢弃物如雜草、稭稃、垃圾、厩肥堆積、發酵、腐熟而成的；豆餅施用時，或刨或敲，也都要經先碎再潑水堆堰的過程，因此開堆時，都會有一部分水汽逸出。

校　記

① 栽擇培溉之略:擇,疑當作“植”。

② 五千斤:斤,底本作“元”,據上下文義,用“元”似誤,徑改。

輯佚

松寮茗政

◇清　卜萬祺　撰

卜萬祺,明末秀水縣(治所在今浙江嘉興)人。天啟元年(1621,辛酉科)中舉人經魁[1]。崇禎時官廣東韶州(治所在今韶關)知府。入清後情況不詳,但有一點大抵可以肯定,即《松寮茗政》大約撰寫於順治(1644—1661)年間。因爲入清以後,未見卜再仕,其有關鄉情民俗的文章,很可能是賦閑故里的一種排遣之作。另外,從下録内容中有關如"明萬曆中"等用詞來看,也反映它非是明朝而是改朝以後的作品。

《松寮茗政》之作爲茶書,也是陸廷燦《續茶經·茶事著述名目》首録所確定下來的。至於《續茶經》對本文的引録是根據鈔本還是刊本,没有説清,但即使本文曾作刊印,印數亦不會很多;因爲我們查閲清代江南多家重要藏書室書目,都未曾見録。

本書下輯"虎丘茶"一文,出自《續茶經》。

虎丘茶,色味香韻,無可比擬。必親詣茶所,手摘監製,乃得真産。且難久貯,即百端珍護,稍過時,即全失其初矣。殆如彩雲易散,故不入供御耶。但山巖隙地,所産無幾,又爲官司禁據,寺僧慣雜贋種,非精鑒家卒莫能辨。明萬曆中,寺僧苦大吏需索,薙除殆盡。文文肅公震孟作《薙茶説》以譏之。至今真産尤不易得。

注　釋

1　經魁：明清舉人前五名之稱，故亦稱"五魁"。明代科舉，以五經(詩、書、禮、易、春秋)取士。每科五經，每經各取一頭名爲魁。此後習慣以每次鄉試所産生的前五名舉人爲五魁。

輯佚

茶説

◇清　王梓　撰

王梓,字琴伯,清康熙時郃陽(治所在今陜西合陽)人。善詩好客,有吏才。康熙四十年(1701)後期任福建崇安令時,建賢祠,刊先賢集。康熙四十九年(1710),嘗纂刻《武夷山志》八册,因政績,擢州守。

本文《茶説》,疑撰於王梓知崇安但尚未撰刊《武夷山志》之前,即1710年稍前。本書下録的王梓《茶説》内容,輯自陸廷燦《續茶經·八茶之出》。但必須指出,陸廷燦《續茶經》雖引録過其崇安前任的《茶説》,可是在其《九茶之略·茶事著述名目》中,却未收録本文。因是,本書在收録本文之前,對本文能否算作是一篇茶著首先進行了查證。經查,我們在王梓所纂的《武夷山志》中,找到了本文從《續茶經》中輯録的這段内容的類似記述,如其《武夷山志·物産》中第一句,"武夷山周迴百二十里,皆可種茶",與我們輯文首句一字不差。但後面輯文較《武夷山志》要簡單。[1]那末,《續茶經》所稱的《茶説》,會不會就是指《武夷山志》呢?我們回頭又重新檢閲了《續茶經》的有關内容,發現陸廷燦所録,山志是山志,茶説是茶説,分得清清楚楚。如在本段内容前後,輯録的都是武夷山茶史資料,其上面相連的一段,即寫明摘自"《武夷山志》"。如果此王梓《茶説》不是有另文,陸廷燦也不會不如實注明是出自《武夷山志》,而隨便又新編造出一個名字來的。根據這兩點事實,我們相信王梓在知崇安時,在纂刻《武夷山志》之前,即撰寫過一篇《茶説》,不説有刊本,至少有少量抄本在崇安流傳。陸廷燦知崇安時,不但見到也抄録了部分王梓的《茶説》資料是完全可能的。故我們上面肯定陸廷燦所引王梓《茶説》,以及《茶説》本段文字較王梓《武夷山志·物産》粗略,因而也早於《武夷山志》的看法,應該説是真實合理的。

武夷山,周迴百二十里,皆可種茶。茶性他産多寒,此獨性温。其品有二:在山者爲巖茶,上品;在地者爲洲茶,次之。香清濁不同[1],且泡時巖茶湯白,洲茶湯紅,以此爲别。雨前者爲頭春,稍後爲二春,再後爲三春。又有秋中採者,爲秋露白,最香。須種植、採摘、烘焙得宜,則香味兩絶。然武夷本石山,峯巒載土者寥寥,故所産無幾。若洲茶,所在皆是,即鄰邑近多栽植,運至山中及星村墟市賈售,皆冒充武夷。更有安溪所産,尤爲不堪。或品嚐其味,不甚貴重者,皆以假亂真誤之也。至於蓮子心、白毫皆洲茶,或以木蘭花熏成欺人,不及巖茶遠矣。

注　釋

1　本文從《續茶經》轉録的王梓《茶説》,較其所纂的《武夷山志》相關部分,明顯要簡略得多。下面將《武夷山志》有關部分全部抄録供比較參考:

〔物産〕　茶　武夷山周迴百二十里,皆可種茶。茶性他産多寒,此獨性温。其品分巖茶、洲茶。在山者爲巖,上品;在麓者爲洲,次之,香味清濁不同,故以此爲别。採摘時以清明後穀雨前一旗一槍爲最,名曰頭春,稍後爲二春,再後爲三春。二、三春茶反細,其味則薄。尚有秋採者,名秋露白,味則又薄矣。種處宜日宜風,而畏多風日;採時宜晴而忌多雨。多受風日,茶則不嫩;雨多,香味則減也。巖茶採製著名之處如竹窠、金井坑,上章堂,梧峯、白雲洞、復古洞、東華巖、青獅巖、象鼻巖,虎嘯巖、止止庵諸處,多係漳泉僧人結廬久往,種植採摘烘焙得宜,所以香味兩絶。其巖茶反不甚細,有選芽、漳芽、蘭香、清香諸名,盛行於漳泉等處;烹之有天然清味,其色不紅。又有名松蘿者,彷彿新安製法,然武夷本爲石山,峯巒載土者寥寥,故所産無幾。近有標奇炫異題爲大王、慢亭、玉女、接笋者,真堪一噱。諸峯人立上無隙地,鳥道難通,何自而樹藝耶? 洲茶所在皆是,不惟崇境,東南山谷、平川無不有之,即鄰邑近亦栽植頗多。每於春末夏初,運至山中及星村墟市,冒名貫售,是以水浮陸運,廣給四方,皆充武夷。又有安溪所産假冒者,尤爲不堪,或品知其味不甚貴重,皆以假亂真誤之也。至於蓮子心、白毫、紫毫、雀舌,皆洲茶初出嫩芽爲之,雖以細爲佳,而味實淺薄,其香氣乃用木蘭花薰成。假借妝點,巧立名色,不過高聲價以求厚利,若核其實,品其味,則反不如巖茶之不甚細者遠矣。至若宋樹茶,尤屬烏有……

校記

① 香清濁不同:王梓《武夷山志·物産》作"香味清濁不同",此處似脱一"味"字。

輯佚

茶説

◇清　王復禮　撰

王復禮，字需人，號草堂，浙江錢塘（今杭州）人。性孝友，賦詩作文無不稱善，畫蘭竹得文同法。清軍平閩後，辭職歸里養親。康熙十四年（1675），和碩康親王討耿精忠至浙，重其文行，賜蟒袍褒美。同年三月，康熙南巡至浙，西河毛太史以其所撰《蘭亭》《孤山》兩志進呈，獲康熙召見，受獎諭并命刊行。康熙四十七年（1708）應聘主鰲峯書院，還寓武夷，寓天柱草堂。後與崇安令陸廷燦友，康熙五十二年（1713），王復禮撰《武夷九曲志》，陸廷燦不僅爲之序，并親加參訂。

王復禮《茶説》，不見於《武夷九曲志》，是書末卷物産考，有茶、泉、竹、花等等，均收有王復禮詩文。《九曲志》不提，表明此《茶説》還尚未撰寫。根據這一綫索，我們推定王復禮《茶説》撰寫於康熙五十五年（1716）左右，因其寫《九曲志》時便已年達七十四歲。原書查無獲，本書王復禮《茶説》是據陸廷燦《續茶經》輯出。《續茶經》輯引此《茶説》内容，使我們方知王復禮也曾撰此一書。但由於陸廷燦在一書中有的引用其名作"王復禮《茶説》"，有的引用其號稱"王草堂《茶説》"，以致後人將之誤以爲是兩人撰寫的兩本不同茶書。這裏通過對王復禮的上述簡介，順便附作澄清。本文既是從《續茶經》等書中轉輯，自然也只能與引書作校。

武夷茶，自穀雨採至立夏，謂之頭春；約隔二旬，復采，謂之二春；又隔又采，謂之三春。頭春葉粗味濃，二春、三春葉漸細，味漸薄，且帶苦矣。夏末秋初又采一次，名爲秋露，香更濃，味亦佳，但爲來年計，惜之不能多採耳。茶採後，以竹筐匀鋪，架於風日中，名曰曬青。俟其青色漸收，然後再加炒焙。陽羡岕片衹蒸不炒,火焙以成。松蘿、龍井皆炒而不焙,故其色純。獨武夷炒焙兼施,烹出之時,半青半紅,青者乃炒色,紅者乃焙色。茶採而攤,攤而摝,香氣發越即炒,過時不及皆不可。既炒既焙,復揀去其中老葉枝蒂,使之一色。釋超全詩云:“如梅斯馥蘭斯馨,心閒手敏工夫細。”形容殆盡矣。《續茶經·三茶之造》

花晨月夕,賢主嘉賓,縱談古今,品茶次第,天壤間更有何樂?奚俟膾鯉炰羔①,金罍玉液,痛飲狂呼始爲得意也!范文正公[1]云:“露芽錯落一番榮,綴玉含珠散嘉樹”;“鬥茶味兮輕醍醐,鬥茶香兮薄蘭芷。”②沈心齋云:“香含玉女峯頭露,潤帶珠簾洞口雲。”可稱巖茗知己。《續茶經·六茶之飲》

温州中墺[2]及漈上[3],茶皆有名,性不寒不熱。《續茶經·八茶之出》

注釋

1 范文正公:即范仲淹,字希文,擢進士,官至樞密副使,進參知政事。卒謚文正。

2 中墺(ào):温州地名。墺,指山間平地。

3 漈(jì)上:温州地名。漈,指水邊之地。

校記

① 膾鯉炰羔:炰,《中國古代茶葉全書》和近出的有些茶書,誤作“包”。

② “露芽錯落一番榮,綴玉含珠散嘉樹”“鬥茶味兮輕醍醐,鬥茶香兮薄蘭芷”句出范仲淹《和章岷從事鬥茶歌》,這裏所引,爲該詩的首尾兩句,中間還省略五句。近見很多論著引録時,中間不加引號隔開,而是首尾引成相聯的兩句,誤。

附录

中國古代茶書逸書遺目

1. 唐·陸羽:《茶記》二卷亦有補三卷和一卷者

此書有無,古今都有争議,萬國鼎在《茶書總目提要》中指出:"《崇文總目》小説類作'《茶記》二卷',錢侗注以爲《茶記》即《茶經》,周中孚《鄭堂讀書記》也説是'《茶經》三卷'的字誤。按《新唐書·藝文志》小説類有'陸羽《茶經》二卷'而無《茶記》,《崇文總目》則作'《茶記》二卷'而無《茶經》,錢侗所説可能是對的。但《通志·藝文略·食貨類》載'《茶經》三卷唐陸羽撰,《茶記》三卷陸羽撰',接連著寫。《宋史·藝文志·農家類》也載'陸羽《茶經》三卷,陸羽《茶記》一卷'。似乎二者不像是同一種書。除上述三書著録《茶記》而所説卷數各不同外,其後《郡齋讀書志》、《直齋書録解題》等都没提到《茶記》。也許《通志》和《宋史》所説是錯的,但不能肯定,姑記之以存疑。"萬國鼎這裏所説,主要是講陸羽《茶記》和《茶經》可能有混淆。除此,本書在所輯《顧渚山記》中也提到《顧渚山記》在古籍特别是明清有些記載中,往往被書作《顧渚山茶記》,偶有簡作《茶記》者。因此,陸羽《茶記》亦有可能由《顧渚山記》所衍。如有此書,萬國鼎推定撰於唐肅宗乾元二年(760)前後。

2. 唐·皎然《茶訣》三卷

是書現存最早的記載,見唐陸龜蒙自撰《甫里先生傳》:"先生嗜茶荈,置小園於顧渚山下,自爲《品第書》一篇,繼《茶經》《茶訣》之後。"但不具體,清陸廷燦《續茶經·九茶之略·茶事著述名目》中載:"《茶訣》三卷,釋皎然撰。"本文撰寫年代,當在陸羽隱湖州撰《茶經》之後的肅、代年間。

3. 唐・温從雲《補茶事》十數節

本文記述,出自晚唐皮日休《茶中雜咏序》,其在介紹過陸羽《茶經》和《顧渚山記》之後,接着補:“後又太原温從雲,武威段碣之,各補茶事十數節,并存於方册。”皮日休這段記載,後在明清茶書中再被引用,但没有哪本將“各補茶事十數節”的“補茶事”正式列作書名的。正式列作茶書書名是萬國鼎《茶書總目提要》。他在該文最後“尚有爲本總目未收的茶書”一條即載:“《補茶事》,太原温從雲、武威段碣之。”萬國鼎原意,是指出《補茶事》以下的文章,他不認爲是茶書,所以未收。但他在“補茶事”三字上加上書名號,就反其意,把他不認爲是茶書的最先定爲是茶書了。不管温、段所寫茶事是用的甚麽名,但他們在《茶經》之後各補茶事“十數節”是事實。所以,儘管萬國鼎所定《補茶事》不一定對,但我們也提不出對的書名,就以《補茶事》作録吧。温從雲、段碣之歷史資料不詳,大概和陸羽是同時代或稍晚一些的人,他們所補的茶事,時間當然也在陸羽《茶經》之後他們生活的年代了。

4. 唐・段碣之《補茶事》十數節

本文記載,也是出自皮日休《茶中雜咏序》,但是不説古人,就是近出的《中國古代茶葉全書》,甚至包括著名農史專家萬國鼎,都没有注意到皮日休“各補茶事十數節”的“各補”兩字。而在《補茶事》題下,一般都將“温從雲、段碣之”并列,“各補”就談成了“合補”。參見温從雲《補茶事》。

5. 唐・張文規《造茶雜録》

本文出處,也見於《續茶經・九茶之略・茶事著述名目》。不過,可疑的是陸廷燦將此條不是排在唐代,而是列在宋代“茶著名目”的中間,是否宋代亦有一個名張文規者? 但是又未見。唐張文規,河東猗氏人,文宗大和四年(830)先爲温縣令,武宗會昌元年(841),改湖州刺史,三年入爲國子司業,宣宗時官至桂管觀察使。《造茶雜録》如是他所寫,當撰於會昌元年至三年他刺湖州的時期。

6. 唐・陸龜蒙《品茶》一篇

此書名出自明程百二《品茶要録補・茶訣》。其載:"陸龜蒙自云嗜茶,作《品茶》一書,繼《茶經》《茶訣》之後。"有些書如《歷代史話》,倒作《茶品》;近出的《中國古代茶葉全書》,據陸龜蒙自撰《甫里先生傳》,也題作《品第書》。陸龜蒙卒於唐僖宗廣明三年(881)左右,所謂《品茶》一篇,最可能撰寫於唐會昌至大中(841—859)的這一階段。

7. 宋・沈立《茶法易覽》十卷

沈立,字立之,歷陽(今安徽和縣)人。進士。《宋史・沈立傳》説,他出任兩浙轉運使時,"茶禁害民,山場榷場多在部内,歲抵罪者輒數萬,而官僅得錢四萬。立著《茶法要覽》,乞行通商法。三司使張方平上其議。後罷榷法如所請"。又《宋史・食貨志》也説,嘉祐中,"沈立亦集茶法利害爲十卷,陳通商之利"。嘉祐四年(1059)二月,下詔改行通商法。依此推證,沈立作此書在1057年左右。關於《茶法易覽》的名字和卷數,史志中説法不一,對此,萬國鼎考補:"《通志・藝文略・食貨類》作'《茶法易覽》十卷',《刑法類》作'《茶法易覽》一卷',都没有注明作者是誰,不知是不是一種書。至《宋史・藝文志・農家類》才把《茶法易覽》十卷放在沈立名下。按宋史本傳説'立著《茶法要覽》',不是《易覽》。"但據考,《通志・藝文略》定作《易覽》,《宋史・食貨志》所説十卷,即寫作《茶法易覽》十卷,大概是對的。

8. 宋・沈括《茶論》

本文見於沈括《夢溪筆談》。在他講及以"芽長爲上品"時談到:"予山居有《茶論》,且作《賞作》詩云:'誰把嫩香名雀舌,定來北客未曾嘗。不知靈草天然異,一夜風吹一寸長。'"有些古籍中,也把上詩直接補作《茶論》詩。《續茶經・九茶之略・茶事著述名目》在收録沈括《宋明茶法》以後,連着著録的,即是其《茶論》。《夢溪筆談》是沈括晚年居住潤州(今江蘇鎮江)夢溪時(1088—1095)所撰。撰寫《茶論》的時間,也當於此時,但較《夢溪筆談》稍早。

9. 宋・吕惠卿《建安茶記》一卷

本記見《郡齋讀書志》《文獻通考》等。吕惠卿(1032—1112),字吉甫,泉州晉江人。仁宗嘉祐二年(1057)進士。初附王安石,熙寧七年(1074)任參知政事,堅行新法,後來又與王安石交惡,反過來陷害王,故其傳被編入《宋史・奸臣傳》。徽宗時因事安置宣州,移廬州。有《莊子解》和文集。《建安茶記》,有的文獻同《宋史》一作《建安茶用記》兩卷,與《郡齋讀書志》所載不同,不知孰是。萬國鼎推定本文撰於元豐三年(1080)前後。

10. 宋・王端禮《茶譜》

見江西《吉水縣志》。王端禮,字懋甫,江西吉水人。哲宗元祐三年(1088)進士。慕濂、洛之學,慨然以道自任。爲富川縣(縣治位今廣西)令時,政皆行其所學,年四十致仕歸。撰有《強壯集》《易解》《論語解》《疑獄解》《茶譜》《字譜》等。本文萬國鼎推定撰於哲宗元符三年(1100)前後。

11. 宋・蔡宗顔《茶山節對》一卷

本目見宋紹興《秘書省續編到四庫闕書目》和《通志》。《直齋書録解題》對本文作者的記述,還詳細到蔡宗顔時值"攝衢州長史"。萬國鼎推定撰寫於南宋紹興二十年(1150)以前。這是一種很保守的説法,據寇宗奭《本草衍義》"茗"的條目中所説:"其文有陸羽《茶經》……蔡宗顔《茶山節對》,其説甚詳。"從這一内容來看,蔡宗顔其人其書,當是見於北宋之時。

12. 宋・蔡宗顔《茶譜遺事》一卷

本文也見於宋紹興《秘書省續編到四庫闕書目》和《通志》等書。其成書時間,也當是北宋而非南宋初年。由方志記載來看,其内容大抵主要講茶葉製造事。《衢縣志》中提到,"其書大約言製茶事,則衢山之茶有名於世久矣"。

13. 宋・范逵《龍焙美成茶録》

本文首見熊蕃《宣和北苑貢茶録》引録。其文中夾注補:"此數皆見范逵所著《龍焙美成茶録》。逵,茶官也。"根據所引范逵貢茶數額,我們推定,《龍焙美成茶録》撰於徽宗重和元年(1118)前後。

14. 宋·曾伉《茶苑總録》

是書見《通志·藝文略·食貨類》,作"十四卷,曾伉撰"。宋紹興《秘書省續編到四庫闕書目·農家類》作"《茶苑總録》十二卷"。《文獻通考》作"《北苑總録》十二卷",并説:"陳氏曰:興化軍判官曾伉録《茶經》諸書,而益以詩歌二卷(編按:此條不見於今本《直齋書録解題》)。"曾伉事迹不詳。根據上述資料,似乎書名應當是《茶苑總録》,因爲既然是輯録《茶經》諸書而成,當不止限於北苑。《總録》本身可能是十二卷,蓋以詩歌二卷,則合共十四卷。宋尤袤《遂初堂書目·譜録類》有《茶總録》,可能也是此書。萬國鼎以上所作的考辨是正確的。明焦竑《焦氏筆乘》茶書録中就載:"曾伉《茶苑總録》十四卷。"但萬國鼎所定是書成書時間也作1150年以前的推定,和上面蔡宗顔二書一樣,這是他個人的看法,没有多少根據,也只能姑妄聽之。

15. 宋·佚名《北苑煎茶法》一卷

本文見《通志·藝文略·食貨類》。《通志》所録未著作者姓名,不知是原闕還是《通志》漏抄。内容不詳。萬國鼎推定成書於高宗紹興二十年(1150)以前。其作者一般均缺而不書,其實筆者至少從明人焦竑《焦氏筆乘》和顧元起的《説略》中,兩見是録在"蔡宗顔"名下的,但未作進一步深考。

16. 宋·佚名《茶法總例》一卷

此目見《通志·藝文略·刑法類》。大概主要述録宋代宣和以前茶法的變革。本文萬國鼎也推定成書於紹興二十年(1150)。

17. 宋·佚名《北苑修貢録》

是書周煇《清波雜志》卷四"密雲龍"談貢茶時提及:"淳熙間,親黨許仲敵官麻沙,得《北苑修貢録》,序以刊行。其間載歲貢十有二綱,凡三等四十有一名。”“許仲啟官麻沙”,“麻”字有的書也作“蘇”字。“蘇”疑是誤刻。麻沙在福建建陽,徽宗宣和初年設麻沙鎮巡檢司(元代廢),從南宋起一直至明代是我國圖書刻印的重要中心。所刻圖書行銷全國,世稱“麻沙本”。可能正因爲許仲啟淳熙官麻沙鎮巡檢司,所以才碰巧得到無名氏的《北苑修貢録》,得到以後也有條件較易做到“序而刊行”。《清波雜志》所記,是可信的。

18. 宋・佚名《茶雜文》一卷

本文見《郡齋讀書志》,所載除書名、卷數外,還有“集古今詩文及茶者”一句,表明其“茶雜文”,不是編者所寫而是從文書輯録的。本文成書年代,萬國鼎定於紹興二十一年(1151),比《北苑修貢録》等前幾本佚名逸書遲後一年,不知何據。

19. 宋・羅大經《建茶論》

此書見於陸廷燦《續茶經・九茶之略・茶事著述名目》。《中國古代茶書全集》“存目茶書”再次誤稱“萬國鼎亦將其列爲古代茶書一種”,這是違反了萬國鼎先生的意思。萬國鼎在《茶書總目提要》最後“附識”中摘録了陸廷燦《續茶經》等書載及的二十多種書文目録,但這恰恰是他不肯定而在《茶書總目》中未作收録的内容,所以,不能把萬國鼎“附識”中提到的他《總目》中未收的書,也作爲是確定其爲《茶書》的根據。不過,由於在輯集類茶書中旁引到羅大經《建茶論》《論建茶》和一些有關建茶的詩文,羅大經寫一篇《論建茶》或《建茶論》是完全可能的,所以我們的尺度比萬國鼎先生要寬鬆些,寧肯信其有吧。

羅大經,吉州廬陵人,字景綸。理宗寶慶二年(1226)進士。歷容州法曹掾,撫州軍事推官,坐事被劾罷,著《鶴林玉露》等書。

20. 宋・章炳文《壑源茶録》一卷

此書見《宋史・藝文志・農家類》。“壑源”,即北苑之南山,叢然而秀,高峙數百丈,其山頂西南下視建甌之城,故俗也稱“望州山”。章炳文事迹無考,爲此萬國鼎只好據《宋史》這條綫索,將本文撰寫定於南宋覆亡的最後一年(1279)以前。

21. 宋・佚名《茶苑雜録》一卷

本文亦見於《宋史・藝文志・農家類》,并注明“不知作者”。因此萬國鼎也將其成書時間定爲1279年以前。

22. 明・譚宣《茶馬志》

此書見《千頃堂書目》,不書卷數。譚宣,蓬溪(今四川蓬溪)人,據《蓬溪縣志》記載,宣在明宣宗宣德七年(1432)中舉,後官至河源縣(隋置,治所在今廣東河源市境)知縣。本文撰寫時間,萬國鼎推定爲正統七年(1442)前後。

23. 明・沈周《會茶篇》一卷

本文見朱存理《樓居雜著》。其載“有《會茶篇》一卷,白石翁爲王浚之所作。白石翁爲沈周之號”。沈周,蘇州府長洲(今江蘇蘇州)人,字啟南,號石田。詩文書畫名著江南,傳布天下。終身不仕,有《石田集》《江南春詞》《石田詩鈔》等傳世。朱存理這篇雜記,書於弘治十年(1497)仲冬,《會茶篇》當撰於同年或稍早。

24. 明・周慶叔《岕茶別論》

見沈周書《岕茶別論後》。沈周此文,似爲《岕茶別論》刻印前所寫的後序或跋。至於作者,《續茶經・九茶之略・茶事著述名目》有載:“《岕茶別論》,周慶叔撰。”慶叔事迹不詳,故本文撰寫的時間,只能據沈周撰文的最晚時間來推,定在正德四年(1509)以前。

25. 明・過龍《茶經》一卷

此書見《吴縣志》藝文書目。過龍,吴縣人,字雲從,自號十足道人,以醫術名於一方,有《十四經發揮》《鍼灸要覽》等醫書。文徵明爲之傳。《茶經》唯書一卷,後有更多的注釋,其撰刊年代,由文徵明的綫索來推,過龍當和沈周是同時代或稍晚一些的人,其所寫《茶經》可能在弘治後期和正德年間。

26. 明・趙之履《茶譜續編》一卷

此書見《遠碧樓經籍目》,抄本一册,題錢椿年撰。按椿年撰《茶譜》,《續編》是趙之履編的。之履跋《茶譜續編後》説:"友蘭錢翁……彙次成譜,屬伯子奚川先生梓行之。之履閲而歎曰:夫人珍是物與味,必重其籍而飾之,若夫蘭翁是編,亦一時好事之傳,爲當世之所共賞者。其籍而飾之之功,固可取也。古有鬥美林豪,著經傳世,翁其興起而入室者哉。之履家藏有王舍人孟端竹爐新詠故事及昭代名公諸作,凡品類若干。會悉翁譜意,翁見而珍之,屬附輯卷後爲續編。之履性猶癖茶,是舉也,不亦爲翁一時好事之少助乎也。"以上是萬國鼎的考述,另外他對本文撰寫的時間,定爲嘉靖十四年(1535)前後。對此,本書在錢椿年、顧元慶《茶譜》題記中,亦有所及。

27. 明・佚名《泉評茶辨》抄本一册

本文原見《天一閣藏書目録》。天一閣藏書,聚收於明嘉靖年間,本文抄本,大致也當是嘉靖中的作品。在 20 世紀 50 年代後期,中國農業遺産研究會曾致函天一閣藏書樓問及此書情況,答覆是書已佚。之後,筆者爲查對珍本農書,在 1962 年曾專程到寧波天一閣藏書樓,亦未有獲。

28. 明・胡彦《茶馬類考》六卷

此書見《四庫全書存目》。胡彦(1502—1551),沔陽人,嘉靖二十年(1541)進士。字穉美,號白湖子。由太常博士遷御史,巡按江西。在任巡察茶馬御史時,因歷考典故及時事利弊,特作《茶馬類考》以記之。全書六卷,第三卷爲鹽政。本文成書時間爲嘉靖二十九年(1550)前後。

29. 明·顧元慶《茶話》一卷

見《吴縣志》卷五十七,藝文三顧元慶撰寫書目:"有《茶譜》二卷,《茶具圖》一卷,《瘞鶴銘考》一卷……《茶話》一卷,《夷白齋詩録》一卷,《閑遊草》一卷",共十種十一卷。前二種即本書錢椿年《茶譜》顧元慶删校本,後面單列的《茶話》一卷,當是一種過去未有人提及的佚書。此《茶話》撰於何時,無法查考。顧元慶生於 1487 年,卒於 1565 年,此目就以其卒年暫排於此。

30. 明·徐渭《茶經》一卷

見《浙江採集遺書總録·説家類》。又《文選樓藏書記》説:"《茶經》一卷、《酒史》六卷,明徐渭著,刊本。是二書考經典故及各人韻事。"這兩書都有較高的可信度,特别是《文選樓藏書記》,内容講得如此具體,這在茶書遺目中,所見是不多的。本文撰寫的年代,萬國鼎推定爲萬曆三年(1575)前後。

徐渭,字文長,一字天池。浙江山陰人。諸生,詩文書畫皆工。《明史·文苑傳》有傳。撰有《路史分釋》《筆元要旨》《徐文長集》等。1593 年卒,年七十三。

31. 明·程榮《茶譜》

程榮,字伯仁,歙縣人。編刊《山房清賞》二十八卷,見於《四庫全書存目》。《四庫全書總目提要》説:"是編列《南方草木狀》至禽蟲述凡十五種,多農圃家言。中惟《茶譜》一種,爲榮所自著,採摭簡漏,亦罕所考據。"近出《四庫存目叢書》未收,大致本書已佚。本文成書年代,萬國鼎考證,榮曾校刊漢魏叢書(三十八種),前有萬曆壬辰(1592 年)屠隆序,是則《茶譜》編寫也在 1592 年前後十年間。

32. 明·陳國賓《茶録》一卷

見明祁承㸁《澹生堂藏書目》閒適類,《百名家書》本。陳國賓生平事迹查無見,此書萬國鼎可能據《百名家書》本這一綫索,推定爲撰寫於萬曆二十八年(1600)前後。

33. 明・佚名《茶品要論》一卷

見明祁承爜《澹生堂藏書目》閒適類,未書作者姓名。祁承爜爲萬曆甲辰(1604)進士,萬國鼎推定此書當是萬曆三十八年(1610)以前的書。

34. 明・佚名《茶品集録》一卷

見《澹生堂藏書目》閒適類,無載作者。按萬國鼎上條推定,本文也當是撰於1610年以前。

35. 明・徐𤊹《茗笈》三十卷

見《千頃堂書目》。本書已收徐𤊹《蔡端明别記・茶癖》《茗譚》二書,他所寫《茗笈》,僅見《千頃堂書目》一家所載,奇怪的是該書目收録明代多種茶書,但獨未收喻政《茶書》。明喻政《茶書》前序中記述很清楚,該書主要爲徐興公(𤊹)所編,《千頃堂書目》所指,是否即喻政《茶書》?如是,但書名和卷數又异,故本書這裏暫收待考。如果真有此書,參徐𤊹有關著作成書年代,是書要寫亦當在萬曆三十八年(1610)左右。

36. 明・何彬然《茶約》一卷

見《四庫全書存目》。當有刊本,未見,亦不見各家藏書目録。《四庫全書總目提要》説:"是書成於萬曆己未(1619)。略倣陸羽《茶經》之例,分種法、審候、採擷、就製、收貯、擇水、候湯、器具、釃飲九則。後又附茶九難一則。"但近出《四庫存目叢書》未收,似乎本書今已不存。

彬然字文長,一字寧野,蘄水(《湖北通志》説,《四庫總目》作蘄州爲誤)人。

37. 明・趙長白《茶史》

見明張大復《聞雁齋筆談》引。該書記曰:"趙長白自言,吾平生無他幸,但不曾飲井水茶耳。此老於茶,可謂能盡其性者。今亦老矣,甚窮,大都不能如曩時,猶摩挲萬卷中作《茶史》。”趙長白生平事迹不詳,由張大復(1554—1630)《聞雁齋筆談》引録的時間來推,趙長白撰《茶史》時間,至遲不會晚於明萬曆四十八年(1620)。

38. 明・未定名《岕茶疏》

原書佚,卷數不詳,見《茶史》等引文。作者一稱許次紓,一稱熊明遇,二説不一。查熊明遇,只撰過《羅岕茶記》一文,所説作《岕茶疏》,僅此一見,不聞他處。至於許次紓,存《茶疏》一書,無獲撰《岕茶疏》的任何綫索,《岕茶疏》有可能是《茶疏》的誤附。因此,本文作者除上述二人而外,更有可能是另人所寫。待考。

39. 明・汪士賢《茶譜》

載道光《徽州府志》卷十五。汪士賢,明萬曆時徽州著名藏書家和刻書家。其編輯刻印的書籍主要有《山居雜志》二十三種四十一卷。在這部叢編中,汪士賢就收録有陸羽《茶經》三卷,附《茶具圖贊》一卷、《水辨》一卷;孫大綬《茶經外集》一卷;顧元慶《茶譜》一卷;孫大綬《茶譜外集》一卷等茶書共四種八卷。在這部譜録類的專門叢編中,汪士賢獨未收其自撰的《茶譜》。這是甚麼原因?可能是:一、汪士賢在編刊《山居雜志》時,他還没有撰寫《茶譜》。二、他根本就没有寫過《茶譜》,此處爲後人將《山居雜志》中顧元慶《茶譜》誤作汪士賢《茶譜》的結果。未深究,此存疑待考。

40. 明・陳克勤《茗林》一卷

此書見於《徐氏家藏書目》和《千頃堂書目》。陳克勤事迹無考。據書目綫索,萬國鼎推定本文當撰於崇禎三年(1630)以前。

41. 明・郭三辰《茶莢》一卷

本文見於《徐氏家藏書目》。郭三辰事迹無考。據《紅雨樓書目》也即徐𤊹藏書書目撰刊時間,萬國鼎也推定爲撰於1630年以前。

42. 明・黄欽《茶經》

此書見《江西通志》藝文略著録,不知有無刊本。黄欽,字子安,江西新城人。自少與黄端伯交。隱居福山簫曲峯。工書法,善鼓琴。自製簫曲茶,甚佳。事迹見《建昌府志・隱逸傳》。撰有《五經説》《六史論》及此書。按黄端伯,崇禎元年(1628)進士,福王時做南京禮部主事,清兵至遇害,時年六十一。可見黄欽《茶經》大抵寫於明末崇禎中後期,萬國鼎推定爲崇禎八年(1635)前後。

43. 明・王啟茂《茶堂三昧》一卷

本文見於《湖北通志・藝文志・譜録類》。王啟茂,字天根。湖北石首人。崇禎末,以明經薦,不就。據此,萬國鼎推斷約成書於崇禎十三年(1640)前後。

44. 明・李龍采《茶史》一卷

載乾隆《泉州府志》卷七十四。作者泉州志原署"明李龍采",但李龍采生平和事迹未見,故此内容只能排在明代無份之列。

45. 明・鄭之標《茶譜》

載民國《寶應縣志》卷二十三。鄭之標生平事迹查未見,由《寶應縣志・藝文志》,僅知其爲"明"人,明代何時,待考。

46. 明・周嘉胄《陽羡茗壺譜》

見《陽羡名陶録》引文書目。周嘉胄,明清間陽州人。字江左。癖書,博覽群書,廣爲采摭,於萬曆、崇禎時以二十多年時間編纂《香乘》一部。本譜亦當撰刊於萬曆後期至天、崇年間。

47. 明・徐彦登《歷朝茶馬奏議》四卷

本文見《千頃堂書目》及《明史・藝文志》。徐彦登,仁和(今浙江杭州)人,字允賢,號景雍。生卒年月不詳,萬國鼎推定成書於明崇禎十六年

(1643)以前。

48. 沈太《茶法》十卷

載劉源長《茶史・名著述家》。從所録作者和著作均爲唐宋以前人氏或作品來看,本書也可能是宋人的茶法著作,但由於未找到充分的宋代根據,暫置明代前茶書待考。

49. 佚名《茶譜通考》

此書載劉源長《茶史・名著述家》,可以肯定爲明代較早甚至可能爲南宋時的著作,但無確足的文字證明,故也置明以前待考茶書。

50. 明・陳孔頊《廣茶經》

見民國《沙縣志》卷九。陳孔頊,生平事迹不詳。《沙縣志・藝文志》載陳孔頊爲明人;但乾隆《延平府志》卷三十六,又稱其爲清人。根據這不同記載,本書作者,最有可能爲明末清初人,本書的成書時間,亦當在明末和清初。此據《沙縣志》將陳孔頊《廣茶經》暫定作是明人明書。

51. 吕仲吉《茶記》

見《續茶經・九茶之略・茶事著述名目》。吕仲吉無考,本文多半爲明人著作,但也不排除有可能撰於清初。

52. 袁仲儒《武夷茶説》

本文見《續茶經・九茶之略・茶事著述名目》。袁仲儒個人背景資料查未見,因此本文也疑多半爲明人著作,但也不排除有可能是清初的作品。

53. 吴從先《茗説》

是文也見於《續茶經・九茶之略・茶事著述名目》。不過據《中國古代茶葉全書》查證,吴從先"好爲俳諧遊戲雜文,著有《小窗自紀》《清紀》","約1644年前後在世"。由所作《清紀》來看,此《茗説》也很可能撰於清初,但也不排斥有作於明末的可能。

54. 鮑承蔭《茶馬政要》七卷

此書見安徽通志館:《安徽通志藝文考》。其載:"清鮑承蔭撰。承蔭,歙人,餘無考。是書見前志,今已佚。"另此書也見《絳雲樓書目》和《傳是樓書目》,絳雲樓在順治七年(1650)失火焚毁。安徽通志館既然未看到是書而定作"清鮑承蔭撰",不知是否另有根據?本書編時,認爲撰於明末的可能性亦很大,故未盲從定爲清代的作品。

55. 清・余懷《茶苑》

見馮煦《蒿叟隨筆》。其載:"澹心所著《江山集》凡四種……又有《秋雪詞》《玉琴齋詞》《味外軒稿》《板橋雜記》《茶史》諸書。今所傳者只《板橋雜記》而已。"澹心即余懷的字,所言《茶史》,應是余懷《茶史補》序中所説的被竊的《茶苑》。如不誤,本文當撰於《茶史補》之前的順治年間。

56. 清・朱碩儒《茶譜》

朱碩儒生平無見。此書見《續茶經・九茶之略・茶事著述名目》,其稱:"《茶譜》,朱碩儒,見《黄與堅集》。"與堅,清江南太倉(今江蘇蘇州)人。字庭表,號忍庵,順治十六年(1659)進士。授推官,康熙十八年(1679)應試博學鴻詞科,授編修。詩畫均工。朱碩儒當與黄與堅是同時代人,其《茶譜》也當屬清初作品。

57. 清・蔡方炳《歷代茶榷志》一卷

此書見《清朝通志》和《清朝文獻通考》。蔡方炳,蘇州府崑山人。字九霞,號息關。明季諸生,康熙七年(1668)舉博學鴻詞。撰有《增訂廣輿記》《銓政論略》《憤肪編》(以上三書目見《四庫全書存目》)。此外還有《歷代馬政志》《修務録》《正學矩》《墨淚集》《秋桑集》《未尊集》《編年詩》等。萬國鼎推定本文撰於康熙十九年(1680)前後。

58. 清・張燕昌《陽羨陶説》

見《陽羨名陶録》引文書目。張燕昌,浙江海鹽人,字芑堂,號文漁,一號金粟山人。嘉慶間舉孝廉方正。嗜金石,善畫山水人物和蘭竹,工篆隸。以篤學書畫名著三吴地區。《陽羨名陶録》成書於乾隆五十一年(1786),由張燕昌舉孝廉方正時間來推,本文撰寫時間大抵也只會在乾隆五十一年或稍前。

59. 清・王士謨"陸羽《顧渚山記》""毛文錫《茶譜》輯佚"

見萬國鼎《茶書總目提要》及其他有關書目。王士謨所輯陸羽《顧渚山記》、毛文錫《茶譜》收在其《漢唐地理書鈔》。但查中國大陸現存王士謨《漢唐地理書鈔》七十九種八十一卷各本均不見過去有的舊目所載的如陸羽《茶經》《顧渚山記》和毛文錫《茶譜》等茶書。《漢唐地理書鈔》舊傳收有上兩茶書的刻本,在中國似已不存,不知現在流傳日本等海外的是書中,還有否這種版本。王士謨《漢唐地理書鈔》最早的版本爲嘉慶刻本,上兩種輯佚本當也是輯於其時。

60. 清・張鑒《釋茶》一卷

見同治《湖州府志》卷六十八。張鑒(1768—1850),字春冶,號秋水。湖州府烏程人。嘉慶九年(1804)副貢,曾隨阮元幕,力主海運漕糧。曾爲武義縣教諭。家貧,賣畫自給,工詩古文。有書癖,博覽諸大藏書家所藏典籍,著作極富。據有關文獻推測,張鑒撰寫《釋茶》的時間大約在嘉慶後期或道光初年。

61. 清・唐永泰《茶譜》一卷

見民國四川《灌縣志》卷六。唐永泰,生平事迹不詳,由《灌縣志》,僅知其《茶譜》,最有可能是撰寫於咸豐年間(1851—1861)。

62. 清・四川茶商所編《茶譜輯解》四卷

載記原四川灌縣李二王廟藏版,清同治六年(1862)陶唐氏刻本。未見。據《中國農學遺産文獻綜録》介紹,是書"内容零亂,與書名不符"。

63. 清・佚名《茗箋》一卷

載光緒《嘉興府志》卷八十。未見,疑佚。由於他書不載,獨見光緒《嘉興府志》來推,此書當是一種清咸同年間見於嘉興地方藏書的稿本或刻本。

64. 清・潘思齊《續茶經》二十卷

思齊字希三,浙江仁和人。歲貢生。此見光緒《杭州府志》卷一百八。

65. 清・陳之笏編《茶軼輯略》一卷

見同治十年(1871)湖南《茶陵州志》卷二十三《藝文・書目》。

主要參考引用書目[1]

一、辭書類

小林博：《古代漢字彙編》，東京：木耳社，1977。

中國農業百科全書總編輯委員會茶葉卷編輯委員會，中國農業百科全書編輯部：《中國農業百科全書·茶葉卷》，北京：農業出版社，1991。

王余光、徐雁：《中國讀書大辭典》，南京：南京大學出版社，1993。

王松茂等：《中華古漢語大辭典》，長春：吉林文史出版社，2000。

王德毅：《明人别名字號索引》，臺北：新文豐出版公司，2000。

王德毅：《清人别名字號索引》，臺北：新文豐出版公司，1985。

王鎮恒、朱世英等：《中國茶文化大辭典》，上海：漢語大詞典出版社，2002。

古漢語常用字字典編寫組：《古漢語常用字字典》，北京：商務印書館，1998。

白曉朗、馬建農：《古代名人字號辭典》，北京：中國書店，1996。

任繼愈：《佛教大辭典》，南京：江蘇古籍出版社，2002。

任繼愈：《宗教大辭典》，上海：上海辭書出版社，1998。

朱保炯、謝沛霖：《明清進士題名碑録索引》，上海：上海古籍出版社，1998。

朱起鳳：《辭通》，北京：警官教育出版社，1993 年重印 1934 年初版本。

池秀雲：《歷代名人室名别號辭典》，太原：山西古籍出版社，1998。

---

① 本書引録各種茶書的版本，見於各篇題記，今不贅。

冷玉龍等:《中華字海》,北京:中華書局,1994。

吴海林:《中國歷史人物辭典》,哈爾濱:黑龍江人民出版社,1983。

吴楓:《簡明中國古籍辭典》,長春:吉林文史出版社,1987。

吴養木、胡文虎:《中國古代畫家辭典》,杭州:浙江人民出版社,1999。

吕宗力:《中國歷代官制大辭典》,北京:北京出版社,1994。

李叔還:《道教大辭典》,臺北:巨流圖書公司,1979。

辛夷、成志偉:《中國典故大辭典》,北京:北京燕山出版社,1991。

林尹、高明等:《中文大辭典》,臺北:中國文化大學出版社,1982。

邱樹森:《中國歷代人名辭典》,南昌:江西教育出版社,1989。

俞鹿年:《中國官制大辭典》,哈爾濱:黑龍江人民出版社,1992。

(清)段玉裁:《説文解字注》,北京:商務印書館,1958。

胡孚琛:《中華道教大辭典》,北京:中國社會科學出版社,1995。

孫書安:《中國博物别名大辭典》,北京:北京出版社,2000。

孫濌公:《中國畫家大辭典》,北京:中國書店,1982。

徐中舒等:《遠東漢語大字典》,臺北:遠東圖書公司,1991。

徐元誥等:《中華大字典》(縮印本),北京:中華書局,1978。

馬天祥等:《古漢語通假字字典》,西安:陝西人民出版社,1991。

高亨:《古字通假會典》,濟南:齊魯書社,1989。

(清)張玉書等:《佩文韻府》,上海:上海古籍書店,1983。

(清)張玉書等:《康熙字典》,香港:中華書局,1988。

張桁、許夢麟:《通假大字典》,哈爾濱:黑龍江人民出版社,1993。

張撝之等:《中國歷代人名大辭典》,上海:上海古籍出版社,1999。

陳宗懋:《中國茶葉大辭典》,北京:中國輕工業出版社,2000。

復旦大學歷史地理研究所《中國歷史地名辭典》編委會:《中國歷史地名辭典》,南昌:江西教育出版社,1986。

賀旭志:《中國歷代職官辭典》,長春:吉林文史出版社,1991。

黄惠賢:《二十五史人名大辭典》,鄭州:中州古籍出版社,1997。

楊廷福:《明人室名别稱字號索引》,上海:上海古籍出版社,2002。

楊廷福:《清人室名别稱字號索引》,上海: 上海古籍出版社,2001。

楊家駱:《歷代叢書大辭典》,北京: 警官教育出版社,1994。

鄒德忠、徐福山:《中國歷代書法家人名大辭典》,北京: 新世界出版社,1998。

廖蓋隆等:《中國人名大辭典》,上海: 上海辭書出版社,1990。

漢語大字典編輯委員會:《漢語大字典》,武漢: 湖北辭書出版社,成都: 四川辭書出版社,1986。

熊文釗:《中國行政區劃通覽》,北京: 中國城市出版社,1998。

熊四智:《中國飲食詩文大典》,青島: 青島出版社,1995。

臧勵龢等:《中國人名大辭典》,香港: 商務印書館,1980 年重印 1921 年商務編印本。

臧勵龢等:《中國古今地名大辭典》,香港: 商務印書館,1982 年重印 1944 年商務編印本。

臺灣中華書局編輯部:《辭海》,臺北: 中華書局,1965。

臺灣開明書店編輯部:《二十五史人名索引》,臺北: 開明書店,1961。

劉鈞仁:《中國歷史地名大辭典》,東京: 凌雲書房,1980。

震華法師:《中國佛教人名大辭典》,上海: 上海辭書出版社,1999。

謝巍:《中國歷代人物年譜考録》,北京: 中華書局,1992。

瞿冕良:《中國古籍版刻辭典》,濟南: 齊魯書社,1999。

魏嵩山:《中國歷史地名大辭典》,廣州: 廣東教育出版社,1995。

羅竹風:《漢語大詞典》,上海: 漢語大詞典出版社,香港: 三聯書店海外版,1995。

譚正璧:《中國文學家大辭典》,北京: 北京圖書館出版社,1998。

辭海編輯委員會:《辭海》,上海: 上海辭書出版社,1989。

辭源修訂組:《辭源》,北京: 商務印書館,1980。

二、書目類

《秘書省續編到四庫闕書目》,收入《觀古堂書目叢刊》,湘潭:〔出版社缺〕,光緒二十八年(1902)。

(宋)尤袤:《遂初堂書目》,載(元)陶宗儀:《説郛》,順治四年(1647)兩浙督學周南李際期宛委山堂刻本。

(宋)王堯臣等:《崇文總目》,長沙:商務印書館,1939。

(宋)晁公武:《郡齋讀書志》,臺北:臺灣商務印書館,1968。

(宋)陳振孫:《直齋書録解題》,臺北:臺灣商務印書館,1968。

(明)毛晉:《汲古閣刊書細目》,收入(清)李冬涵編:《濟寧李氏磨墨亭叢書》稿本。

(明)祁承㸁:《澹生堂藏書目》,收入(元)陶宗儀:《説郛》,順治四年(1647)兩浙督學周南李際期宛委山堂刻本。

(明)范邦甸:《天一閣書目》,浙江圖書館藏清嘉慶十三年(1808)揚州阮氏文選樓刻本,收入《續修四庫全書》,上海:上海古籍出版社,1995。

(明)孫能傳等:《内閣書目》,(清)李冬涵編:《濟寧李氏磨墨亭叢書》稿本。

(明)楊士奇等:《文淵閣書目》,(清)李冬涵編:《濟寧李氏磨墨亭叢書》稿本。

(清)丁丙:《善本書室藏書志》,北京:中華書局,1990。

(清)永瑢、紀昀等:《四庫全書總目提要》,北京:中華書局,1965。

(清)沈德符:《抱經樓藏書志》,北京:中華書局,1990。

(清)阮元:《四庫未收書目提要》,上海:商務印書館,1935。

(清)陸心源:《皕宋樓藏書志》,北京:中華書局,1990。

(清)黄虞稷:《千頃堂書目》,上海:上海古籍出版社,2001。

(清)盧址:《抱經樓書目》,《鴿峯草堂叢鈔》本。

(清)錢謙益:《絳雲樓書目》,北京圖書館藏清嘉慶二十五年(1820)劉氏味經書屋抄本,收入《續修四庫全書》,上海:上海古籍出版社,1995。

《南京圖書館善本書目》,南京:南京圖書館,出版年缺。

上海圖書館:《上海圖書館善本書目》,上海:上海圖書館,1957。

上海圖書館:《中國叢書綜録》,北京:中華書局,1959。

中國古籍善本書目編委會:《中國古籍善本書目・子部》,上海:上海古籍出版社,1996。

中國古籍善本書目編委會:《中國古籍善本書目・叢部》,上海:上海古籍出版社,1989。

王重民:《中國善本書提要》,上海:上海古籍出版社,1990。

北京大學圖書館:《北京大學圖書館藏古籍善本書目》,北京:北京大學出版社,1999。

北京圖書館:《北京圖書館善本書目》,北京:書目文獻出版社,1987。

京都大學人文科學研究所:《京都大學人文科學研究所漢籍目録》,京都:人文科學研究協會,1979—1980。

東洋文庫編:《東洋文庫所藏漢籍分類目録・史部》,東京:東洋文庫,1986。

香港中文大學圖書館:《香港中文大學圖書館古籍善本書録》,香港:香港中文大學,1999。

陽海清等:《中國叢書廣録》,武漢:湖北人民出版社,1999。

關西大學内藤文庫調查特別委員會:《關西大學所藏内藤文庫漢籍古刊古鈔目録》,吹田:關西大學圖書館,1986。

三、方志類

(宋)王存:《元豐九域志》,臺北:文海出版社,1963。

(宋)沈作賓修,施宿等纂:《會稽志》,嘉泰元年(1201)修,嘉慶十三年(1813)刊本景印。

(宋)陳耆卿:《嘉定赤城志》,弘治十年(1497)太平謝鐸重刊萬曆天啟遞修補本。

(明)楊守仁等纂修:《嚴州府志》,萬曆六年(1578)刻本。

(明)董斯張:《吴興備志》,天啟四年(1624)修,1914年劉氏嘉業堂校刊本。

(明)聶心湯纂修:《錢塘縣志》,萬曆三十七年(1609)刊本。

(清)丁廷楗等修,趙吉士等纂:《徽州府志》,康熙三十八年(1699)刊本。

(清)宋思楷等:《六安州志》,嘉慶九年(1804)刊本。

（清）尹繼善等修，黄之雋等纂：《江南通志》，乾隆元年(1736)刊本。

（清）王維新等修，涂家杰等纂：《義寧州志》，同治十二年(1873)刊本。

（清）何才焕等纂：《安化縣志》，同治十一年(1872)刊本。

（清）吴坤等修，何紹基等纂：《重修安徽通志》，光緒四年(1878)刻本。

（清）吴鶚修，汪正元等纂：《婺源縣志》，光緒九年(1883)刊本。

（清）李亨特修，平恕、徐嵩纂：《紹興府志》，乾隆五十七年(1792)刊本。

（清）李蔚等修，吴康霖等纂：《六安州志》，同治十一年(1872)刊本

（清）李應泰等修，章綬等纂：《宣城縣志》，光緒十四年(1888)刊本。

（清）李瀚章等修，曾國荃等纂：《湖南通志》，光緒十一年(1885)刊本。

（清）阮元等修，王崧等纂：《雲南通志稿》，道光十五年(1835)刊本。

（清）阮元等修，陳昌齊等纂：《廣東通志》，道光二年(1822)刊本。

（清）阮升基等修，甯楷等纂：《宜興縣志》，嘉慶二年(1797)刊本。

（清）宗源翰等修，周學濬等纂：《湖州府志》，同治十三年(1874)刊本。

（清）金鋐等修，鄭開極等纂：《福建通志》，康熙二十二年(1683)刻本。

（清）施惠等修，吴景牆等纂：《宜興荊谿縣新志》，光緒八年(1882)刊本。

（清）洪煒等修，汪鉉等纂：《六合縣志》，康熙二十三年(1684)刊本。

（清）徐國相等修，宫夢仁等纂：《湖廣通志》，康熙二十三年(1684)刊本。

（清）徐景熹等修，魯曾煜等纂：《福州府志》，乾隆十九年(1754)刊本。

（清）秦達章修，何國佑等纂：《霍山縣志》，光緒三十一年(1905)活字印本。

（清）徐永言等修,嚴繩孫等纂:《無錫縣志》,康熙二十九年(1690)刊本。

（清）馬步蟾等修,夏鑾等纂:《徽州府志》,道光七年(1827)刊本。

（清）馬慧裕等修,王煦等纂:《湖南通志》,嘉慶二十五年(1820)刊本。

（清）常明等修,楊芳燦等纂:《四川通志》,嘉慶二十一年(1816)刊本。

（清）曹掄彬等修,曹掄翰等纂:《雅州府志》,乾隆四年(1739)刻,嘉慶十六年(1811)補刊本。

（清）梁葆頤等修,譚鍾麟等纂:《茶陵州志》,同治十年(1871)刻本。

（清）莫祥芝等修,汪士鐸等纂:《同治上(元)江(寧)兩縣志》,同治十三年(1874)刻本。

（清）許瑶光修,吴仰賢等纂:《嘉興府志》,光緒五年(1878)刊本。

（清）陳樹楠等修,錢光奎等纂:《咸寧縣志》,光緒八年(1882)刊本。

（清）嵇曾筠等修,沈翼機等纂:《浙江通志》,乾隆元年(1736)刊本。

（清）彭際盛等修,胡宗元等纂:《吉水縣志》,光緒元年(1875)刻本。

（清）曾國藩等修,劉鐸等纂:《江西通志》,光緒七年(1881)刻本。

（清）鄂爾泰等修,靖道謨等纂:《貴州通志》,乾隆六年(1741)刊本。

（清）黄廷桂等修,張晉生等纂:《四川通志》,雍正十一年(1732)刊本。

（清）楊正筍等修,馮鴻模等纂:《慈谿縣志》,雍正八年(1743)刊本。

（清）楊毓翰等修,汪元祥等纂:《樂平縣志》,同治九年(1870)刊本。

（清）董天工纂:《武夷山志》,乾隆十六年(1751)刻本。

（清）賈漢復等修,李楷等纂:《陝西通志》,康熙七年(1668)刊本。

（清）廖騰煃等修,汪晉徵等纂:《休寧縣志》,康熙二十九年(1690)刊本。

（清）趙民洽纂:《臨安縣志》,乾隆二十四年(1759)刊本。

（清）趙懿等修,趙怡等纂:《名山縣志》,光緒十八年(1892)刊本。

（清）劉於義等修,沈青崖等纂:《陝西通志》,雍正十三年(1735)

刊本。

(清)劉德芳等修,葉澤森等纂:《蒙陰縣志》,康熙二十四年(1685)刊本。

(清)蔣師轍等纂:《臺灣通志》,光緒二十一年(1895)修抄本。

(清)衛既齊等修,薛載德等纂:《貴州通志》,康熙三十六年(1697)刊本。

(清)鄭澐等修,邵晉涵等纂:《杭州府志》,乾隆四十九年(1784)刻本。

(清)盧思誠等修,季念詒等纂:《江陰縣志》,光緒四年(1878)刊本。

(清)錢永等纂:《天門縣志》,康熙三十一年(1692)刊本。

(清)謝旻等修,陶成等纂:《江西通志》,雍正十年(1732)刊本。

(清)謝啟昆等修,胡虔等纂:《廣西通志》,嘉慶六年(1801)刻本。

(清)鍾文虎等修,徐昱照等纂:《灌縣鄉土志》,光緒三十三年(1907)刊本。

(清)魏大名等修:《崇安縣志》,嘉慶十三年(1808)刊本。

(清)懷蔭布等修,黄任等纂:《泉州府志》,乾隆二十八年(1763)刊本。

(清)譚肇基修,吴棻纂:《長興縣志》,乾隆十四年(1749)刊本。

(清)嚴正身等修,金嘉琰等纂:《桐廬縣志》,乾隆二十一年(1756)刊本。

(清)嚴鳴琦等修,吴敏樹等纂:《巴陵縣志》,同治十一年(1872)刊本。

(清)龔嘉儁修,吴慶坻等纂:《杭州府志》,光緒二十四年(1898)刊本。

石國柱修,許承堯纂:《歙縣志》,1937。

朱士嘉:《中國地方志聯合目録》,北京:中華書局,1985。

孟憲珊等修,馮煦等纂:《寶應縣志》,1932。

曹允源等:《吴縣志》,1933 刊本。

梁伯蔭修,羅克涵纂:《沙縣志》,1928。

楊承禧等纂:《湖北通志》,1921。

楊維坤編:《香港大學馮平山圖書館藏中國地方志目録》,香港:香港大學馮平山圖書館,1990。

葉大鏘等修,羅駿聲纂:《灌縣志》,1933。

詹宣猷等修,蔡振堅等纂:《建甌縣志》,1929。

福建通志局:《福建通志》,1922。

四、清以前撰刊的其他書稿

(漢)司馬遷:《史記》,北京:中華書局,1959。

(漢)班固:《漢書》,北京:中華書局,1962。

(漢)劉歆:《西京雜記》,北京:中華書局,1991。

(晉)陳壽:《三國志》,北京:中華書局,1959。

(晉)陶潛:《搜神後記》,北京:中華書局,1981。

(南朝宋)范曄:《後漢書》,北京:中華書局,1965。

(南朝宋)劉敬叔:《異苑》,北京:中華書局,1996。

(梁)沈約:《宋書》,北京:中華書局,1974。

(梁)徐陵編,吴兆宜注,程琰删補:《玉臺新咏》,北京:中華書局,1985。

(梁)蕭子顯:《南齊書》,北京:中華書局,1972。

(梁)蕭統編,(唐)李善注:《文選》,北京:中華書局,1977。

(北齊)魏收:《魏書》,北京:中華書局,1974。

(唐)元稹:《元氏長慶集》,上海:商務印書館,1919。

(唐)令狐德棻:《周書》,北京:中華書局,1971。

(唐)白居易:《白香山全集》,上海:中央書店,1935。

(唐)皮日休、陸龜蒙等:《松陵集》,《文淵閣四庫全書》本,臺北:臺灣商務印書館,1986。

(唐)皮日休:《皮子文藪》,上海:上海古籍出版社,1981。

(唐)李百藥:《北齊書》,北京:中華書局,1973。

(唐)李延壽:《北史》,北京:中華書局,1974。

(唐) 李延壽:《南史》,北京: 中華書局,1975。

(唐) 李肇:《國史補》,崇禎毛氏汲古閣刻《津逮祕書》本。

(唐) 杜牧:《樊川文集》,上海: 上海古籍出版社,1978。

(唐) 房玄齡:《晉書》,北京: 中華書局,1974。

(唐) 姚思廉:《梁書》,北京: 中華書局,1973。

(唐) 姚思廉:《陳書》,北京: 中華書局,1972。

(唐) 封演:《封氏聞見記》,《文淵閣四庫全書》本,臺北: 臺灣商務印書館,1986。

(唐) 陸龜蒙:《唐甫里先生文集》,上海: 商務印書館,1936。

(唐) 陶穀:《清異録》,北京: 中華書局,1991。

(唐) 馮贄:《雲仙雜記》,上海: 商務印書館,1934。

(唐) 虞世南:《北堂書鈔》,明鈔本。

(唐) 劉肅:《大唐新語》,北京: 中華書局,1984。

(唐) 歐陽詢:《藝文類聚》,上海: 上海古籍出版社,1982。

(唐) 魏徵:《隋書》,北京: 中華書局,1973。

(唐) 蘇鶚:《杜陽雜編》,北京: 中華書局,1985。

(後晉) 劉昫:《舊唐書》,北京: 中華書局,1975。

(宋) 不著撰人:《南窗記談》,《文淵閣四庫全書》本,臺北: 臺灣商務印書館,1986。

(宋) 不著撰人:《錦繡萬花谷》,《文淵閣四庫全書》本,臺北: 臺灣商務印書館,1986。

(宋) 王十朋:《梅溪集》,《文淵閣四庫全書》本,臺北: 臺灣商務印書館,1986。

(宋) 王十朋:《集注分類東坡先生詩》,上海: 商務印書館,1929。

(宋) 王安石:《王文公文集》,北京: 中華書局,1962。

(宋) 王象之:《輿地紀勝》,北京: 中華書局,1992。

(宋) 王鞏:《甲申雜記》,《文淵閣四庫全書》本,臺北: 臺灣商務印書館,1986。

(宋) 王應麟:《玉海》,南京: 江蘇古籍出版社,上海: 上海書店,

1987。

（宋）王闢之:《澠水燕談録》,北京：中華書局,1981。

（宋）王觀國:《學林》,《文淵閣四庫全書》本,臺北：臺灣商務印書館,1986。

（宋）左圭:《百川學海》,弘治十四年(1501)無錫華珵刻本。

（宋）朱勝非:《紺珠集》,《文淵閣四庫全書》本,臺北：臺灣商務印書館,1986。

（宋）朱熹:《晦庵集》,《文淵閣四庫全書》本,臺北：臺灣商務印書館,1986。

（宋）江少虞:《事實類苑》,《文淵閣四庫全書》本,臺北：臺灣商務印書館,1986。

（宋）吴淑:《事類賦注》,北京：中華書局,1989。

（宋）吴處厚:《青箱雜記》,北京：中華書局,1985。

（宋）宋子安:《東溪試茶録》,上海：商務印書館,1936。

（宋）李昉:《文苑英華》,北京：中華書局,1966。

（宋）李昉等:《太平御覽》,北京：中華書局,1985。

（宋）李昉等:《太平廣記》,北京：中華書局,1961。

（宋）李燾:《續資治通鑒長編》,北京：中華書局,1979。

（宋）阮閱:《詩話總龜》,《文淵閣四庫全書》本,臺北：臺灣商務印書館,1986。

（宋）周煇著:《清波雜志》,北京：中華書局,1994。

（宋）姚寬:《西溪叢語》,北京：中華書局,1993。

（宋）施元之:《施注蘇詩》,《文淵閣四庫全書》本,臺北：臺灣商務印書館,1986。

（宋）洪邁:《容齋隨筆》,上海：上海書店,1984。

（宋）耐得翁:《都城紀勝》,《文淵閣四庫全書》本,臺北：臺灣商務印書館,1986。

（宋）胡仔:《苕溪漁隱叢話》,上海：商務印書館,1937。

（宋）范致明:《岳陽風土記》,北京：中華書局,1991。

(宋)范鎮:《東齋記事》,北京:中華書局,1980。

(宋)唐庚:《眉山文集》,上海:商務印書館,1936。

(宋)唐庚:《唐先生文集》,宋刻本,收入《北京圖書館古籍珍本叢刊》,北京:書目文獻出版社,1988。

(宋)唐慎微:《重修政和經史證類備用本草》,北京:人民衛生出版社,1957。

(宋)祝穆:《方輿勝覽》,北京:中華書局,2003。

(宋)祝穆:《古今事文類聚》,《文淵閣四庫全書》本,臺北:臺灣商務印書館,1986。

(宋)秦觀:《淮海集》,上海:商務印書館,1937。

(宋)馬令:《南唐書》,上海:商務印書館,1935。

(宋)高承:《事物紀原》,《文淵閣四庫全書》本,臺北:臺灣商務印書館,1986。

(宋)張君房:《雲笈七籤》,上海:商務印書館,1929。

(宋)張淏:《雲谷雜記》,《文淵閣四庫全書》本,臺北:臺灣商務印書館,1986。

(宋)張舜民:《畫墁録》,北京:中華書局,1991。

(宋)張擴:《東窗集》,《文淵閣四庫全書》本,臺北:臺灣商務印書館,1986。

(宋)梅堯臣:《宛陵先生集》,上海:商務印書館,1936。

(宋)陳師道:《後山先生集》,雍正八年(1730)趙駿烈刻本。

(宋)陳景沂:《全芳備祖》,《文淵閣四庫全書》本,臺北:臺灣商務印書館,1986。

(宋)陳與義:《增廣箋註簡齋詩集》,上海:商務印書館,1929。

(宋)陸游:《劍南詩稿》,《文淵閣四庫全書》本,臺北:臺灣商務印書館,1986。

(宋)惠洪:《石門文字禪》,《文淵閣四庫全書》本,臺北:臺灣商務印書館,1986。

(宋)曾幾:《曾茶山詩集》,萬曆四十三年(1615)新安潘潘是仁刻天啟二年(1622)重修本。

(宋) 曾慥:《類說》,明天啟六年(1626)岳鍾秀刻本,收入《北京圖書館古籍珍本叢刊》,北京: 書目文獻出版社,1988。

(宋) 曾鞏:《元豐類稿》,上海: 商務印書館,1937。

(宋) 程大昌:《演繁露・演繁露續集》,北京: 中華書局,1991。

(宋) 費衮:《梁谿漫志》,《文淵閣四庫全書》本,臺北: 臺灣商務印書館,1986。

(宋) 黄庭堅:《黄庭堅全集》,成都: 四川大學出版社,2001。

(宋) 黄裳:《演山集》,《文淵閣四庫全書》本,臺北: 臺灣商務印書館,1986。

(宋) 黄震:《黄氏日抄》,《文淵閣四庫全書》本,臺北: 臺灣商務印書館,1986。

(宋) 楊萬里:《誠齋集》,上海: 商務印書館,1929。

(宋) 楊億:《楊文公談苑》,上海: 上海古籍出版社,1993。

(宋) 葉夢得:《石林燕語》,北京: 中華書局,1984。

(宋) 葉夢得:《避暑録話》,《文淵閣四庫全書》本,臺北: 臺灣商務印書館,1986。

(宋) 葛立方:《韻語陽秋》,《文淵閣四庫全書》本,臺北: 臺灣商務印書館,1986。

(宋) 趙彦衛:《雲麓漫鈔》,北京: 中華書局,1996。

(宋) 劉弇:《龍雲集》,《文淵閣四庫全書》本,臺北: 臺灣商務印書館,1986。

(宋) 樂史:《太平寰宇記》,臺北: 文海出版社,1980。

(宋) 樂史:《宋本太平寰宇記》,北京: 中華書局,2000。

(宋) 歐陽修、宋祁:《新唐書》,北京: 中華書局,1975。

(宋) 歐陽修:《新五代史》,北京: 中華書局,1976。

(宋) 歐陽修:《歐陽文忠全集》,上海: 中華書局,1936。

(宋) 歐陽修:《歐陽修全集》,北京: 中國書店,1986。

(宋) 歐陽修:《歐陽修全集》,北京: 中華書局,2001。

(宋)歐陽修:《歸田録》,北京:中華書局,1981。

(宋)蔡襄:《端明集》,上海:上海古籍出版社,1987。

(宋)蔡襄:《蔡莆陽詩集》,潘是仁編,萬曆四十三年(1615)新安潘氏自刻天啟二年(1622)重修本。

(宋)鄭虎臣:《吴都文粹》,《文淵閣四庫全書》本,臺北:臺灣商務印書館,1986。

(宋)鄭樵:《通志略》,上海:商務印書館,1934。

(宋)鄧肅:《栟櫚集》,《文淵閣四庫全書》本,臺北:臺灣商務印書館,1986。

(宋)錢易:《南部新書》,北京:中華書局,2002。

(宋)薛居正:《舊五代史》,北京:中華書局,1976。

(宋)謝逸:《溪堂詞集》,《文淵閣四庫全書》本,臺北:臺灣商務印書館,1986。

(宋)謝維新:《古今合璧事類備要》,《文淵閣四庫全書》本,臺北:臺灣商務印書館,1986。

(宋)魏了翁:《鶴山先生大全文集》,上海:商務印書館,1936。

(宋)魏了翁:《鶴山集》,《文淵閣四庫全書》本,臺北:臺灣商務印書館,1986。

(宋)羅大經:《鶴林玉露》,北京:中華書局,1983。

(宋)蘇易簡:《文房四譜》,北京:中華書局,1985。

(宋)蘇軾:《蘇軾文集》,北京:中華書局,1986。

(宋)蘇軾:《東坡全集》,《文淵閣四庫全書》本,臺北:臺灣商務印書館,1986。

(宋)蘇軾:《蘇軾文選》,上海:上海古籍出版社,1989。

(宋)蘇軾:《蘇軾詩集》,北京:中華書局,1982。

(宋)蘇轍:《欒城三集》,上海:商務印書館,1936。

(元)方回:《瀛奎律髓》,《文淵閣四庫全書》本,臺北:臺灣商務印書館,1986。

(元)洪希文:《續軒渠集》,《文淵閣四庫全書》本,臺北:臺灣商務印書館,1986。

（元）馬端臨:《文獻通考》,北京：中華書局,1986。

（元）脱脱等:《宋史》,北京：中華書局,1977。

（元）脱脱等:《金史》,北京：中華書局,1975。

（元）脱脱等:《遼史》,北京：中華書局,1974。

（元）陶宗儀:《説郛》,順治四年(1647)兩浙督學周南李際期宛委山堂刻本。

（元）謝應芳:《龜巢稿》,《文淵閣四庫全書》本,臺北：臺灣商務印書館,1986。

（明）不著撰人:《五朝小説大觀》,上海：掃葉山房,1926。

（明）孔邇:《雲蕉館紀談》,長沙：商務印書館,1937。

（明）文徵明:《文徵明集》,上海：上海古籍出版社,1987。

（明）王世貞:《弇州四部稿》,《文淵閣四庫全書》本,臺北：臺灣商務印書館,1986。

（明）王世懋:《二酉委譚摘録》,上海：商務印書館,1935。

（明）王圻:《續文獻通考》,臺北：文海出版社,1984。

（明）王鏊:《震澤集》,《文淵閣四庫全書》本,臺北：臺灣商務印書館,1986。

（明）田汝成:《西湖遊覽志》,杭州：浙江人民出版社,1980。

（明）朱之蕃:《中唐十二家詩》,萬曆金陵書坊王世茂刻本。

（明）朱之蕃:《晚唐十二家詩集》,萬曆金陵書坊朱氏刻本。

（明）朱存理:《樓居雜著》,《文淵閣四庫全書》本,臺北：臺灣商務印書館,1986。

（明）朱國楨:《湧幢小品》,上海：新文化書社,1924。

（明）吴任臣:《十國春秋》,北京：中華書局,1983。

（明）吴寬:《家藏集》,《文淵閣四庫全書》本,臺北：臺灣商務印書館,1986。

（明）宋濂等:《元史》,北京：中華書局,1974。

（明）李日華:《六研齋筆記》,上海：中央書店,1936。

(明)李日華:《紫機軒雜綴》,上海:中央書店,1935。

(明)李時珍:《本草綱目》,《文淵閣四庫全書》本,臺北:臺灣商務印書館,1986。

(明)沈周:《石田詩選》,《文淵閣四庫全書》本,臺北:臺灣商務印書館,1986。

(明)沈津:《欣賞編十種》,明刻本,收入《北京圖書館古籍珍本叢刊》,北京:書目文獻出版社,1988。

(明)周復俊編:《全蜀藝文志》,《文淵閣四庫全書》本,臺北:臺灣商務印書館,1986。

(明)周暉:《金陵瑣事》,北京:文學古籍刊行社,1955。

(明)周履靖編:《夷門廣牘》,萬曆二十五年(1597)金陵荆山書林刻本。

(明)邵寶:《容春堂集》,《文淵閣四庫全書》本,臺北:臺灣商務印書館,1986。

(明)皇甫汸:《皇甫司勳集》,《文淵閣四庫全書》本,臺北:臺灣商務印書館,1986。

(明)胡文煥:《百家名書》,萬曆胡氏文會堂刻本。

(明)范景文:《文忠集》,《文淵閣四庫全書》本,臺北:臺灣商務印書館,1986。

(明)郎瑛:《七修類稿》,北京:中華書局,1959。

(明)淩迪知:《萬姓統譜》,《文淵閣四庫全書》本,臺北:臺灣商務印書館,1986。

(明)孫瑴:《古微書》,《文淵閣四庫全書》本,臺北:臺灣商務印書館,1986。

(明)徐𤊹:《徐氏家藏書目》,北京圖書館藏清道光七年(1827)劉氏味經書屋抄本,收入《續修四庫全書》,上海:上海古籍出版社,1995。

(明)徐渭:《徐文長全集》,上海:中央書店,1935。

(明)徐渭:《徐渭集》,北京:中華書局,1983。

(明)徐獻忠:《吴興掌故集》,北京圖書館藏明嘉靖三十九年(1560)

范唯一等刻本,收入《四庫全書存目叢書》,臺南:莊嚴文化事業有限公司,1995。

(明)張大復:《聞雁齋筆談》,上海圖書館藏明萬曆三十三年(1605)顧孟兆等刻本,收入《續修四庫全書》,上海:上海古籍出版社,1995。

(明)曹學佺:《蜀中廣記》,《文淵閣四庫全書》本,臺北:臺灣商務印書館,1986。

(明)曹學佺編:《石倉歷代詩》,《文淵閣四庫全書》本,臺北:臺灣商務印書館,1986。

(明)陳繼儒:《太平清話》,北京:中華書局,1985。

(明)陳繼儒:《陳眉公全集》,上海:中央書店,1936。

(明)陳繼儒:《巖棲幽事》,上海:商務印書館,1936。

(明)陳耀文:《天中記》,《文淵閣四庫全書》本,臺北:臺灣商務印書館,1986。

(明)陸樹聲:《陸文定公全集》,萬曆間陸光禄校刻本。

(明)焦竑:《焦氏筆乘》,上海:商務印書館,1937。

(明)程百二:《程氏叢刻》,萬曆四十三年(1615)程百二、胡之衍刻本。

(明)馮惟訥:《古詩紀》,《文淵閣四庫全書》本,臺北:臺灣商務印書館,1986。

(明)馮夢禎:《快雪堂漫録》,中國科學院圖書館藏清乾隆平湖陸氏刻奇晉齋叢書本,收入《四庫全書存目叢書》,臺南:莊嚴文化事業有限公司,1995。

(明)楊慎:《譚苑醍醐》,北京:中華書局,1985。

(明)管時敏:《蚓竅集》,《文淵閣四庫全書》本,臺北:臺灣商務印書館,1986。

(明)錢穀編:《吴都文粹續集》,《文淵閣四庫全書》本,臺北:臺灣商務印書館,1986。

(明)謝肇淛:《五雜俎》,上海:中央書店,1935。

(明)藍仁:《藍山集》,《文淵閣四庫全書》本,臺北:臺灣商務印書館,1986。

（清）不著撰人:《郛賸》,光緒十九年(1893)刊本。

（清）王士禎:《王漁洋遺書》,康熙間刻本。

（清）王先謙:《荀子集解》,北京：中華書局,1988。

（清）王先謙:《莊子集解》,上海：上海書店,1986。

（清）王應奎:《柳南隨筆・續筆》,北京：中華書局,1983。

（清）王鴻緒:《明史稿》,臺北：文海出版社,1985。

（清）朱彝尊:《曝書亭集》,上海：商務印書館,1936。

（清）吴之振編:《宋詩鈔》,《文淵閣四庫全書》本,臺北：臺灣商務印書館,1986。

（清）吴震方:《嶺南雜記》,上海：商務印書館,1936。

（清）吴騫:《陽羨名陶録》,乾隆海昌吴氏刻拜經樓叢書本,收入《續修四庫全書》,上海：上海古籍出版社,1995。

（清）李斗:《揚州畫舫録》,北京：中華書局,1960。

（清）沈辰垣等編:《御選歷代詩餘》,《文淵閣四庫全書》本,臺北：臺灣商務印書館,1986。

（清）沈初等編:《浙江採集遺書總録》,乾隆三十九年(1774)刊本。

（清）汪灝等:《御定佩文齋廣群芳譜》,《文淵閣四庫全書》本,臺北：臺灣商務印書館,1986。

（清）阮元校:《十三經注疏》,北京：中華書局,1980。

（清）阮元撰,李慈銘校訂:《文選樓藏書記》,越縵堂鈔本,《四庫未收書輯刊》,北京：北京出版社,2000。

（清）周之麟編:《宋四名家詩》,康熙三十二年(1693)弘訓堂刻本。

（清）周亮工:《閩小記》,上海：上海古籍出版社,1985。

（清）金武祥:《江陰叢書》,光緒宣統間江陰金氏粟香室嶺南刊本。

（清）姚鉉編:《唐文粹》,《文淵閣四庫全書》本,臺北：臺灣商務印書館,1986。

（清）查慎行:《蘇詩補注》,《文淵閣四庫全書》本,臺北：臺灣商務印書館,1986。

（清）郁逢慶編：《書畫題跋記》，《文淵閣四庫全書》本，臺北：臺灣商務印書館，1986。

（清）徐元誥：《國語集解》，北京：中華書局，2002。

（清）徐松輯：《宋會要輯稿》，北京：中華書局，1957。

（清）翁同龢：《瓶廬叢稿二十六種》，北京國家圖書館藏稿本。

（清）袁枚：《小倉山房詩文集》，上海：上海古籍出版社，1988。

（清）馬國翰：《玉函山房輯佚書》，光緒九年（1883）嫏嬛館刻本，收入《續修四庫全書》本，上海：上海古籍出版社，1995。

（清）乾隆敕撰：《續通志》，上海：商務印書館，1935。

（清）乾隆敕撰：《續通典》，上海：商務印書館，1935。

（清）康熙御定：《全唐詩》，北京：中華書局，1979。

（清）張玉書等編：《御定佩文齋詠物詩選》，《文淵閣四庫全書》本，臺北：臺灣商務印書館，1986。

（清）張廷玉等：《明史》，北京：中華書局，1974。

（清）張海鵬：《學津討源》，嘉慶十年（1805）張氏照曠閣刻本。

（清）張豫章等編：《御選宋金元明四朝詩》，《文淵閣四庫全書》本，臺北：臺灣商務印書館，1986。

（清）許纘程：《滇行紀略》，上海：商務印書館，1935。

（清）陳元龍：《格致鏡原》，《文淵閣四庫全書》本，臺北：臺灣商務印書館，1986。

（清）陳田：《明詩紀事》，上海：商務印書館，1937。

（清）陳維崧：《陳迦陵文集》，上海：商務印書館，1936。

（清）陳蓮塘編：《唐人説薈》，同治八年（1869）右文堂刊本。

（清）陳鴻墀：《全唐文紀事》，北京：中華書局，1959。

（清）陶珽等編：《説郛三種》，上海：上海古籍出版社，1988。

（清）馮兆年：《翠琅玕館叢書》，光緒羊城馮氏刻本。

（清）董誥等：《全唐文》，北京：中華書局，1983。

（清）管庭芬：《花近樓叢書》，北京國家圖書館藏本。

（清）趙翼：《甌北詩話》，乾隆間湛貽堂刻本。

（清）趙翼:《簷曝雜記》,北京：中華書局,1982。

（清）厲鶚:《宋詩紀事》,《文淵閣四庫全書》本,臺北：臺灣商務印書館,1986。

（清）顧炎武:《亭林遺書十種》,康熙吴江潘氏遂初堂刻本。

（清）顧祖禹:《讀史方輿紀要》,上海：商務印書館,1937。

王定保:《唐摭言校注》,上海：上海社會科學院出版社,2003。

王謨輯:《漢唐地理書鈔》,北京：中華書局,1961。

安徽通志館:《安徽通志藝文考》,1934。

何建章:《戰國策注釋》,北京：中華書局,1990。

何寧:《淮南子集釋》,北京：中華書局,1998。

余嘉錫:《世説新語箋疏》,北京：中華書局,1983。

李華卿編:《宋人小説》,上海：上海書店,1990。

周祖謨:《洛陽伽藍記校釋》,北京：中華書局,1963。

金開誠、董洪利、高路明:《屈原集》,北京：中華書局,1996。

胡道静:《夢溪筆談校證》,上海：上海古籍出版社,1987。

范寧:《博物志校證》,北京：中華書局,1980。

唐圭璋編:《全宋詞》,北京：中華書局,1965。

傅璇琮主編:《唐才子傳校箋》,北京：中華書局,1987—1995。

傅璇琮等主編:《全宋詩》,北京：北京大學出版社,1991。

曾棗莊、劉琳主編:《全宋文》,成都：巴蜀書社,1988。

馮煦:《蒿叟隨筆》,臺北：文海出版社,1967。

楊伯峻:《春秋左傳注》,北京：中華書局,1990。

趙立勛等:《遵生八牋校注》,北京：人民衛生出版社,1994。

繆啟愉校釋,繆桂龍參校:《齊民要術校釋》,北京：農業出版社,1982。

五、民國後撰刊的其他書稿

（美）威廉・烏克思原著,吴覺農主編,中國茶葉研究社集體翻譯:《茶葉全書》(中譯本),1949。

王重民等編:《敦煌變文集》,北京:人民文學出版社,1957。

布目潮渢:《中國茶書全集》,東京:汲古書院,1987。

布目潮渢:《茶經詳解:原文・校異・訳文・注解》,京都:淡交社,2001。

朱自振、沈漢:《中國茶酒文化史》,臺北:文津出版社,1995。

朱自振:《中國茶葉歷史資料續輯》(方志茶葉資料彙編),南京:東南大學出版社,1991。

吴智和:《明清時代飲茶生活》,臺北:博遠出版有限公司,1990。

吴覺農:《中國地方志茶葉歷史資料選輯》,北京:農業出版社,1990。

吴覺農:《茶經述評》,北京:農業出版社,1987。

吴覺農:《茶樹栽培法》,上海:泰東書店,1923。

吴覺農主编:《茶經述評》,北京:農業出版社,1987。

阮浩耕:《中國古代茶葉全書》,杭州:浙江攝影出版社,1999。

姚國坤、王存禮、程啟坤:《中國茶文化》,上海:上海文化出版社,1991。

姚國坤、胡小軍:《中國古代茶具》,上海:上海文化出版社,1998。

胡山源:《古今茶事》,上海:上海書店,1985 年重印 1941 年世界書局本。

袁和平:《中國飲茶文化》,厦門:厦門大學出版社,1992。

高英姿:《紫砂名陶典籍》,杭州:浙江攝影出版社,2000。

婁子匡:《國立北京大學中國民俗學會民俗叢書專號・茶》,中國民俗學會印刊,1940。

張宏庸:《陸羽全集》,桃園縣:茶學文學出版社,1985。

張宏庸:《陸羽書録》,桃園縣:茶學文學出版社,1985。

張迅齊:《中國的茶書》,臺北:常青樹書坊,1978。

張鐵君:《茶學漫話》,臺北:阿爾泰出版社,1980。

犁播编:《中國農學遺産文獻綜録》,北京:農業出版社,1985。

莊晚芳:《中國茶史散論》,北京:科學出版社,1988。

許賢瑶:《中國古代喫茶史》,臺北:博遠出版有限公司,1991。

陳宗懋:《中國茶經》,上海:上海文化出版社,1992。

陳尚君:《毛文錫〈茶譜〉輯考》,《農業考古》,1995 年第 4 期,頁 271—277。

陳祖槼、朱自振:《中國茶葉歷史資料選輯》,北京:農業出版社,1981。

陳彬藩:《中國茶文化經典》,北京:光明日報出版社,1999。

陳椽:《茶業通史》,北京:農業出版社,1984。

陳奭文:《中華茶葉五千年》,北京:人民出版社,2001。

黄徵、張涌泉:《敦煌變文校注》,北京:中華書局,1997。

萬國鼎:《茶書總目提要》,北京:中華書局,1958 年,載《農業遺産研究集刊》,1990 年收入許賢瑶:《中國茶書提要》。

廖寶秀:《宋代吃茶法與茶器之研究》,臺北:臺北故宫博物院,1996。

趙方任:《唐宋茶詩輯注》,北京:中國致公出版社,2002。

劉昭瑞:《中國古代飲茶藝術》,西安:陝西人民出版社,1987。

劉修明:《中國古代的飲茶與茶館》,北京:商務印書館,1995。

劉淼:《明代茶業經濟研究》,汕頭:汕頭大學出版社,1997。

蔣禮鴻:《敦煌變文字義通釋》,上海:上海古籍出版社,1988。

魯迅:《中國小説史略》,北京:人民文學出版社,1973。

跋

喝茶十來年了，漸漸有些體會。

春秋代序，人不同，茶也不同。或階柳庭花，明窗净几，心遠地自偏；或四美具，二難并，相忘於江湖。皆可以興，可以樂。至於茶的典籍，則除了《茶經》《大觀茶論》外，知之甚少。

出版這套書緣起于鄭培凱先生在復旦大學哲學學院的一次茶道講座，講的有趣，聊的盡興，茶喝的通透。特别是對"鴻漸於陸"的演繹，自出機杼，别開生面。對照《周易正義》中"進處高潔，不累於位，無物可以屈其心而亂其志"的詮釋，讓人回味悠長。一個月後，便收到了鄭培凱先生寄來的《中國歷代茶書匯編校注本》（上下）。

決定從商務印書館（香港）有限公司引進《中國歷代茶書匯編校注本》（上下）版權後的一年多時間裏，上海大學出版社迅速組建編輯團隊，除積極與商務印書館（香港）有限公司洽談版權事宜外，還從編輯加工、裝幀設計、市場營銷等方面對新版圖書作了全方位的策劃。

爲了將該書融入上海大學出版社正在策劃組稿的茶文化系列叢書，在得到商務印書館（香港）有限公司的授權後，新版書名改爲《中國茶書》（共五册）；爲了使本套叢書再版後更有意義，在保留原序的基礎上，又邀請本書主要作者之一，也是原序的作者鄭培凱先生爲本書作了新序；爲了更好地遵循國家語委最新發布的語言文字規範，特約請上海辭書出版社原副總編輯劉毅强先生對書中的部分内容進行審校、圖書審讀專家王瑞祥先生對全書的所有文字作了審讀、把關，出版社編輯傅玉芳、徐雁華、劉强綜合兩位專家的審讀意見後認真確定改稿細則，妥善處理書稿中"當繁"與"不當繁"的問題，并在正文前附以"再版編輯説明"；爲了更好地呈現本套書的内涵,美術編輯柯國富在封面設計上精心打磨,“中國茶書”四字系王鐸、米芾兩位書家的集字,他們在《五百年合璧》(上海大學出版社2021年版)後再次聚首,也算是一段佳話吧。

茶是日用品,也是桃花源,難得左右逢源。王鐸在行書《贈湯若望詩》帖後寫得真切:

> 書時,二稚子戲於前,嘰啼聲亂,遂落數字,如龍、形、萬、壑等字,亦可噱也。書畫事,須深山中,松濤雲影中揮灑,乃爲愉快,安可得乎?

苟燕楠

2021年12月10日

圖書在版編目(CIP)數據

中國茶書. 清: 上下 / 鄭培凱,朱自振主編. —上海: 上海大學出版社,2022.1
ISBN 978-7-5671-4409-5

Ⅰ. ①中… Ⅱ. ①鄭… ②朱… Ⅲ. ①茶文化—中國—清代 Ⅳ. ①TS971.21

中國版本圖書館 CIP 數據核字(2021)第 250391 號

上海市版權局著作權合同登記圖字: 09-2021-0879 號
本書由商務印書館(香港)有限公司授權中國内地繁體字版,限在中國内地出版發行

責任編輯　徐雁華　劉　强
封面設計　柯國富
技術編輯　金　鑫　錢宇坤

特約審稿　王瑞祥　劉毅强

中國茶書・清(上下)
主編　鄭培凱　朱自振
上海大學出版社出版發行
(上海市上大路 99 號　郵政編碼 200444)
(http://www.shupress.cn　發行熱綫 021-66135112)
出版人　戴駿豪
*
南京展望文化發展有限公司排版
上海雅昌藝術印刷有限公司印刷　　各地新華書店經銷
開本 710mm×1000mm　1/16　印張 50　字數 719 千
2022 年 1 月第 1 版　2022 年 1 月第 1 次印刷
ISBN 978-7-5671-4409-5/TS・19　定價　185.00 圓